钢结构住宅和钢结构公共建筑
新技术与应用

中国建筑金属结构协会钢结构专家委员会

中国建筑工业出版社

图书在版编目（CIP）数据

钢结构住宅和钢结构公共建筑新技术与应用/中国建
筑金属结构协会钢结构专家委员会 . —北京：中国建
筑工业出版社，2013.3
ISBN 978-7-112-15158-5

Ⅰ.①钢… Ⅱ.①中… Ⅲ.①钢结构-结构工程-工
程施工-高技术 Ⅳ.①TU391

中国版本图书馆 CIP 数据核字（2013）第 043046 号

本书分两大部分，汇总了国内近几年钢结构住宅和钢结构公共建筑的新技术与应用，
既具有研究性，也具有工程实践性。

本书对于钢结构住宅和钢结构公共建筑设计研究、施工安装人员会有所帮助和启发，
对钢结构专业师生具有参考价值。

* * *

责任编辑 郦锁林
责任设计 赵明霞
责任校对 肖 剑 赵 颖

钢结构住宅和钢结构公共建筑新技术与应用
中国建筑金属结构协会钢结构专家委员会
*
中国建筑工业出版社出版、发行（北京西郊百万庄）
各地新华书店、建筑书店经销
北京红光制版公司制版
北京建筑工业印刷厂印刷
*
开本：880×1230毫米 1/16 印张：17 插页：4 字数：435千字
2013年3月第一版 2013年11月第二次印刷
定价：**68.00元**
ISBN 978-7-112-15158-5
（23260）

《钢结构住宅和钢结构公共建筑新技术与应用》
编 写 委 员 会

主　编：党保卫

副主编：王明贵　尹敏达　丁大益　韩林海

编　委：蔡益燕　薛　发　弓晓芸　张跃峰

秘书处：董　春　胡育科　顾文婕　张爱兰

前　言

　　一年一度的由中国建筑金属协会钢结构委员会主办的钢结构建筑年会，是全国建筑钢结构企业、工程技术人员、钢结构学者聚集一堂：交流技术、结识朋友、了解信息、共谋发展的盛会。2013 年的年会正值全国各行各业贯彻落实党的十八大会议精神之际召开，这次年会也是我们钢结构行业和钢结构人士学习和贯彻落实党的十八大报告精神、共商钢结构行业如何响应党的十八大号召的动员会。

　　党的十八大报告确立了今后一个很长时期要坚定不移地大力推进城镇化。城镇化是我国最大的内需，是国民经济持续增长的源泉，是我国实现现代化的目标。我国现在城镇人口占总数的 51％，首次超过农村人口，发达国家城镇人口达 80％以上，随着城镇化的推进，我国今后陆续将有大量的农村人口向城镇转移，持续增长的住房、学校、医院、工业、商业等建筑需求，是我们建筑行业的最大机遇，对我们建筑行业来说，城镇化就是盖房子。其中，安居才能乐业，住宅建筑是各级政府首要解决的任务。因此，住宅建设是建筑行业的主战场，大量的建筑需求，建筑资源、可持续发展、产业化的生产方式等问题被提出，为落实科学发展观，国务院于 2013 年 1 月 1 日颁布了 1 号文件《绿色建筑行动方案》，要求各地"推广适合工业化生产的预制装配式混凝土、钢结构等建筑体系，加快发展建设工程的预制和装配技术，提高建筑工业化技术集成水平。""切实转变城乡建设模式和建筑业发展方式，提高资源利用效率"。当黏土砖被禁用后，只剩下钢筋混凝土，砂石资源已在多个城市枯竭，急需开发新的节能的建筑体系。钢结构企业首先想到是钢结构建筑，钢结构是易于产业化的，它容易实现设计的标准化、构配件生产的工厂化、施工装配化，能做到系列化开发、集约化生产、社会化供应，并且钢结构抗震性能好、施工速快、钢材可回收再利用。我国钢材规格品种齐全，完全能满足建筑用钢的需要；我国钢结构设计标准规范基本配套，有低层建筑标准，还有多层和高层标准，加上材料标准共有上百本有关钢结构的规范标准；我国钢结构专业加工及施工力量各地都具备，有的具有世界先进水平。开展钢结构建筑不仅可以拉动内需，促进冶金行业的发展，而且能促进住宅产业化以及建筑技术进步、建筑生产方式的转变。我们要做的事仅是开发配套的适合当地的墙体材料，为落实国务院 1 号文件，各地政府已陆续出台了建筑产业化进程规划，我们的钢结构企业你准备好了吗？可不要当"叶公"哟！

　　各地有些标志性钢结构建筑，那是少数凤毛麟角企业竞争的对象，广大的钢结构企业应积极行动起来，调结构、转方式，兼并重组，健全产业链，进行资本或资源运作，转向建筑主战场，干政府想干的事、做政府要做的事，最大限度地得到和利用政府的政策支持，使钢结构建筑早日融入建筑主流。

　　为推动钢结构建筑的发展，本书收编了钢结构住宅和钢结构公共建筑两大类文章共 41 篇，供钢结构工作者进行技术交流和参考。由于编者水平有限，难免有错误存在，敬请读者批评指正，在此表示感谢，并在今后的工作中改正。本书作者对本人文中的数据和图文负责。

感谢作者积极投稿，感谢部分钢结构专家的审稿和支持，感谢重庆建工工业有限公司对本届大会的召开和本书出版的大力支持，感谢河南天丰钢结构建设有限公司和江苏沪宁钢机股份有限公司对本书出版的支持。

王明贵　蔡益燕

2013 年 2 月

目　录

第一部分　钢结构住宅

第二部分　钢结构公共建筑

第一部分

钢结构住宅

钢结构住宅的特点

王明贵

（中国建筑科学研究院，北京　100013）

摘　要　本文根据我国钢结构住宅的发展历程，总结出符合我国国情的钢结构住宅特点、难点和重点，从而建立科学的钢结构住宅发展观，使我国钢结构住宅沿着产业化方向顺利发展。

关键词　钢结构住宅；产业化；一体化

我国《轻型钢结构住宅技术规程》JGJ 209—2010 规定轻型钢结构住宅适用于低层或多层建筑，它是由轻质材料组成的、工厂化生产的、现场组装的轻型房屋建筑，并具有设计施工一体化的特点。轻质材料包括承重结构体系所需要的轻型钢结构和建筑围护体系所需要的轻型板材，所谓轻型钢结构是指在低层或多层建筑中可采用冷弯薄壁型钢构件，再结合其他措施，能使结构用钢量较少，而轻型板材是指与传统的钢筋混凝土相比干密度小一半以上。轻型钢结构住宅是一种新的建筑体系，涉及的材料是新型建筑材料，设计方法是"建筑、结构、设备与装修一体化"的新方法，是住宅建筑产业化的一种形式。

我国钢结构住宅发展经历了大致三个阶段：开始仅限于用钢结构来造房子，只关注结构体系的变化，有人称之为"住宅钢结构"；后来人们发现应开发与钢结构配套的维护系统，钢结构不是重点，外墙板是重点和难点，应关注住宅建筑功能的实现；现在人们进一步认识到钢结构住宅是一个产业化的问题，应考虑建筑生产方式的转变，走标准化和工厂的道路，从根本上解决建筑质量的提高。

轻型钢结构住宅的工厂化生产方式转变，标志着住宅建造由工地走向工厂、由粗放型走向集约型的产业化发展道路，标志着建筑行业整体技术进步。住宅产业现代化是生产力发展和科技进步的必然趋势，我国是钢产量大国，推广建筑用钢意义重大。我国住宅建设量大面广，建设持续时间长，是国民经济的增长点。随着黏土砖被禁用，建筑资源可持续利用和建筑节能等问题被提上议事日程。若能促进住宅建筑用钢，对建筑行业中新技术、新材料、新体系的开发以及建筑行业整体水平提高能起到重要推动作用，同时对冶金行业的发展也能起到促进作用。因此，开发和应用轻型钢结构住宅技术具有重要的现实意义。

1　开发钢结构住宅的意义何在

首先，我们谈谈钢结构住宅的意义，为什么要搞钢结构住宅。简单地说，这是住宅产业化或住宅工业的一种表现。住宅建设走工业化发展的道路是各国永恒追求的目标，也是我国现代化、工业化的组成部分。我国住宅建筑飞速发展，强劲地拉动了国民经济的增长。但是，我国住宅建筑技术处于粗放型生产阶段，劳动生产率仅为发达国家的四分之一；建筑材料仍以传统的材料为主，新型墙体材料所占比例很低；住宅使用的多种设备、制品的模数协调体系尚未形成，各种产品的标准化、通用化水平差；建筑成本高、质量差、生产周期长、住宅能耗大、生态环境质量恶化。为加速住宅建设从粗放型向集约型转变，国务院发布了《关于推进住宅产业现代化，提高住宅质量的若干意见》（国办发〔1999〕72号），从指导思想、主要目标、产业框架体系、组织实施等方面逐一阐明，勾画出实现住宅产业化系统工程远大目标的工作思路和方法途径。明确提出要开发和引进先进的住宅建筑体系和成套的工程技术，提高住宅建设的工业化水平和标准化水平、节能高效，全面提高住宅质量，从而以此形成产业链，带动相关行业的发展，形成国民经济可持续的增长点。为贯彻实施 72 号文件，建设部等四个部委局于 1999 年 12 月 6 日联合发出了《关于在住宅建设中淘汰落后产品的通知》，其中实心黏土砖被列为禁用的产品之一，人们开始寻求新的建筑替代材料。我们知道，钢结构完全能做到工厂化生产、社会化供应、现场装配，且可回收再利用，我们要做的事是开发新型墙体材料。所谓新型墙体材料就是"不以消耗耕地、破坏生态和污染环境为代价，可废旧利用，适应建筑部品工业化、施工机械化、减少施工现场湿作业、改善建筑功能等现代建筑业发展要求所生产的轻质砌块或轻质复合板材"，要求它具有质量轻、强度高、保温隔热性能好，技术先进、经济合理。近年来，我国各地政府都在因地制宜地推广新型建筑材料。随着建筑工业化的发展，发达国家早在 20 世纪四五十年代便开始了墙体建筑材料的转变：即小块墙材向大块墙材转变，块体墙材向各种轻质板材和复合板材方向转变。我国建筑轻板产品有纤维增强水泥空心条板（GRC）、陶粒及废渣混凝土空心条板、石膏空心条板、加气混凝土条板（ALC）等轻质条板，但产品质量参差不齐、执行产品标准不统一、生产工艺和配套技术跟不上建设工程需求等问题，与钢结构配套的建筑板材更是缺乏，制约了钢结构住宅的发展。我国住宅建设量大且持续时间较长，建筑资源可持续利用是当今的重要课题，在积极开发新的建筑节能体系和新型墙体材料、积极探索工业化建筑道路的进程中，钢结构住宅建筑体系被提出并成为住宅产业化道路的先驱。

开展钢结构住宅的现实意义还在于我国积极鼓励建筑用钢、拉动内需的经济政策，近年来我国每年生产 5 亿～6 亿多吨钢，大多数属于建筑类钢材，积极探索钢结构在建筑领域的应用，也是我们长期追求的目标。促进住宅建筑用钢，对建筑行业中新技术、新材料、新体系的开发及行业整体水平提高能起到重要推动作用，同时对冶金行业的发展也能起到促进作用。

2　如何开发钢结构住宅技术

（1）从开发建筑围护材料入手，包括轻质墙板、轻质楼板和轻质屋面板，简称"三板"。没有三板体系就不是钢结构住宅。这三块板要因地制宜、经济适用、耐久可靠。钢结构只占钢结构住宅的 20%～30% 的造价，钢结构住宅的关键技术是围护体系，主要是墙体建材及其建筑技术，应注重与钢结构"配套"成体系。研制单块墙板材料容易满足要求，但拼装成墙体后的建筑功能满足是关键。要求它质量轻、强度高、保温隔热性能好、安装可靠、经久耐用、经济合理，这是有一定难度的集"建材、生产、应用"于一体的综合技术。另外，开发钢结构住宅要以钢结构为载体，应用节能、节电、节水新技术充实，建造节能环保住宅建筑，尤其是要应用新型节能墙体和屋面的保温隔热技术和产品、节能门窗的保温隔热和密闭技术、热电暖联产联供技术、供热采暖系统温度调控和分户计量技术、太阳能或地热等可再生能源应用技术及设备。

（2）走"开发、设计、施工"一体化道路，形成企业品牌。轻型钢结构住宅是一种新的建筑体系，涉及的材料是新型建筑材料，设计方法是"建筑、结构、设备与施工和装修一体化"的新方法，是一种专业性很强的综合建筑体系，是房屋公司企业的专业技术和产品。我国十几年来的钢结构住宅工程实践表明，采用"钢框架结构体系、水泥基的轻质板材围护体系"既符合我国居民消费习惯，也能与我国的现行标准规范保持一致，更易于产业化的实现，是具有中国特色的钢结构住宅体系。

为了贯彻执行《轻型钢结构住宅技术规程》JGJ 209—2010，引导企业科学发展钢结构住宅成套技术，规范我国钢结构住宅建筑市场，确保钢结构住宅工程质量，建议：

（1）设立"轻型钢结构住宅设计施工一体化"资质。轻型钢结构住宅是在企业开发的专用体系基础上，按本《规程》的规定进行具体工程的设计、施工和验收，是一种新的建筑体系，涉及的材料是新型建筑材料，设计方法是"建筑、结构、设备与装修一体化"，强调"配套"：材料要配套、技术要配套、设计要配套，遵照《轻型钢结构住宅技术规程》JGJ 209—2010 第 4.1.2 条的规定：轻型钢结构住宅应按照建筑、结构、设备和装修一体化设计原则，并应按配套的建筑体系和产品为基础进行综合设计。建议设立企业"一体化"资质有利于轻型钢结构住宅的科学发展。

（2）成立"钢结构住宅企业联盟"。把科研单位和企业都组织起来，"产、学、研"相结合，任务是牵线搭桥、信息共享、联合攻关、共同发展。目标是：以钢结构住宅为载体，开发新型节能墙体和环保低碳的建筑体系，推行住宅产业化，促进建筑行业技术革新。具体实施细则另议。

（3）成立"钢结构住宅技术专家组"。对钢结构住宅工程进行技术把关，确保选材合理、设计和施工质量合格；对钢结构住宅技术开发进行技术咨询服务，指导企业的钢结构住宅或产品"安全适用、经济合理、技术选进、确保质量"；对企业申请"轻型钢结构住宅设计施工一体化资质"进行评审，为政府有关部门提供参考意见。

我国建筑幕墙发展的又好又快，幕墙工程的设计施工都是幕墙企业而且基本上是民营企业"一体化"实施的，政府制定了幕墙标准规范和企业资质等级，企业发挥了各自的创新能力，把石材挂到了几百米高的建筑外墙上，经受住了时间、地震和强台风的考验，它们的成功做法是可以借鉴的。

3 轻型钢结构住宅建筑设计的基本原则

3.1 集成化

集成化住宅建筑是在标准化、模数化和系列化的前提下，建筑构配件、建筑设备由工厂化配套生产，在建造现场组装的住宅建筑。轻型钢结构住宅建筑设计应以集成化住宅建筑为目标，应按模数协调的原则实现构配件标准化、设备产品定型化。

住宅建筑作为最终产品，是由各部位数千种产品（模数协调中称为部品）所组成的，各部位的成千上万种产品将按照不同的生产方式、不同的生产地点和不同的生产时间进行工厂生产或现场生产，最后在安装现场按空间既定位置进行安装，成为集成化住宅建筑，这需要有两个前提：建筑构配件以及设备的模数化和建筑空间的模数化。例如，梁或柱构件的长度为模数尺寸，截面为技术尺寸，此构件为模数化构件。同理，若板的平面长、宽为模数尺寸，板厚为技术尺寸，则此构件就是模数构件。而建筑是空间三维体，在三向直角坐标系中，把建筑物的三向均用模数尺寸分割和定位，形成模数化空间网格，用以确定构配件、设备的位置及其相互关系，把模数化的构配件以及设备等按既定规则填充到模数化的空间中去，就组合了三维空间的建筑，这就是集成化住宅建筑。集成化住宅建筑需要模数化构配件，模数化构配件能实现建筑安装的可换性和建筑产品生产以及采购的社会性，从而实现构配件的质量控制和成本的降低，才能使住宅产品及其配件生产和安装纳入工业化、集约化和组装化的道路，满足日益增长的住宅数量和质量的双重要求。缺乏模数协调的尺寸，在开发和引进住宅产品的过程中无章可循，品种多、规格杂乱，缺乏互换性，接口不标准，与建筑设计难以协调，施工安装离不开砍、锯、填、嵌等原始施工方法，施工处于粗放型。

但是，建筑构配件以及设备的模数化和建筑空间的模数化，只是集成化建筑的方法和规则，前提是要有配套的、系列的、模数化的建筑构件以及设备，不仅要有模数化的结构构件，而且也要有模数化的建筑部品，并与结构体系配套，这是最重要的。实践证明，与钢结构配套的建筑部品及其产业链是住宅集成化的成败关键和焦点，集成化的基点就是建筑部品系列化。简单地说，就是要有材料可选、要有设备可用。传统的"秦砖汉瓦"黏土材料在大中城市被禁用，只剩下钢筋混凝土材料，需要开发新的建筑材料。

目前，已从装修集成化进行突破，为加强对住宅装修的管理，积极推广装修一次到位或菜单式装修模式，避免二次装修造成的破坏结构、浪费和扰民等现象，我国政府发布了《商品住宅装修一次到位实施细则》。"全装修"就在全国各地发展起来，能够大量"节能减排"的全装修住房也就成了住宅集成化的开端。住宅装修都有其基本的共性，即功能基本一致，全装修保证每套住宅都设有厨卫、客厅、卧室等基本空间。由于人们装修理念的变化，装修的个性主要体现在装饰上，装饰是在装修基础上的点缀。全装修住宅重装修、轻装饰；重功能、轻渲染；重细部、轻形式，现代人用于家居装饰性投资比重将逐步加大，而用于家庭硬件装修的投资比重将逐步减少。反映在市场上，带厨卫精装修的房子最多，这种局部的精装修节省了住户装修厨卫的麻烦，只需将精力重点花在装饰上就可以了。新编制的《住宅集成化厨房建筑设计图集》以实用性、多功能、各工种配套到位为目标，将使用功能、空间利用、环境质量、节能等综合考虑，重点解决建筑、结构、水、暖、电气、燃气等专业与装修的衔接问题，力图实现土建设计和装修一体化，从设计入手，保证厨房净空尺寸的标准化，使产品模数与建筑模数协调统一。其中的部品（件）按标准化模数生产，与建筑部品（件）形成模数化集成，实现厨卫的工业化生产、商品化供应和专业化组装。

轻型钢结构住宅是一种新的建筑体系，其中钢结构只占钢结构住宅的20％～30％造价，而且技术相对成熟，容易实现标准化和产业化要求，基本能做到工厂化生产、社会化供应、运到现场全装配化安装，达到集成化建筑的目的。需要强调的是，结构体系不能是标准化的，它由荷载、跨度、高度、抗震设防烈度等因素决定构件的技术尺寸，结构的标准化在构件的连接方法上，应能满足全装配化要求，研究标准化节点及其配件，融技术于产品中。但是仅有结构的集成化是远远不够的，钢结构住宅集成的关键技术在建筑围护系统产品及其标准化，主要是墙体建材产品的可选、可用，并且有应用技术和标准化配件。我们已经讲过，研制单块墙板材料容易满足要求，但拼装成墙体后的建筑功能是否满足是关键，是"建材、生产、应用"一体化的综合技术。目前，我国的墙体建筑材料品种少，质量不高，阻碍了钢结构住宅的发展。近年来，有些企业在内部搞钢结构住宅产业化、生产模数化的墙板和构配件，形成具有企业特点的专用体系。这种企业多了就能形成整个行业乃至社会化的协作生产，就能普及钢结构住宅集成化建筑。

3.2 一体化

轻型钢结构住宅应按照建筑、结构、设备和装修一体化设计原则，并应按配套的建筑体系和产品为基础进行综合设计。

轻型钢结构住宅的构配件都是工厂化生产的，基本上都是企业开发的专用体系，这些构配件在施工现场按设计施工图分门别类进行组装，这就需要各专业密切配合，事先协调设计，考虑周全，尽量减少现场开凿、切割、锯刨和扩孔等破坏性安装。有的构配件受到破坏后，在现场是难以复制或修补的，即使进行了某种形式的修补，可能其功能无法恢复，如在墙板上开槽或开洞，虽然用腻子做了添补，墙板承载力不会有明显的损失，但应注意隔声或保温功能的修复，往往在这些地方使房间不隔声。

一体化设计施工要求设计者了解建筑材料和设备的性能、了解各专业特点和要求、了解施工安装过程，才能做到统筹兼顾，实现应有的各种功能。比如墙板，建筑师应首先了解该建筑采用的是什么墙板，它的尺寸是否符合建筑模数，热工性能是否符合节能指标（检查检测报告，必要时应复检），隔声吸音指标是否满足建筑要求（检查检测报告，必要时应复检），耐久性如何（检测报告），安全性是否符合要求（检查墙板抗冲击和抗弯试验报告、安装节点承载力试验报告），如何施工安装（了解拼缝、饰面、防潮、防水、防裂等措施），是否露梁露柱或有热桥（了解墙柱位置关系），设备管线穿墙或埋入措施，洞口补强防裂以及密封措施，等等。只有了解材料的性能和使用方法，才能做到设计施工一体化。

一体化设计施工是专业化的要求。前面已讲过，轻型钢结构住宅是企业开发的专用体系，企业从建筑材料到建筑结构体系是配套的、专用的，企业作为一体化的主体是顺理成章的。这就要求企业具备一体化的能力和责任，具备研发、生产、设计施工综合能力或有"产学研"联合体。另一方面，政府要为企业成为一体化走向市场制定相应的政策和法规，如制定标准规范、设立"一体化"资质等。我们知道，我国建筑幕墙发展得又好又快，幕墙工程的设计施工都是幕墙企业而且基本上是民营企业"一体化"实施的，政府制定了幕墙标准规范和企业资质等级，企业发挥了各自的创新能力，把石材挂到了几百米高的建筑外墙上，经受了时间、地震和强台风的考验，它们成功的经验可以借鉴的。

4 总结

　　钢结构住宅产业化研发已在全国各地不同程度地进行，其重点应放在"三板"体系开发上，这也是难点。"三板"体系的成熟度和科技含量高低，决定着钢结构住宅建筑的成熟度和科技水平，标志着住宅产业化的成熟度和科技水平，这绝非一日之功。

《轻型钢结构住宅技术规程》技术要点

王明贵

（中国建筑科学研究院，北京 100013）

摘　要　新颁布的《轻型钢结构住宅技术规程》JGJ 209—2010 有许多新技术应用，本文根据该规程的内容总结出部分技术要点，供学习交流。

关键词　轻型钢结构住宅；新型墙体材料；工业化建筑

我国第一部关于钢结构住宅的规范——《轻型钢结构住宅技术规程》JGJ 209—2010（以下简称"规程"）于 2010 年 4 月 17 日由住房和城乡建设部颁布，2010 年 10 月 1 日起正式实施。"规程"是在总结和分析了我国多年来钢结构住宅工程实践，并做了大量的科学试验和调查研究的基础上，由中国建筑科学研究院负责，组织有关设计、高校、科研和生产企业等单位制订的。"规程"提出了一种符合中国国情、与国家现行标准保持一致的"轻型钢结构住宅"新体系，规定了轻型钢结构住宅建筑的功能和性能，给出了轻型钢结构住宅的材料标准、设计施工和验收等技术要求以及使用和维护的规范管理原则。"规程"的颁布，不仅用以规范我国轻型钢结构住宅的工程实践，而且对企业开发新型墙体材料和建筑节能新体系具有指导作用。该"规程"吸收应用了许多新技术，部分技术要点总结如下，以便相互学习和交流。

1　水泥基的复合保温墙板

"规程"首次提出钢结构住宅应采用水泥基的复合保温板材作为墙体。我们知道，钢结构住宅的难点在墙体，采用水泥基的材料，既能做到就地取材，节约成本，又能与现有的建筑饰面相容，节省造价，比国外的 OSB 板要耐久、耐火，并且符合人们消费习惯，舒适度好。因此，"规程"明确提出我国的钢结构住宅墙体应采用水泥基的板材。另外，从水泥墙板的构造上，应走复合板材的开发道路，才能发挥不同材料的优点。因为无论保温或隔热，都是一个提高围护结构热阻问题。而围护结构的热阻值 R 取决于材料的厚度与材料本身的导热特性。实际外墙的厚度是有限的，不可能单凭增大厚度来增大热阻，例如用多孔砖砌筑的墙体，为达到 50% 的节能设计标准，在北京地区墙厚为 490mm，在沈阳为 760mm 厚，哈尔滨为 1020mm，这是不现实的。而 5cm 的聚苯乙烯板的热阻就相当于 1m 厚的红砖墙的热阻。虽然不同材料的热传导系数差别较大，但一般导热较小的材料，强度也较低，不能满足墙体防撞击性能的要求，使用安全强度不够。墙板不仅要有一定的强度和耐久性，而且还要有保温、隔热、隔声和防潮等主要功能。采用单一材料很难同时满足墙体的所有功能，而采用多层轻质材料叠合而成的复合墙体，使各层具备不同的功能，便于制作安装，整体性能好，这是墙体技术开发的方向和路线。

2　墙体抗侧刚度的合理利用，既有利于抗震，也使结构经济

在钢框架中镶嵌安装条形墙板组成"框架墙板"复合结构体系，其承载力、刚度和延性与原纯钢框架的结构性能相比有明显不同。国内外的研究表明，忽略填充墙体的作用，不一定对抗震有利。填充墙使得结构的侧向刚度增大，同时也增大了地震作用。框架与填充墙之间的相互作用，使得钢框架的内力

重新分布。考虑填充墙的作用，不仅有利于结构抗震，而且还可利用填充墙体抗侧移，从而减少框架设计的用钢量，使结构轻型成为可能。

"规程"规定，墙体的抗侧刚度应根据墙体材料和连接方式的不同由试验确定，并满足以下要求：当钢框架层间相对侧移角达到 1/300 时，不得出现任何开裂破坏；当钢框架层间相对侧移角达到 1/200 时，墙体可在接缝处出现可以修补的裂缝；当钢框架层间相对侧移角达到 1/50 时，墙体不应出现断裂或脱落。住宅有许多分户墙体，它们是永久的实体墙，把这部分实体墙等效（位移等效）成交叉支撑，如图 1 所示，就能利用填充墙的抗侧刚度。等效的方法就是计算图 1 中两种墙片结构的位移，使其相等就能找到交叉支撑杆的截面大小。先理论估算一个值，然后进行试验验证，在满足"规程"规定的试验条件下，就能得到等效杆件的大小。

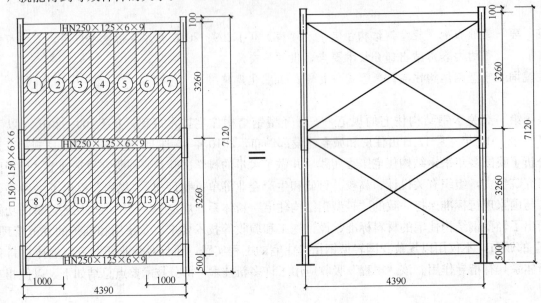

图 1　框架填充墙等效交叉支撑

3　轻质楼板技术：采用密肋钢网格梁，使楼板变薄，重量变轻

"规程"推荐使用轻质复合楼板，从而大大降低结构自重，使结构轻型成为可能。例如采用密肋井字钢梁，上面铺设薄型混凝土板，构成轻质楼板结构体系，再做面层满足隔声等建筑要求即可，建筑构造示意如图 2 所示。

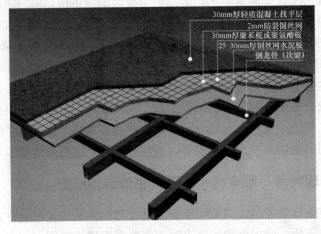

图 2　钢网格次梁铺薄型楼板做法

钢网格次梁的间距与板块大小有关，不宜把板块制作得太大，不便运输和安装，如 30mm 厚混凝土板，双面配钢丝网，板块可做到 1.5m×1.5m 左右，网格梁间距也就到 1.5m 左右。这要通过试验确定。楼板做到现场装配了，网格梁也应现场装配安装，不要施焊为好。

这种做法已有成功的案例，"规程"是在总结这些成功的案例基础上推荐给工程技术人员的。国外的钢结构住宅楼板多为木板，这种做法不符合我国国情。

4　采用钢异形柱，能解决框架柱在室内暴露的问题，建筑美观，方便使用

在钢结构住宅设计中，结构体系主要是用热轧 H 型钢建造多层（4～6 层）或小高层（7～18 层）的框架结构，H 型钢柱截面尺寸一般在 200mm×200mm～400mm×400mm，再加上保护层和饰面，柱子在室内凸出，影响建筑美观，使用不方便。其实，钢筋混凝土框架结构也存在类似的问题，但钢筋混凝土结构为此研究了一种异形柱（肢长和肢宽比为 2～4，区别于短肢剪力墙——肢长和肢宽比为 5～8），应用于住宅建筑中，较好地解决了室内柱角凸出的问题。由此设想，在钢结构住宅建筑中若能使用钢异形柱，就能解决钢结构住宅建筑室内柱角凸出问题。例如中柱用十字形截面、边柱用 T 形截面、角柱用 L 形截面，它们都由 H 形钢和 T 形钢组合而成，我们称它们为钢异形柱，如图 3 所示，墙柱的位置关系见图 4 所示。我国现行《钢结构设计规范》GB 50017—2003 对十字形柱和 T 形柱给出了

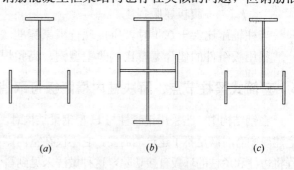

图 3　钢异形柱
(a) T 形截面；(b) 十字形截面；(c) L 形截面

设计计算公式，但没有图 3（c）所示 L 形柱的设计计算方法，中国建筑科学研究院对此进行了试验和理论研究，既能完善我国钢结构住宅技术应用基础研究，促进我国钢结构住宅建筑技术发展，又能丰富我国钢结构设计理论，具有现实和理论意义。

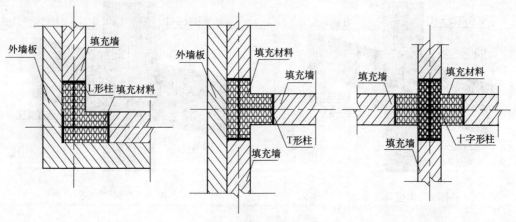

图 4　异型柱与墙的位置关系

5　利用板组件的偶合宽厚比，使薄壁型钢、高频焊接型钢得到应用

现行高层建筑钢结构规范，对钢板宽厚比要求较高，使梁柱构件截面较大，用钢量增多，轻型钢结构住宅适用高度在 6 层及 6 层以下，板件宽厚比应有所减少。经研究，梁柱板件宽厚比可用板组件"偶合"公式计算。"规程"规定对有抗震设防的多层钢结构住宅中的 H 形截面框架柱，其板件宽厚比限值应符合下列要求：

当柱轴压比在 0～0.2 范围时

$$\frac{b/t_{\mathrm{f}}}{15\sqrt{235/f_{\mathrm{yf}}}}+\frac{h_{\mathrm{w}}/t_{\mathrm{w}}}{650\sqrt{235/f_{\mathrm{yw}}}}\leqslant 1\text{，且 }\frac{h_{\mathrm{w}}/t_{\mathrm{w}}}{\sqrt{235/f_{\mathrm{yw}}}}\leqslant 130 \qquad (1)$$

当柱轴压比在 0.2～0.4 时

当 $\qquad \dfrac{h_{\mathrm{w}}/t_{\mathrm{w}}}{\sqrt{235/f_{\mathrm{yw}}}}\leqslant 70$ 时，$\dfrac{b/t_{\mathrm{f}}}{13\sqrt{235/f_{\mathrm{yf}}}}+\dfrac{h_{\mathrm{w}}/t_{\mathrm{w}}}{910\sqrt{235/f_{\mathrm{yw}}}}\leqslant 1 \qquad (2)$

当 $70<\dfrac{h_{\mathrm{w}}/t_{\mathrm{w}}}{\sqrt{235/f_{\mathrm{yw}}}}\leqslant 90$ 时，$\dfrac{b/t_{\mathrm{f}}}{19\sqrt{235/f_{\mathrm{yf}}}}+\dfrac{h_{\mathrm{w}}/t_{\mathrm{w}}}{190\sqrt{235/f_{\mathrm{yw}}}}\leqslant 1 \qquad (3)$

式中　b，t_{f}——翼缘自由外伸宽度和板厚；

$\qquad h_{\mathrm{w}}$，t_{w}——腹板净高和厚度；

$\qquad f_{\mathrm{yf}}$——翼缘板屈服强度；

$\qquad f_{\mathrm{yw}}$——腹板屈服强度。

当柱轴压比大于 0.4 时，应按现行国家标准《建筑抗震设计规范》GB 50011 有关规定执行。

利用板组件的偶合宽厚比，薄壁型钢、高频焊接型钢得到应用，构件重量减少，从而实现经济性。

6 套筒式梁柱节点，解决柱内横隔板可取消的问题，方便钢结构加工

在钢结构中，当采用钢管柱与H型钢梁结构时，其梁柱节点常用环板式，如图5所示。但这种节点在住宅建筑中有时满足不了建筑的需要，它不仅在室内露下环板，而且外墙（尤其是墙板）也不便安装。有的工程将边柱和角柱的环板直接切除，这种做法未见到科学依据。采用套筒式的节点如图6所示，由于钢管柱的管壁较薄，不宜直接焊接H型钢梁，可选用一节钢套筒来加强和保护柱在节点区不被先拉坏，并通过套筒来承载和传力。钢套筒与钢管柱要有可靠连接，除在套筒上下边采用角焊缝外，还要在中间加一些塞焊点，然后将H型钢梁与套筒进行常规的栓焊混合连接。为了加强梁根部的受力能力，还应在梁上下翼缘加盖板，或部分削弱梁翼缘形成"狗骨"式以减少梁根部的应力集中。经计算分析和试验对比，研究套筒式和环板式这两种节点的承载力和变形性能，"规程"给出套筒式节点的设计构造建议。

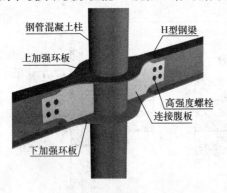
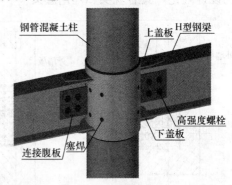

图5　加强环式节点　　　　　　　　图6　套筒式节点

7 梁柱端板式连接，可取消现场焊接，解决现场焊接质量难以保证的问题

"规程"第5.4.5条规定：H型钢梁、钢柱可采用端板式全螺栓连接（图7），当构造满足下列要求时可按刚性节点计算（注：图中 d_0 为螺栓孔径）。

（1）窄翼缘H型钢梁时，端板厚度不应小于梁宽的1/14，且不宜小于14mm。

（2）高强度螺栓直径应不小于端板板厚的1.2倍，且不宜小于20mm。

（3）端板宽度不应小于 $8d_0$，否则应增加柱截面宽度。

（4）当柱翼缘壁厚小于端板厚度时，应将翼缘加厚，使得该处翼缘厚度不小于端板的厚度。

这样做的好处是现场不用焊接，保证钢结构连接质量，实现现场全装配式结构成为可能。

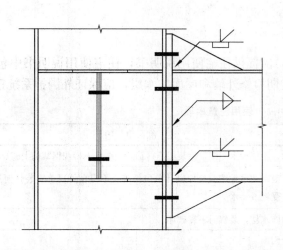
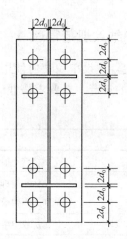

图 7 端板式连接

8 提倡工厂化生产现场装配的工业化建筑方式

结构和墙板、楼板都可工厂制造,现场装配,实现工业化住宅的建筑生产方式转变。轻型钢结构住宅的工厂化生产方式转变,标志着住宅建造由工地走向工厂、由粗放型走向集约型的产业化发展道路,标志着建筑行业整体技术进步。住宅产业现代化是生产力发展和科技进步的必然趋势,我国是钢产量大国,推广建筑用钢意义重大。我国住宅建设量大面广,建设持续时间长,是国民经济的增长点。随着黏土砖被禁用,建筑资源可持续利用和建筑节能等问题被提上议事日程。若能促进住宅建筑用钢,对建筑行业中新技术、新材料、新体系的开发以及建筑行业整体水平提高能起到重要推动作用,同时对冶金行业的发展也能起到促进作用。因此,开发和应用轻型钢结构住宅技术具有重要的现实意义。图8~图11给出了某地钢结构住宅工程的实例照片,它们都能做到现场全装配。

图 8 钢结构安装

图 9 墙板安装

图 10 屋面板安装

图 11 竣工房屋

9　使用与维护纳入规范管理

"规程"规定,建设单位交付使用时,应提供住宅使用说明书,住宅使用说明书中包含的使用注意事项应符合表1的规定,并要求物业应定期检修外墙和屋面防水层,应保证外围护系统正常使用。

使用注意事项　　　　　　　　　　　　　　表1

房屋部位	注 意 事 项
主体结构	钢结构不能拆除,不能渗水受潮,涂装层不得铲除,装修不得在钢结构上施焊
墙体	墙体不能拆除,改动非承重墙应经原设计单位批准。不得在外墙上安装任何挂件,外围护墙体饰面层不得破坏、受潮或渗水
防水层	厨房或卫生间的防水层,装修时不得破坏
门、窗	不得更改或加设门窗
阳台	不得加设阳台附属设施
烟道	设有烟道的,抽油烟机管应接入烟道内,不得封堵或拆除烟道
空调机位	按原设计位置装置空调,不得随意打洞和安装空调或其他设备
供水设施	供水主立管不得移动、接分叉或毁坏
排水设施	排水主立管不得移动、接分叉或毁坏
供电设施	不得改动公共部位供配电设施
消防设施	消防设施不得遮掩或毁坏,不得阻碍消防通道,不得动用消防水源
保温构造	墙体、屋面、楼地面等的各类保温系统包括饰面层、加强层、保温层等均不得铲除和削弱。不得有渗水

10　总结

轻型钢结构住宅是一种新的建筑体系,涉及的材料是新型建筑材料,设计方法是"建筑、结构、设备与施工和装修一体化"的新方法,是一种专业性很强的综合建筑体系,是房屋建造企业的专业技术和产品。该"规程"是在总结和分析了我国多年来钢结构住宅工程实践、并做了大量的科学试验和调查研究的基础上,提出了一种复合中国国情的、与国家现行标准保持一致的"轻型钢结构住宅"新体系:由轻型钢框架结构体系和水泥基的轻质墙体、轻质楼面、轻质屋面建筑体系所组成的轻型节能房屋建筑,适用于抗震或非抗震地区的不超过6层的钢结构住宅建筑的设计、施工及验收。该"规程"全面系统地规定了轻型钢结构住宅建筑的功能和性能,制定了轻型钢结构住宅的材料标准、设计施工和验收技术要求以及使用和维护的规范管理原则。钢结构住宅的建筑形式可以不同,建造方法和材料产品可以各异,但标准要求是统一的。因此,"规程"对企业创新具有指导和规范作用。"规程"可用于抗震或非抗震地区不超过6层的钢结构住宅建筑的设计、施工及验收。

低层冷弯薄壁型钢住宅体系研究与应用的关键问题探讨

王文达　史艳莉　靳　垚

（兰州理工大学土木工程学院　兰州　730050）

摘　要　冷弯型钢轻型钢结构住宅体系是近年来国内外低层住宅的重要结构形式之一，其组合墙体抗剪性能及结构整体抗震性能分析都是其研究和应用的关键技术问题。结合本课题组完成的相关工作，简要介绍了采用有限元法对冷弯薄壁型钢结构住宅组合墙体的受剪性能分析研究的部分成果，采用满足 ANSYS 中壳单元（SHELL181）模拟墙面板和墙架柱，考虑了材料非线性和几何非线性影响，理论计算结果和有关研究者完成的试验结果吻合良好，在此基础上利用该数值模型分析了不同墙面板材料、钢材强度、墙架柱间距、墙体高度、螺栓间距等参数对组合墙体受剪承载力的影响。同时，介绍了基于 ANSYS 建模进行该类结构体系动力时程分析的计算方法，分别进行了设防烈度为 7 度和 8 度时多遇地震及罕遇地震作用下的弹性及弹塑性时程分析。分析结果和有关结论可为组合墙体合理选择有关参数及对结构整体进行动力时程分析提供参考。

关键词　轻钢结构住宅；组合墙体；受剪承载力；非线性有限元；弹塑性时程分析

1　引言

　　低层冷弯薄壁型轻钢住宅具有舒适、环保、节能、高效等独特的优点和良好的综合效益，是一种新的建筑结构产业，冷弯薄壁型钢结构低层住宅体系已成为美国、澳大利亚、日本等国家住宅建筑的重要形式。随着我国经济的发展和钢结构住宅产业化的推进，低层冷弯薄壁钢结构房屋住宅体系在国内的应用和研究越来越多，该住宅体系因其施工速度快、抗震性能好、机械化程度高，因而作为一种新的住宅体系在我国也得到推广应用（靳垚，2010[1]；周绪红等，2005[2]）。汶川地震后在都江堰灾区重建中，部分农民住宅就采用了冷弯薄壁轻钢结构体系。相比之下，国外尤其北美地区对此类结构体系的研究和应用比较成熟，相关的设计规程和指南也较多，美国钢铁协会 AISI 在 2001 年起颁布了《北美冷弯薄壁型钢结构及构件设计规程》，并在 2007 年颁布了新版本 AISI S100−2007（2007）[3]，适用于美国、加拿大和墨西哥。除了设计标准外，国际学者还有许多相关的研究成果及专著，如 Hancock 等（2001）[4]、Yu 等（2010）[5]、Zhao 等（2005）[6]等均涉及冷弯薄壁型钢构件及节点等的力学性能及设计方法等，这些成果为低层冷弯薄壁型钢结构房屋体系的发展和应用起了推动作用。国家标准《冷弯薄壁型钢结构技术规范》GB 50018−2003[7]给出了冷弯薄壁型钢构件的设计方法，但对此类结构体系的设计并没有具体条文。近年来国内标准如《低层轻型钢结构装配式住宅技术要求》JG/T 182−2005[8]和《低层冷弯薄壁型钢房屋建筑技术规程》JGJ 227−2011[9]的颁布必将有力促进这一发展。

　　低层冷弯薄壁型钢结构住宅体系主要由墙体、楼盖、屋盖及维护结构组成。墙体结构由间距400mm 或 600mm 的龙骨、上下导轨和墙板组成；楼盖结构由间距 400mm 或 600mm 的楼面梁、楼面板

基金项目：甘肃省自然科学基金和甘肃省教育厅硕导基金资助。

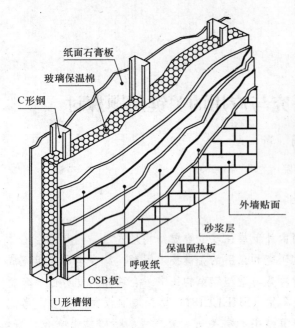

图1 组合墙体构造示意

纸面石膏板

玻璃保温棉

C形钢

外墙贴面

砂浆层

保温隔热板

呼吸纸

OSB板

U形槽钢

和吊顶组成；屋盖结构由屋架、屋面板、吊顶组成。冷弯薄壁型钢结构是一种板肋结构体系，板肋结构的平面刚度较大，可以抵抗水平风荷载和地震作用（周绪红等，2005[2]）。冷弯薄壁型钢住宅结构体系的组合墙体及楼盖结构构造分别如图1、图2所示（靳喆，2010[1]；周绪红等，2005[2]），典型的组合墙体由钢立柱、石膏板、定向刨花板（OSB板）通过自攻螺栓连接。当墙面板通过自攻螺栓与钢立柱连接时，墙面板不仅起到围护作用，且为钢立柱提供了侧向支撑，使钢立柱的承载能力明显提高。组合墙体或楼盖的各构件之间通过螺钉、普通钉子、射钉、拉铆钉、螺栓和扣件等进行连接。受力构件和板材常采用自钻自攻螺栓或自攻螺钉连接，常用的规格只需3~5种，在施工中采用专业工具对螺栓进行连接，其连接简单、方便。

国内外研究者对于普通强度及高强度冷弯薄壁型钢构件基本力学性能的研究成果已有不少，本文不再赘述。作为由冷弯薄壁构件与其余材料通过相应的构造措施形成的低层冷弯薄壁型钢结构体系，其组合墙体的力学性能及整体结构体系的抗震性能研究很重要。组合墙体是冷弯薄壁型钢结构住宅体系的主要

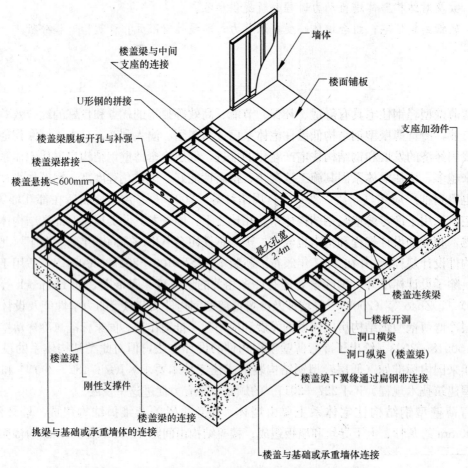

楼盖梁与中间支座的连接

U形钢的拼接

楼盖梁腹板开孔与补强

楼盖梁搭接

楼盖悬挑≤600mm

墙体

楼面铺板

支座加劲件

最大孔宽2.4m

楼盖连续梁

楼板开洞

洞口横梁

洞口纵梁（楼盖梁）

楼盖梁下翼缘通过扁钢带连接

楼盖梁

刚性支撑件

挑梁与基础或承重墙体的连接

楼盖梁的连接

楼盖与基础或承重墙体连接

图2 冷弯薄壁型钢住宅结构体系中楼板构造示意

承重构件，对其抗剪性能的研究很有必要，周绪红等（2006）[10]、周绪红等（2010）[11]、周天华等（2006）[12]、聂少峰等（2007）[13]对组合墙体的抗剪承载力进行了系统的试验研究和理论分析，结果表明组合墙体的抗剪承载力与墙面板的材料和尺寸、墙体的高宽比、墙立柱间距、自攻螺栓的间距等因素有关。史艳莉等（2009）[14]考虑了门窗开洞时对冷弯薄壁型钢组合墙体的力学性能进行了数值模拟分析。同时，国内研究者对此类体系的抗震性能也进行了相关研究，如刘晶波等（2008）[15]进行了低层冷弯薄壁型钢结构住宅体系考虑其整体性能的力学分析；史艳莉等（2011）[16]建立了只考虑了冷弯薄壁型钢构件的两层冷弯薄壁型钢房屋的有限元数值模型，进行了弹塑性动力时程分析；黄智光等（2011）[17]完成了某三层足尺冷弯薄壁型钢体系模型的振动台试验，表明该类结构在地震波输入过程中表现为局部破坏，墙体骨架基本完好，组合墙板的蒙皮作用和抗拔件的抗倾覆性能为该体系提供了关键的抗侧性能。

基于以上分析，本文结合课题组对低层冷弯薄壁型钢结构体系的组合墙体抗剪性能的分析研究，以及结构整体抗震性能的数值模拟结果进行介绍，以期为有关工程应用提供参考。

2　组合墙体抗剪性能分析

靳垚（2010）[1]在文献[10]中试验的基础上，建立了组合墙体有限元模型进行其抗剪承载力分析和参数分析，以期得到组合墙体抗剪承载力的影响因素，为有关设计人员合理选择相关参数提供参考。

2.1　组合墙体基本参数及建模

组合墙体高 3m，宽 2.4m，墙架柱采用 C 形冷弯薄壁型钢，规格为 89mm×44.5mm×12mm×1.0mm，间距 600mm，钢材的强度设计值为 320N/mm²，弹性模量 $E=2.06×10^6$N/mm²，泊松比 0.3。墙面板采用 12mm 厚纸面石膏板，弹性模量 $E=1124.7$N/mm²，泊松比 0.23，纵向断裂强度 0.66N/mm²；9mm 厚定向刨花（OSB）板，弹性模量 $E=3500$N/mm²，泊松比 0.3，垂直板长的静曲强度 7.86N/mm²，通过自攻螺栓与墙架柱连接，自攻螺栓在墙体外周的间距为 150mm，内部为 300mm，两侧边柱为两根靠背的 C 形冷弯薄壁钢通过自攻螺栓连接成的工字型截面，典型组合墙体构造如图 3 所示。用 ANSYS 软件进行数值模拟，采用与试验相同的边界条件，忽略导轨影响，墙体底部固定，约束上端导轨的竖向位移和侧向位移，使其可进行水平方向位移。连接件（自攻螺栓）采用耦合处理，在自攻螺钉连接处耦合其 X、Y、Z 方向平动自由度，而不约束其转动。钢立柱、墙面板均采用 SHELL181 单元，有限元模型如图 4 所示。考虑材料和几何非线性，组合墙体中各主要构件钢立柱、石膏板、OSB 板等在有限元模型中均采用理想弹塑性材料模型，满足 Von Mises 屈服准则和等向强化准则，石膏板和 OSB 板也暂假定为各向同性材料。

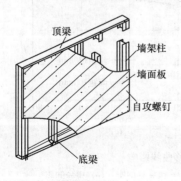
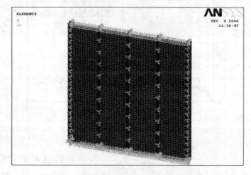

图 3　组合墙体构造图　　　　　图 4　单面墙板组合墙体有限元模型

2.2　模型验证

根据以上数值模型，对文献[10]中的单面石膏板、单面 OSB 板、OSB＋石膏板在顶部螺栓耦合处进行单调加载，按照位移控制进行非线性分析，计算结果如图 5 所示。可见理论计算与试验测试曲线总体上吻合较好，单面石膏板组合墙体的数值计算结果与试验结果相差 5.4%；单面 OSB 板组合墙体计算结果与试验结果相差 2.5%，采用单面石膏板＋单面 OSB 板的组合墙体计算结果与试验结果相差 1.4%。

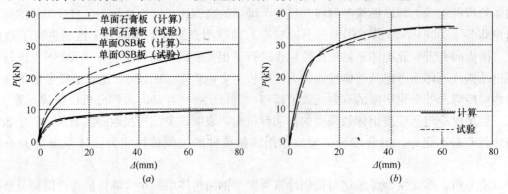

图 5 组合墙体理论计算与试验所得荷载-位移曲线对比

（a）单面石膏板和单面 OSB 板；（b）双层面板（单面石膏板＋单面 OSB 板）

2.3 组合墙体抗剪性能的参数分析

文献［10］对组合墙体抗剪试验研究的结果表明，影响组合墙体抗剪强度的主要因素有墙面板材料、立柱钢材强度、墙架柱间距、墙体高宽比、自攻螺栓间距等因素。因此，本文也选择了墙面板材料、钢材强度、墙立柱间距、墙体高度、自攻螺栓间距等进行参数分析。其计算结果如图 6 所示。

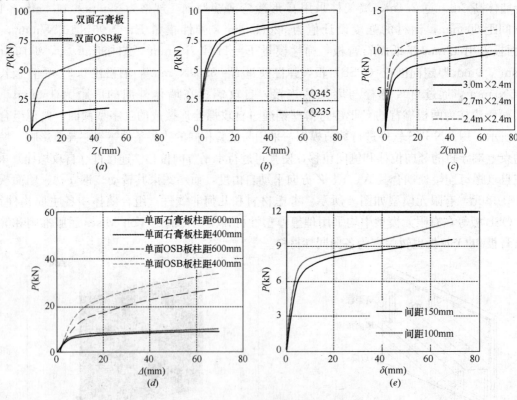

图 6 各主要参数对组合墙体荷载-位移曲线影响

（a）墙面板材料；（b）墙架柱钢材强度；（c）墙体高宽比；（d）墙架柱间距；（e）螺栓间距

2.3.1 墙面板材料

轻钢住宅组合墙体的墙面板材一般采用 12mm 厚纸面石膏或 9mm 厚 OSB 板。墙面板不仅只起到维护作用，对钢立柱的承载力也有影响。图 6（a）为不同双面墙板材料的组合墙体理论计算荷载-位移曲线。可见，不同墙面板材的组合墙体的受剪承载力差异较大。双面 OSB 板受剪承载力最好，单面石膏板最差，双面 OSB 板其承载力明显优于双面石膏板。分析结果表明双面 OSB 板其最大承载力为单面石膏板的 7.2 倍，为单面 OSB 板的 2.5 倍。

2.3.2　墙架柱钢材强度

用于轻钢结构住宅承重结构的钢材常采用 Q235 钢和 Q345 钢，暂分别选用 Q235 和 Q345 钢材进行分析。两类墙体的荷载-位移曲线如图 6（b）所示，组合墙体的最大受剪承载力分别为 $P_{max205}=9.25$kN 和 $P_{max320}=9.61$kN，后者提高了 3.8%。可见墙架柱强度的提高对其受剪承载力的影响并不明显。

2.3.3　墙体高宽比

为考虑墙体高宽比对其受剪承载力的影响，分别进行了 2.4m×2.4m、2.4m×2.7m、2.4m×3.0m 三块单面石膏板受剪承载力分析，计算结果如图 6（c）所示，可见墙体受剪承载力随墙体高度增加而降低。3m 高墙体的受剪承载力比 2.7m 高墙体的低 11.2%，2.7m 高墙体的受剪承载力比 2.4m 高墙体低 15.1%。墙体高度变化对其受剪承载力的影响较明显。

2.3.4　墙架柱间距

轻钢住宅用于承重的柱间距一般为 400mm 和 600mm。分别进行了单面石膏板、单面 OSB 板柱距分别为 400mm 和 600mm 时其受剪承载力分析，分析结果如图 6（d）所示。可见单面石膏板柱距由 600mm 减小为 400mm 时，其最大承载力提高了 12%，单面 OSB 板则提高了 19.3%。可见柱距的变化对其墙体的受剪承载力影响显著。

2.3.5　螺栓间距

分别选择了边柱螺栓间距分别为 150mm 和 100mm 的单面石膏板进行了墙体抗剪承载力分析，荷载-位移曲线如图 6（e）所示。可见随着边柱螺栓间距的减小，墙体的受剪承载力总体上增大。

上述参数计算结果表明，墙面板材料、墙体高度、墙架柱间距、边柱螺栓间距对组合墙体的受剪承载力影响较大，双面 OSB 板其承载力最好，单面石膏板承载力最差。随着墙体高度的增加，组合墙体受剪承载力降低；随着墙架柱间距增大，抗剪承载力降低；随着边柱螺栓间距减小，组合墙体受剪承载力增大。立柱强度对其墙体受剪承载力影响比较小，屈服强度增加，承载力有所增大，但并不明显。

3　低层冷弯薄壁型钢房屋骨架体系抗震性能分析

靳垚（2010）[1]和史艳莉等（2011）[16]采用 ANSYS 建立了未考虑墙面板的两层冷弯薄壁型钢房屋结构住宅体系的弹性及弹塑性时程分析模型，分别进行了结构体系在设防烈度为 7 度和 8 度时多遇地震和罕遇地震反应计算，下面简要介绍其计算结果。

3.1　数值模型

计算模型的原型结构为两层联排式住宅，长宽高分别为 18m、12m、6m。选用钢材均为 Q345 钢，楼面板采用 18mm 厚 OSB 结构板。楼层梁截面为 C305mm×40mm×14mm×2.0mm，边梁截面为 U305mm×35mm×2.0mm，过梁采用 2 根 U140mm×40mm×2.0mm 的组合截面，墙立柱选用单根 C140mm×40mm×12mm×2.0mm，墙角柱采用 3 根 C140mm×40mm×12mm×2.0mm 的组合截面，柱间距 400mm。本文模型仅为型钢骨架，未计入墙面板。建模分析时用壳单元 SHELL163 模拟楼盖和屋盖体系，用二节点三维梁单元 BEAM188 模拟所有冷弯薄壁型钢构件。有限元模型如图 7 所示，其中 X 和 Z 方向为模型的水平面内方向，Y 方向为模型竖向。

3.2　结构基本动力特性

通过模态分析得到结构前 3 阶周期分别是 0.189s、0.179s 和 0.175s。日本和美国在多次实测此类低层冷弯薄壁钢结构住宅体系的周期的基础上给出了其基本自振周期计算公式，该计算公式列入 AISI S100-2007[3]，日本公式为 $T=0.03H$，美国公式为 $T=0.05H^{3/4}$，式中 H 为建筑物的高度，单位为米（m）。我国《低层冷弯薄壁型钢房屋建筑技术规程》JGJ 227—2011[5]中给出的此类结构的基本自振周期计算公式为 $T=(0.02\sim0.03)H$，式中 H 为从基础顶面到建筑物最高点的高度（m）。按照以上三

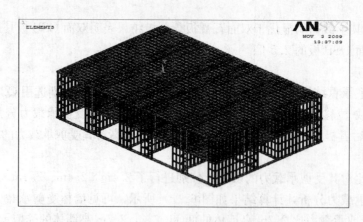

图 7　低层冷弯薄壁型钢住宅体系有限元模型（史艳莉等，2011[16]）

个公式的计算结果分别为 0.18s、0.182s 和 0.12～0.18s，有限元模型得到的基本周期为 0.189s，上述三个公式和有限元数值计算结果吻合良好。

3.3　多遇地震作用下计算

本文分析时选用的地震波为较有代表性的 El Centro 波、TAFT 波以及天津波。根据《建筑抗震设计规范》GB 50011—2010[18] 中地震加速度时程曲线最大值的规定，7 度多遇和罕遇地震的最大加速度（PGA）分别为 35cm/s² 和 220cm/s²；8 度多遇和罕遇地震的为最大加速度分别为 70cm/s² 和 400cm/s²。在进行时程分析时，分别考虑设防烈度为 7 度和 8 度时的多遇地震及罕遇地震。为直观反映结构顶部在地震作用下的位移反应，选取了模型二层顶部角点作为结构位移参考点。

分别计算了图 7 模型在三种不同地震波作用下，在 7 度及 8 度多遇地震作用下结构的弹性时程分析，结果表明在不同地震加速度下及不同地震波的作用下结构角点（参考点）的位移时程不同，图 8 给出 8 度多遇地震作用下三种地震波的不同位移时程曲线，7 度多遇地震下的位移时程类似，不再赘述。由图 8 可见总体上结构角点 Z 方向的位移反应比 X 方向明显，主要原因是结构 Z 向刚度比 X 向弱。不同地震波作用下参考点的最大位移数值也不同，天津波 Z 方向参考点最大位移达 5.57mm。

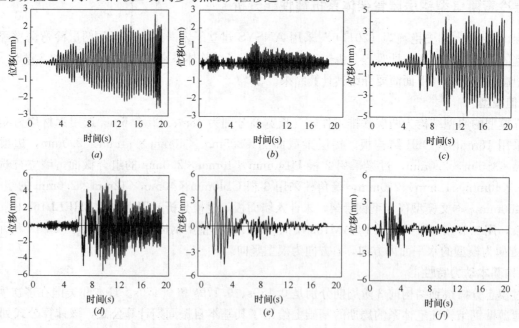

图 8　8 度多遇地震作用下结构角点位移时程曲线（PGA＝0.07g）
(a) TAFT 波（X 方向）；(b) TAFT 波（Z 方向）；(c) 天津波（X 方向）；(d) 天津波（Z 方向）；
(e) EI Centro 波（X 方向）；(f) EI Centro 波（Z 方向）

3.4　罕遇地震作用计算分析

对结构进行了 7 度和 8 度罕遇地震作用下的弹塑性时程分析，为便于分析，给出了 8 度罕遇地震作用下参考角点位移时程曲线如图 9 所示，7 度时类似，仅最大位移不同。图 9 可见结构角点处 X、Z 两个水平方向的位移时程曲线与前述多遇地震作用下规律类似，但位移幅值明显增加，显然随着地震加速度的增大，位移响应也随之明显增大。例如在 8 度罕遇地震作用下（0.4g），天津波 Z 方向的位移达 33.18mm。随着地震加速度的增大，结构的层间位移角也随之增大。

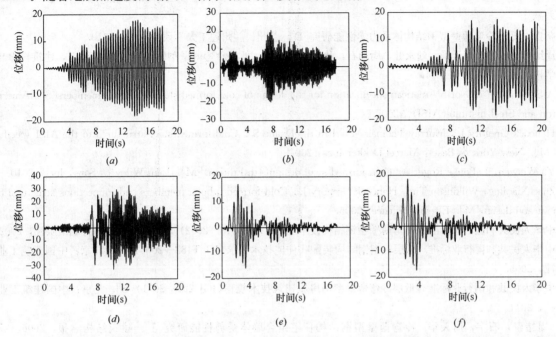

图 9　8 度罕遇地震作用下结构角点位移时程曲线（PGA＝0.4g）

(a) TAFT 波（X 方向）；(b) TAFT 波（Z 方向）；(c) 天津波（X 方向）；

(d) 天津波（Z 方向）；(e) EI Centro 波（X 方向）；(f) EI Centro 波（Z 方向）

提取并分析结构在上述三种地震波作用下的最大弹塑性层间位移角，总体上规律如下：（1）模型沿着建筑屋宽度方向（Z 方向）的侧移明显大于沿建筑屋长度方向（X 方向）的侧移，这一现象说明结构 Z 方向的刚度弱于 X 方向。（2）随着地震加速度增大结构的位移反应也增大，且 Z 方向的位移增大幅度明显大于 X 方向。（3）同一测点 Z 方向的位移反应大于 X 方向，且天津波的表现尤为明显，这与结构在 Z 方向的刚度较弱有关。

《低层冷弯薄壁型钢房屋建筑技术规程》JGJ 227—2011[9] 中只给出了低层冷弯薄壁钢结构房屋体系由水平风荷载或多遇地震作用标准值产生的层间位移与层高之比不得大于 1/300 的要求，并未给出该类结构在罕遇地震作用下的弹塑性层间变形限值。对本文结构模型分别在 7 度和 8 度多遇及罕遇地震下的最大层间位移角进行分析可知（靳垚，2010[1]），该结构体系在 8 度多遇地震下的最大弹性层间位移角为 1/526，在 8 度罕遇地震下的最大弹塑性层间位移角为 1/246，均可满足规程 [9] 对于多遇地震下弹性层间位移角要求，也满足抗震规范 [18] 中有关多高层钢结构最大弹塑性层间位移角限值 1/50 的要求。

4　结语

基于本文工作，可初步得到以下结论：

（1）用本文建模方法进行低层冷弯薄壁型钢房屋体系的组合墙体抗剪性能数值模拟时可行的。总体上墙面板材料、墙体高度、墙架柱间距、边柱螺栓间距等参数对组合墙体的抗剪承载力影响较大，当大多数参数确定时，双面 OSB 板其承载力最好，单面石膏板承载力最差。分析结果可为组合墙体合理选择有关参数提供参考。

（2）基于 ANSYS 建模进行低层冷弯薄壁型钢房屋体系弹性及弹塑性时程分析，分析结果可为该类结构抗震性能评估提供参考。按照现行设计规程设计的两层房屋模型，在设防烈度为 7 度和 8 度时多遇地震及罕遇地震作用下的弹性及弹塑性层间位移均可满足要求，表明该类体系具有良好的抗震性能。

参考文献

[1] 靳垚. 低层冷弯薄壁型钢结构体系力学性能研究[D]. 兰州：兰州理工大学硕士论文，2010.

[2] 周绪红，石宇，周天华，刘永健，周期石，狄谨，卢林枫. 低层冷弯薄壁型钢结构住宅体系[J]. 建筑科学与工程学报，2005，22(2)：1-14.

[3] AISI S100-2007. North American specification for the design of cold-formed steel structural members[S]. American Iron and Steel Institute(AISI)，2007.

[4] Hancock Gregory J.，Murray Thomas M.，Ellifritt Duane S.. Cold-formed steel structures to the AISI specification[M]. New York & Basel：Marcel Dekker Inc.，2001.

[5] Yu Weiwen，LaBoube Roger A. Cold-formed steel design(4th Edition)[M]. John Wiley & Sons，Inc.，2010.

[6] Zhao Xiaoling，Wilkinson Tim，Hancock Gregory J.. Cold-formed tubular members and connections-structural behaviour and design[M]. Elsevier Science，2005.

[7] 中华人民共和国国家标准. 冷弯薄壁型钢结构技术规范(GB 50018—2002)[S]. 北京：中国计划出版社，2002.

[8] 中华人民共和国行业标准. 低层轻型钢结构装配式住宅技术要求(JG/T182—2005)[S]. 北京：中国建筑工业出版社，2005.

[9] 中华人民共和国行业标准. 低层冷弯薄壁型钢房屋建筑技术规程(JGJ 227—2011)[S]. 北京：中国建筑工业出版社，2011.

[10] 周绪红，石宇，周天华. 冷弯薄壁型钢结构住宅组合墙体受剪性能研究[J]. 建筑结构学报，2006，27(3)：42-47.

[11] 周绪红，石宇，周天华，于正宁. 冷弯薄壁型钢组合墙体抗剪性能试验研究[J]. 土木工程学报，2010，43(5)：38-44.

[12] 周天华，石宇，何保康. 冷弯型钢组合墙体抗剪承载力试验研究[J]. 西安建筑科技大学学报，2006，38(1)：83-88.

[13] 聂少锋，周天华，周绪红，何保康. 冷弯型钢组合墙体抗剪承载力简化计算方法研究[J]. 西安建筑科技大学学报，2007，39(5)：598-604.

[14] 史艳莉，靳垚，王文达. 开洞对冷弯型钢组合墙体力学性能的影响分析[J]. 哈尔滨工业大学学报，2009，41(sup2)：121-124.

[15] 刘晶波，陈鸣，刘祥庆，郭冰，李杰. 低层冷弯薄壁型钢结构住宅整体性能分析[J]. 建筑科学与工程学报，2008，25(4)：6-12.

[16] 史艳莉，靳垚，王文达，张鹏鹏. 低层冷弯薄壁型钢结构住宅体系抗震性能研究[J]. 工程抗震与加固改造，2011，33(10)：13-20.

[17] 黄智光，苏明周，何保康，申林，齐岩，孙健，俞福利. 冷弯薄壁型钢三层房屋振动台试验研究[J]. 土木工程学报，2011，44(2)：72-81.

[18] 中华人民共和国国家标准. 建筑抗震设计规范(GB 50011—2010)[S]. 北京：中国建筑工业出版社，2010.

低、多层钢结构工业化住宅集成技术研发

杨建行

（宝业集团浙江建设产业研究院有限公司，绍兴 312000）

摘　要　钢结构是一种特别适合低、多层工业化住宅技术集成的建筑结构。本文从工业化住宅基本要素、关键技术研发及项目示范应用等方面介绍"密柱支撑"和"单元式钢框架"两种低、多层钢结构工业化住宅体系及成套技术。

关键词　密柱支撑；钢结构工业化住宅；集成技术

1　研发背景

工业化住宅在发达国家早已被市场所接受和普及，中国近十年来也在积极实施住宅产业化政策，作为住宅产业化重要实现途径的工业化住宅正在行业中广泛宣传和实践，但总体上还停留在分散的研究开发、项目试点水平上，大规模的商业集成产品应用还未真正出现；作为工业化住宅主要结构体系的钢结构住宅体系，国内开发建造的大多项目也只是钢结构住宅而已，还远未达到真正意义上的工业化住宅水平。这和国家的相关配套政策水平有关，更受当前我国工业化住宅成套技术集成水平总体滞后的制约。因此，只有深入研究钢结构工业化住宅各系统间的协调和集成，实现设计标准化、生产规模化和施工机械化（工业化住宅 3S），才能最大限度发挥工业化住宅的各种优势—较高的性能、绿色低碳和较好的经济性。

从 1997 年成为全省唯一的国家住宅产业化试点单位以来，公司一直致力于住宅产业化事业的全面推进，先后建成浙江、安徽、湖北住宅制造基地，一个国家和省级企业研究院，全国唯一的住宅建筑综合性能检测评估实验中心，和一个国家住宅产业化基地。先后和日本、德国等世界工业化住宅制造先驱进行全面合作，共同开发基于中国国情的各种钢结构、PC 等工业化住宅体系，成功开发的"密柱支撑"[1]和"单元式钢框架"[2]两大钢结构工业化住宅集成体系已成功应用于规模化商业开发项目。

2　工业化住宅基本要素

工业化住宅不同于传统住宅，最大的区别是组织实现的方式不同。构成工业化住宅最基本的要素体现在以下三个方面。

（1）模数化设计：模数化是实现建筑、结构和设备内装相互协调的最基本要求，而模数是根据产品体系特点和要求不断研究优化选定的，对于某种产品体系来说一旦确定就具有唯一性。

（2）规模化集成生产：构件规格最大限度统一化，实现全部结构构件、围护板材（含门窗）等的规模化集成制造，从而通过组织一定的批量生产来降低成本。

（3）性能申请和认定：工业化住宅必须通过申请并得到政府相关部门对各项产品性能的认定并许可，即满足工业化住宅的各项法律法规和相应的技术标准要求。由于在产品体系开发过程中大部分性能得到认定和许可，销售支店（具体项目）施工图设计时可免除此部分审查，因此工业化住宅的目的之一就是减少单一产品设计工作量和简化审查、报批等复杂手续。

由此可见，不是所有的钢结构住宅就是工业化住宅，目前市场上大多数钢结构住宅根本算不上工业化住宅。一般所说的工业化建筑（住宅）只是部分采用了工业化住宅的各种好处而已。从技术和经济角度考虑，钢结构工业化住宅比较适合于低、多层住宅，应用于高层住宅不仅在性能认定上难度相当大，工业化住宅的成本优势（批量）也很难实现。

3 关键技术研发

3.1 开发体系创新实践

工业化住宅是一种高度集成的复杂产品，它的设计研发不同于单一产品设计，研究对象是一个由上万种材料组成的整体，因此被称为是继家电、汽车后的第三大制造业。工业化住宅的产品规格品种数量庞大，管理要求相当高，制作精度高，前期投入的人力、物力和财力相当大，开发周期长，并需要有一定的业务量才能组织生产。另一方面，工业化住宅的开发实施流程却很简单，即销售支店签约、设计（仅为构造设计及选材）、工厂制造、现场组装到交货，但它的背后是强大的技术研究和商品设计开发以及强大的技术集成库和物流，好比是一种汽车，是一种由各种专利集成的住宅产品。因此不断研究和完善工业化住宅的技术开发体系尤为重要。

工业化住宅的技术研发和开发流程与传统住宅建筑开发建设最大不同点在于：工业化住宅设计包括商品体系开发和商品系统化设计两个阶段，通常由制造开发商自己完成；而传统住宅只有一个设计阶段，一般由具有相应资质的建筑设计院完成。商品体系开发重点是各种设计规则的制订，产品体系的设计研发，包括各种关键技术研发、试验研究以及各种材料性能的实验验证，着重解决住宅体系组成、安全、性能、环境保护、健康研究、智能通信等实现方案；而商品系统化设计主要是根据某种商品体系的各项规则和要求，结合具体项目特点进行设计（仅为构造设计），包括建筑、结构、设备、内装及各种加工构件的深化设计。

工业化住宅开发体系主要流程：各种市场情报的调查收集、策划，体系研究开发，体系认定审查，商品开发销售（包括样板房建造、商品系统化设计及审查、工厂制造、现场组装及装修等环节）以及产品服务。图 1 为商品开发流程图。

根据工业化住宅开发的特点和流程，商品开发体系主要由商品开发、综合研究、销售管理、生产制造、施工管理五大职能组成。

图 2 为工业化住宅开发体系职能图。

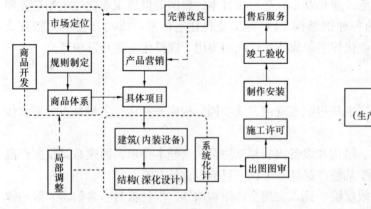

图 1 工业化住宅商品开发流程图   图 2 工业化住宅开发体系职能图

3.2 产品体系研发

工业化住宅开发最为核心的工作是商品体系的设计研发，而体系开发是一项复杂而耗时费钱的技术和经济活动，必须以具体客户市场为开发目标，并结合企业自身的技术和管理水平，以及国家相关的法律法规等主客观实际。尽管工业化住宅有很多的部品构件可以社会化开发生产，但其最核心的技术通常是企业专有的，因此国外先进工业化住宅集成商都有不同于同行的核心产品体系。如日本大和房屋、丰田、积水化学等的主力产品都各不相同。"密柱支撑"和"单元式钢框架"工业化住宅体系是在引进国际先进钢结构工业化住宅开发理念和技术的基础上，充分结合中国国情和企业自身条件，经过多年的系统研究、试验和工程试点而开发的低多层钢结构工业化住宅成套体系和技术。

3.2.1 建筑、结构模数协调技术

模数是建立工业化住宅体系最基本且最重要的要素之一。工业化住宅的模数通常采用单模数和双模数两种，分水平模数和竖向模数。模数的具体尺寸选择和最终确立是个相当复杂的过程，必须结合所开发体系的特点、建筑结构选材及企业自身技术经济条件等因素，而不是简单的采用国家相关的基本模数。因此国外先进工业化住宅集成制造商的产品体系模数也各不相同。"密柱支撑"体系采用单模数，其水平模数 $1P = 1200mm$（P 为基本模数，以下同），竖向模数 $1P = 445mm$；"单元式钢框架"体系采用双模数，其水平模数由建筑净空模数 $1P = 300mm$ 和结构（含墙体及装修）模数 $t = 300mm$ 组成，竖向模数 $1P = 300mm$。双模数相比单模数比较复杂，但好处是可以实现内装部品的完全标准化预制，因此更适合于多层标准化住宅，如公租房。通常情况下，局部平面模数也可以采用 $0.5P$。

图 3、图 4 分别为"密柱支撑"和"单元式钢框架"体系平面模数示意图。

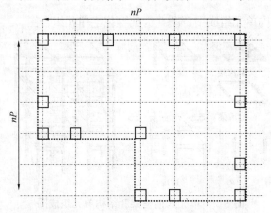

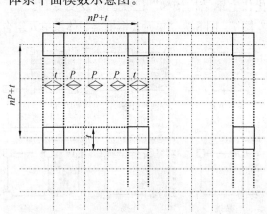

图 3 "密柱支撑"平面单模数示意图　　　　图 4 "单元式钢框架"平面双模数示意图

3.2.2 住宅体系技术

体系和模数一样也是工业化住宅最重要的研究对象之一。国外先进工业化住宅集成制造商的产品体系也和模数一样各不相同，其低层钢结构工业化住宅主要有纯板肋结构体系（梁贯通）、框架支撑结构体系、框架结构（含集装箱式）等，多层则一般为钢框架体系，且每个类型中又有不同细分和技术特点。

"密柱支撑"为类板肋结构体系，和纯板肋结构比较接近，是一种比较适合中国国情的工业化住宅体系，已通过部级评估（建科评［2011］040），技术成果达到国际先进水平，并获全国建设行业科技成果推广证书（2011058 号）。该住宅体系主要采用梁贯通式节点、梁柱全螺栓连接、专用柱间支撑和模数化整体化设计、标准化生产、装配式施工以及结构与内装分离（SI 住宅）等技术。通过大量的样板房试点和工程示范证明该体系具有抗震性能优、工业化程度高、节能环保、耐久性好、隔振和隔声性能好、综合性价比高等优点，是一种适合居住性能要求较高的中高端独立或联式低层工业化住宅建筑。目前已发布并实施相关设计、生产制造和施工安装等技术标准，本体系的"一种工业化低层住宅结构体系"已获国家发明专 ZL200910156662.7。

图 5、图 6 分别为"密柱支撑"体系构造和模数化住宅单元组合图。

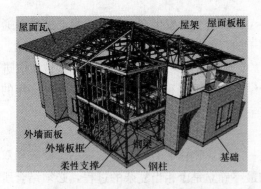

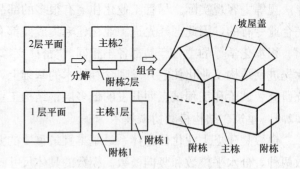

图 5 "密柱支撑"体系构造图　　　　　图 6 "密柱支撑"模数化住宅单元组合图

"单元式钢框架"体系采用纯钢框架体系，比较适合应用于多层集合住宅。通过对单元式标准模块设计、生产及施工等系统研发，可实现住宅建设由传统单品设计和施工向标准化设计、专业化生产制造及施工转变；结构体与内装体分离（SI住宅），使百年低碳住宅成为可能；住户单元大开间，满足个性化功能分区，适应二次装修。试验楼和商业开发项目的实践表明，本体系具有建筑自重轻、施工快捷、工业化程度高、节能节地、绿色环保以及优良的抗震、防水和耐久性能等优点。本体系的"一种多层工业化住宅钢结构楼梯"已获国家发明专利。

图7、图8为"单元式钢框架"体系单元组合规则和结构单元组成图，图9为典型住宅单元组合图。

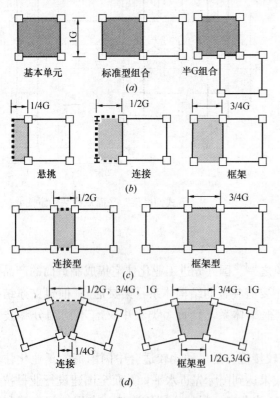

图 7 "单元式钢框架"单元组合规则

（a）基本单元组合；（b）外侧辅助单元；

（c）中间辅助单元；（d）转接辅助单元

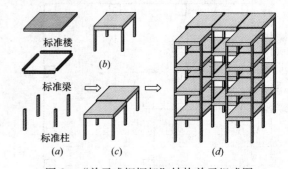

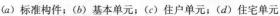

图 8 "单元式钢框架"结构单元组成图

（a）标准构件；（b）基本单元；（c）住户单元；（d）住宅单元

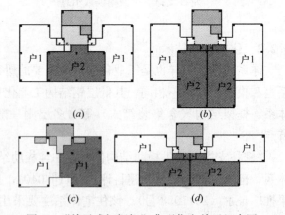

图 9 "单元式钢框架"典型住宅单元组合图

（a）案例1；（b）案例2；（c）案例3；（d）案例4

3.2.3 关键结构技术

"密柱支撑"在结构上属于新的体系技术，需着重研究和考虑以下3个关键技术问题：（1）柱子能否起到第二道抗震防线作用；（2）节点的传力机制、破坏模式、刚度、承载力、延性等各项性能指标、构造及计算方法；（3）柔性支撑是该结构抗侧力关键构件，其延性性能的优劣直接影响结构体系的抗震性能。在确立理论计算分析模型基础上，先后完成《梁、柱节点性能试验研究》、《延性抗拉支撑性能试验研究》及《超大变形循环加载足尺抗震试验研究》等试验研究课题。实验表明本结构体系采用的梁贯通式节点介于刚接和铰接之间，在静力初步设计时可将梁柱节点作为铰接考虑，以方便前期结构布置设计（按专用支撑设计值），大震分析时可按刚接模型计算。

图 10 为体系计算模型简图，图 11～图 13 为专用支撑、梁柱节点及足尺抗震试验。

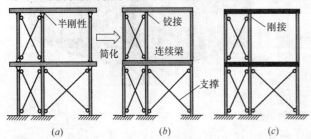

图 10 体系计算模型简图

（a）基本计算模型；（b）弹性计算模型；（c）塑性计算模型

图 11 专用支撑性能试验

图 12 梁柱节点性能试验

图 13 足尺抗震试验

"单元式钢框架"因其采用纯框架而使得计算分析简单，从工业化制造和施工角度主要考虑柱梁连接节点和楼板材料选择。

新型梁贯通式梁柱连接技术：钢管柱和 H 型钢梁传统刚接连接方式有柱贯通式全螺栓连接和栓焊连接两种方式，前者构件加工精度要求很高，成本较高，且由于螺栓突出 H 型钢上翼缘而影响楼面结构的施工安装；后者节点处 H 型钢上下翼缘为现场焊接，受到作业者及天气状况影响，施工质量和工期很难得到有效保证。采用梁贯通式节点，即上下隔板与钢柱焊接，H 钢放置于下端板上，下翼缘、腹板分别与方钢管下端板和竖板用螺栓紧固，H 钢上翼缘则与上端板现场焊接，既可方便构件吊装就位，加快后续施工速度，又能站立焊接而保证焊接质量，因此可以避免传统连接形式的诸多弊端。图 14 为新型梁贯通式梁柱连接节点图（已申请专利）。

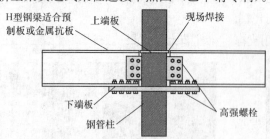

图 14　新型梁贯通式柱梁节点图

钢结构＋SP 楼板技术：SP 板起源于上世纪 50 年代美国（SPANCRETE 机械制造公司），现已在德国、日本等发达国家得到普及，目前中国也已引进此项技术，是一项非常成熟的工业化预制混凝土构件技术，但又不同于传统预制空心板。SP 板非常适合与钢结构构件的配合应用，可实现大跨度住宅空间，减少钢梁品种，并大大加快现场施工速度。经过日本阪神和美国北岭等超大地震的考验，证明 SP 板具有良好的抗震性能。图 15 为钢结构＋SP 板技术应用图。

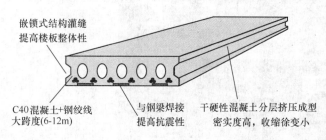

图 15　钢结构＋SP 楼板技术应用图

3.2.4　节能围护技术

节能环保也是工业化住宅重要特性之一，而围护墙体是保证住宅综合节能性能的重要部品。"模块化集成轻钢复合外墙体"主要由轻钢框架、内外保温材、防水材、通风层、外装饰层（水泥纤维板或石材）组成，可实现住宅综合节能 65％；具有整体自重较轻、模数化设计、各种组合材料集成化生产组装、各种性能质量得到有效保证，特别是优良的保温隔热等性能特点。"轻钢结构工业化住宅复合外墙体施工工法"获 2010 年度省级工法；"绿色工业化住宅节能复合围护体系研究与应用"通过浙江省重大科技专项工业项目（2008C1009－3）的验收；"一种具有高防水性能的石材幕墙"已申请国发明专利。图 16、图 17 分别为复合外墙体节能和防火及四性试验图。

图 16　复合外墙体节能和防火试验　　　　　图 17　外挂石材轻钢复合外墙板"四性"试验

3.3 产品集成制造

工业化住宅除体系开发外，集成制造技术和设施也是十分关键的环节，必须建立工业化住宅专用生产线。"密柱支撑"及"单元式钢框架"体系生产线引进国际先进住宅集成制造技术和设备，并联合国内外最优秀的设计研究单位，按汽车生产流水线生产模式进行设计和建设，主要由结构和部品两条生产线组成（总建筑面积 5 万 m²），主要工艺技术和设备性能（焊接机器人、电泳及部品加工线等）达到国际先进水平。工业化住宅生产线全面投入生产后，已成为地方经济转型升级重点扶持的新兴产业。图18 为工业化住宅生产流水线。

图18　工业化住宅生产流水线

3.4 住宅性能研究与保障

工业化住宅体系研究开发离不开各种试验研究和性能保障。公司引进世界先进住宅综合研究技术和设备，先后建成了住宅实验检测中心（含实大环境、含恒温恒湿、结构力学、幕墙检测、耐久性、室内环境等七大实验室）和住宅科技展示体验中心（地震振动台、节能、防耐火等），并成为目前国家唯一的住宅综合性能实验检测评估中心，和公司"国家住宅产业化基地"、"国家建筑工程技术研究中心建筑工程与住宅产业化研究院"重要科研平台。

图19 为工业化住宅实验检测中心主要设施。

图19　工业化住宅实验检测中心主要实验设施

4 项目示范与推广

4.1 "百年低碳科技住宅"示范

本项目为打造"百年低碳科技住宅"而建的集研发、展示、体验、交流服务为一体的综合性工业化住宅示范区，位于国家住宅产业化基地园区内。项目采用"密柱支撑"工业化住宅体系及成套技术，总建筑面积近万平方米。图 20 为工业化"百年低碳科技住宅"示范项目效果图。

图 20　工业化"百年低碳科技住宅"示范项目效果图

4.2　市场推广应用

图 21 为采用"密柱支撑"体系开发的大型高端商业住宅项目部分工业化住宅。项目总建筑面积 4 万 m²，容积率 0.5，所有结构构件、外围护墙体（含门、窗）都在工厂生产组装，产品性能、质量、开发工期、环境保护、资源节约和经济效益等方面均得到了极好体现。图 22 为采用"密柱支撑"体系开发的新农村和国外住宅项目。经过村镇工业化住宅示范，不仅能满足村镇居民对住宅多样化的需求，而且工业化内装设计、健康绿色建材的使用、新技术采用和生活配套设施的系统整合，大大提高了新农村土地集约水平和新农村居民的生活品质。图 23 为采用"单元式钢框架"体系开发的多层商业住宅项目。主体结构采用方钢管柱和 H 型钢梁、SP 大跨度楼板、ALC 自保温外墙板、大型轻钢复合屋面板、整体式预制钢楼梯及专用节能防水窗等工业化构配件及相应技术。

图 21　工业化高端住宅项目

图 22　工业化新农村、出口住宅项目

图 23　工业化多层住宅项目

5 小结

低、多层工业化住宅体系经过多年和大量的工程实践，体系的结构合理性、抗震性能和工业化技术集成水平等方面得到不断完善，充分体现出工业化住宅在设计、生产施工、住宅性能和节能环保等方面的极大优势。但受国内工业化住宅总体发展水平的局限，工业化住宅（包括钢结构、PC 结构）规模化开发还相对较少，综合建造成本比传统住宅还没有较大优势，因此加强各种工业化住宅体系的系列化和系统化研究开发显得更为重要。随着国家住宅产业化战略的实质性推进，工业化住宅一定能得到快速发展，愿低、多层钢结构工业化住宅体系的介绍能为广大同行业者提供有益参考。

参考文献

[1] 杨建行. 分层装配式钢结构工业化住宅体系研发与应用[J]. 钢结构，2012，27(5)：15-18.
[2] 杨建行，王荣标. 单元式多高层钢结构工业化住宅体系研发与应用[J]. 建筑结构，2012，42(S1)：702-705.

杭萧节能省地型多高层钢结构住宅体系

李文斌　周雄亮　束　炜

(浙江杭萧钢构股份有限公司，杭州　310003)

摘　要　钢结构住宅的推广应用，对国民经济的持续健康发展意义重大。但目前，我国钢结构住宅占住宅总量与发达国家相比，相差甚远。其根本原因在于钢结构住宅的性价比不够合理。本文提出一种安全可靠、经济实用、节能省地、绿色环保的钢结构住宅体系。

关键词　钢结构住宅；节能省地；产业化；绿色建筑

1　钢结构应用于住宅中的意义

钢结构应用于住宅中对国民经济的持续健康发展意义重大。给开发商带来一定的经济效益，同时也给用户营造更舒适、安全的使用空间。

1.1　社会效益

（1）钢结构住宅产业化程度高；

（2）钢结构住宅产业诱发系数高；

（3）钢结构住宅是节能型建筑。

钢结构住宅一般采用新型节能环保建筑材料，替代了黏土砖等落后产品，保护土地资源，降低建筑运行中的能耗，保障国民经济可持续发展。

1.2　开发商及用户的利益

（1）建设周期缩短30%～50%，减少建筑成本，建筑提早投入运营；

（2）钢结构构件工厂制造，构件精度高，隐蔽工程少，质量控制好；

（3）对施工场地要求低，适用于城市繁华地段建设；

（4）与钢筋混凝土结构相比，建筑自重减轻约1/3。由此带来的好处是：地震作用减小，材料用量少。基础造价可比采用钢筋混凝土结构降低30%；

（5）由于钢材强度高，柱断面小；墙体采用较薄的轻质墙体，钢结构住宅的有效使用面积比传统形式钢筋混凝土结构住宅增加4%～8%。柱断面小也有利于地下室车位布置；

（6）对底部要求大空间的建筑（地下室为车库或底部带商铺），可以发挥钢结构适用跨度大的优势，避免采用转换层，从而降低建筑成本；

（7）钢结构住宅采用梁柱体系，空间通透，有利于功能、空间的灵活布置。有利于满足多层次人们的需求，符合可持续发展的要求；

（8）造型新颖，成为新的卖点，吸引更多的消费者；

（9）由于钢结构住宅大量采用新型节能环保建筑材料，因此能够节省使用时的暖气、空调等运行费用；

（10）钢结构有较好的延性，抗震性能好。

2 钢结构住宅的现状

美国、日本、瑞典等发达国家，钢结构住宅占市场份额的 40％以上。低层独立式住宅成体系、产业化程度高，是居住建筑的主流。也有较成熟的多高层钢结构住宅的实例。如：意大利皮昂比诺居住区，比利时布鲁塞尔高层住宅，苏格兰伯洛诺克高层住宅街坊，法国地戒住宅群，日本芦屋浜高层钢结构住宅群等等。

我国人多地少、资源缺乏，低层低密度的小住宅不可能成为中国住宅产业发展的主流，相比之下多高层住宅有着更广阔的市场前景。目前，多高层钢结构住宅的建设实践既有以国有大型钢铁集团为主导的，也有以设计院所等科研设计机构为主的。其中天津市在提高住宅建设水平的同时，实施了不同结构、不同墙体材料、不同施工方法的钢结构住宅试验项目。另外山东莱钢集团也一直致力于"H 型钢钢结构建筑体系"课题研究。其他还有清华大学、湖南大学、同济大学、马钢、宝钢以及上海、济南、北京等地的设计院所也积极参与钢结构住宅的研究实践，但住宅采用钢结构的比例还很少。据统计，钢结构住宅占住宅总量的比例尚不足 1％。这与发达国家的 40％相比，相差甚远。

为促进我国住宅产业化发展，国家政府部门出台了一系列政策法规、实施细则。许多科研、设计和建设单位都致力于钢结构住宅的研究，迄今为止，钢结构住宅不能较好地被市场认可，钢结构住宅的性价比是主要因素，人们的居住习惯也不容忽视。这些直接关系到开发商和住户的切身利益。

3 杭萧多高层钢结构住宅主要构成

我们在对国内外钢结构住宅建筑及其配套部品进行全面调研的基础上，针对我国现有钢结构住宅建筑的不足，就结构体系、构件选型、墙体材料，生产组织与施工管理等方面进行探索，提出了改进钢结构住宅性能的一整套办法，形成了一种较合理的钢结构住宅建筑体系，其主要构成如下：

(1) 结构体系采用钢框架-混凝土筒体体系，
(2) 柱采用高频焊接方型钢管混凝土柱；
(3) 梁采用高频焊接 H 型钢；
(4) 框架梁柱采用直通横隔板式刚接节点连接；
(5) 楼板采用钢筋桁架混凝土现浇板或叠合板；
(6) 围护结构采用汉德邦 CCA 板灌浆墙；
(7) 钢构件现浇式防火。

3.1 钢框架-型钢混凝土筒体体系

混合结构体系对建筑平面的适应性较强，且其侧向刚度最大、侧向位移小、舒适性好、成本较低。特别是钢框架-混凝土筒体体系，结合楼、电梯间布置的混凝土核心筒，不但能提高建筑的防火性能，而且也能最大限度地降低人群行走、电梯运行噪声对住户的影响。在筒体中设置钢柱、钢梁，不仅增加结构的延性，提高建筑的抗震能力，而且还可以调整施工顺序，提高施工速度。

3.2 高频焊接方钢管混凝土柱

高频焊接方钢管（图 1）是将一定宽度的钢带，在常温条件下经过一组纵向排列的轧辊，逐步变形，达到适用要求的尺寸，而后通过高频焊接而成的具有闭口断面的型钢产品。相比由四块钢板焊接而成的矩形钢管，冷弯高频焊接方钢管仅有一条通长焊缝，焊接变形影响范围小，焊接质量稳定，材料损耗少。高频焊接方钢管混凝土柱具有承载力高、抗震及耐火性能好、等优点。

3.3 高频焊接 H 型钢梁

高频焊接 H 型钢梁（图 2）除了具有传统 H 型钢截面模量大，承载力高等优点外，还具有自己的特点：

图1 高频焊接方钢管　　　　　　　　　图2 高频焊接H型钢梁

（1）高频焊接H型钢生产线能生产出上、下翼缘不等宽、不等厚的H型钢，使材料得到充分利用；

（2）高频焊接H型钢自动化生产，其产品质量不受人为因素影响，生产效率高，焊缝质量稳定。

3.4　直通横隔板式梁柱连接节点（图3）

相对于内隔板式连接节点，该节点避免了柱壁内外两侧施焊引起柱壁板变脆的缺陷，柱壁不会发生层状撕裂，提高了节点的延性，解决了柱壁板较薄时，内隔板式连接节点的制作难题。

3.5　钢筋桁架混凝土楼板

钢筋桁架楼承板是将楼板中钢筋在工厂加工成钢筋桁架，并将钢筋桁架与镀锌压型钢板焊接成一体的组合模板。在钢筋桁架模板（图4）上浇注混凝土，便形成钢筋桁架混凝土现浇楼板。

与其他现有压型钢板组合楼板相比，该板最大的特点是用做施工阶段模板的钢模待混凝土达到规定强度后可方便的拆除，然后像普通混凝土楼板一样作饰面处理，不需要做吊顶。与普通混凝土楼板相比，模板工程和钢筋绑扎工程得到了简化（图5），从而保障了楼板与钢结构在施工速度上的协调一致。

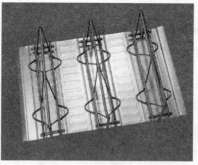

图3 直通横隔板式梁柱连接　　　　图4 钢筋桁架模板　　　　图5 现场铺设钢筋桁架模板

3.6　汉德邦CCA板整体灌浆墙

汉德邦CCA板整体灌浆墙是以汉德邦CCA板作为面板，用轻钢龙骨作为立柱，在其空腔内泵入轻质灌浆材料而形成的复合整体式实心墙体。汉德邦CCA板是以纤维素、水泥、砂、添加剂、水等物质为主要原料，经混合、成型、加压、蒸汽养护等工序而成，100%不含石棉及其他有害物质，具有防火、防水等优良性能的新型轻质环保板材。轻质灌浆料是以水泥、砂、EPS颗粒、外加剂等原料按一定比例混合、现场搅拌形成的，具有质量轻、导热系数低等优点。

3.7　钢构件现浇式防火

住宅建筑火源较多，钢结构抗火性能较差，所以钢结构住宅的防火尤为重要。钢构件现浇式防火处理将建筑装修与防火合二为一，该方法是在纤维水泥板与钢构件之间的空腔内泵入厚涂型防火涂料，以纤维水泥板和防火填充浆的耐火隔热作用来提高钢构件耐火极限。该复合式防火保护方法耐火性能可靠，而且气密性好，有利于钢构件防腐。

3.8　钢构件的防腐

在钢构件表面涂防腐涂料，再在涂料外侧做现浇式防火处理，进一步使构件与空气中的水和氧气隔离，达到更为有效的防腐目的。

除采取以上结构措施外，建筑师也进行住宅户型及造型的开发，希望使钢结构住宅功能布局合理，能体现钢结构美感，能发挥钢结构的优势。

4　杭萧多高层钢结构住宅产业化水平

4.1　高频焊接型钢生产线

我司拥有 3 条高频焊接 H 型钢生产线（图 6），1 条冷弯高频焊接矩形钢管生产线，年生产能力 90 万 t。主机由美国引进，高频焊接型钢生产线能连续、高速（30m/min）生产。全线采用多台微机控制，实现了不停机，在线切头、对焊、组立、焊接、探伤检测、剪切、矫正的先进工艺。

图 6　高频焊接 H 型钢生产线

4.2　梁柱直通横隔板式连接节点

闭口型方柱有箱形与钢管两种形式，箱形柱是通过四条纵向焊缝将四块钢板焊接而成的闭口型构件。钢管柱是通过一条或两条纵向焊缝将一块或两块弯曲成型的杆件焊接而成的闭口型构件。在柱与梁的连接部位，柱应设横隔板，箱形柱横隔板与柱连接的四条焊缝，其中两条为手工焊，两条为电渣焊。钢管柱横隔板与柱的连接焊缝，实现了构件机械翻转，焊缝连续自动焊接。效率高、焊接质量可靠（图 7）。

4.3　钢筋桁架楼承板（图 8）

设备由钢筋桁架焊接机与桁架板全自动焊接机两部分组成，钢筋桁架焊接机为奥地利意唯奇公司生产，桁架板焊机为日本松下电气公司生产。从原材料上线到最后产品成型，整个过程实现了全自动化生产。我司已有 8 条生产线投入生产，年产量可达 400 万 m²。可以满足市场需求。

图 7　构件机械翻转自动焊接

图 8　现场铺设钢筋桁架模板

4.4　汉德邦 CCA 板

杭萧全资公司汉德邦建材公司引进德国 2 条 CCA 板生产线，该生产线由 PIC 系统控制，从纤维素分散、砂碾磨处理到板成型、堆垛、加压、蒸养实现全自动化生产（图 9、图 10）。年产量 1800 万 m²。

图 9　CCA 板成型工艺　　　　　　　　　图 10　CCA 板蒸压养护工艺

5　杭萧住宅体系是绿色建筑

杭萧住宅体系是绿色建筑主要表现在以下几个方面：

（1）选择节能节地、可循环利用的建筑材料：①汉德邦 CCA 板整体灌浆墙由龙骨、汉德邦 CCA 板和灌浆料组成，汉德邦 CCA 板的主要原材料是砂，灌浆料主要由砂、EPS 颗粒、水泥按一定比例混合而成，这些原材料的开采度不会造成对土地等不可再生资源的破坏。而且龙骨可回收冶炼，灌浆料强度不高，可经粉碎处理循环利用。②与钢筋混凝土结构相比，钢结构资源消耗量较少，而且可回收冶炼，循环利用；

（2）引进降低材料消耗、提高劳动效率的加工工艺。高频焊接生产线的采用，不但提高了生产效率和产品质量，减少材料的损耗，而且与常规的埋弧焊相比，不需要焊丝及焊剂，特别是方钢管的生产，不需要将整块钢板切割为四块，通过四条焊缝连接。大大减少了能源消耗；

（3）采取高质量、低污染的施工措施。钢筋桁架楼承板混凝土楼板技术，使用性能优良，施工速度快捷，混凝土浇筑不会出现漏浆现象，现场废料少，对环境污染少，彻底改变了粗放的楼板施工方式；

（4）采用保温隔热的新型墙体。汉德邦 CCA 板整体灌浆采用导热系数较低的 EPS 混凝土做灌浆料，600 密度的 EPS 混凝土导热系数 $0.136W/(m\cdot K)$，200 厚整体灌浆墙体的传热系数 $1.03W/(m^2\cdot K)$ 相当于 600mm 厚度的砖墙。240、370 厚的砖墙传热系数分别 $2.10\ W/(m^2\cdot K)$、$1.55\ W/(m^2\cdot K)$，都不能满足现行节能要求，需要做外墙外保温；

（5）选用高效、节材的构件类型及结构体系。钢管混凝土柱使钢与混凝土充分发挥各自的优势，是一种高效的受压构件，其用钢量远小于纯钢柱；

混合结构体系对建筑平面的适应性较强，容易满足住宅平面布局、防火、隔声的功能要求，在一定范围内造价与混凝土结构基本持平；

（6）一步到位的内装修特性。汉德邦 CCA 板整体灌浆墙体在初步施工完毕后，即具有高度的平整性，不需要像普通墙体一样进行抹灰找平处理，仅需采取勾缝、刮腻子和喷白等措施，这不仅有益于增大室内使用面积，而且在一定程度上节约了材料成本和人力成本。梁柱的包裹与墙体达到同样的效果。

杭萧多高层钢结构住宅体系，在确定钢构件及其连接时，充分考虑了制作的方便性、经济性；努力提高工业化水平，保证产品质量。在解决钢构件的防火和防腐问题时，结合室内装饰要求。在选取墙体的形式时，考虑用户的长远利益，选用节能环保材料。在确定楼板的形式时，将施工安全、施工质量、室内装饰相结合。这一体系对环境破坏及污染少，改建和拆迁容易，材料的回收和再生利用率高。符合"节能省地型"住宅要求，是绿色建筑的范畴。

6　杭萧多高层钢结构住宅技术可靠性

（1）参编《钢结构住宅设计规范》CECS 261：2009 及《钢结构住宅（二）》图集；

（2）杭萧多高层钢结构住宅体系已被收入《首批推广应用技术产品目录-建设部技术公告实用手册》；

（3）汉德邦 CCA 板整体灌浆墙体纳入国家建筑标准设计图集《钢结构住宅（二）》；

（4）钢筋桁架混凝土楼板通过国家科学技术委员会浙江省科学技术厅技术鉴定；

（5）成立专门的研发机构，对结构构件、连接节点、三板体系进行了 47 项性能试验与检验；

（6）针对体系类型、细部构造及施工工法申请了钢结构住宅总成、自承式模板构件、整体式墙板等 12 项国家专利。

以上可以说明杭萧多高层钢结构住宅体系是安全可靠的。

7　工程介绍

武汉世纪家园住宅小区位于武汉市江岸区，场地内建造 11 幢高层住宅，总建筑面积约 23 万 m^2，平面呈"T"形或"T"形组合。其中，1#、3#、11# 楼为 24 层点式高层住宅；2#、4#～9#、12# 楼为 14～24 层板式高层住宅，所有建筑均为一类高层建筑，耐火等级为一级。人防等级为六级；抗震设防烈度为六度，设防类别为丙类。

图 11　鸟瞰图　　　　　　　　　　图 12　立面图

本工程采用了全部采用了杭萧多高层钢结构住宅建筑体系，其中外墙 200mm 厚，符合 50％的节能要求。分室墙为 90mm，增加套内使用面积，符合节地要求，柱截面以口 350mm×350mm 为主，与相同条件的混凝土住宅相比，构件截面尺寸减幅明显，使用面积相应增大；最大跨度 8.5m，大柱距提供了大空间，进一步提高了空间利用率。该工程已被列为"建设部科技示范工程（节能省地建筑类）"。

8　结语

钢结构住宅体系易于实现工业化生产，标准化制作，可再生重复利用，符合可持续发展的战略。但钢结构住宅技术还不完善，钢结构住宅的性能还不能满足用户的需要。杭萧钢构从住户的切身利益出发，对多高层钢结构住宅建筑体系统开发，集合创新，走住宅产业化道路；应用高性能、低材（能）耗、可再生循环利用的建筑材料；降低住宅使用过程中的能耗；提高住宅品质，延长住宅使用寿命。符合"节能省地型"住宅要求、是绿色建筑的范畴。我们希望杭萧多高层钢结构住宅建筑体系造福于千家万户。

一种多、高层钢结构住宅体系

宋新利　田　磊　胡文悌　杨德喜

(河南天丰钢结构建设有限公司，新乡　453000)

摘　要　多、高层钢结构建筑由于自重轻、抗震性能好、施工周期短、环保节能、集成化生产等优点，越来越多地被应用到住宅项目中，成为建筑行业中的热点，建筑各相关领域均深入学习与研究钢结构住宅建筑的功能性与经济性。本文结合实际项目探讨钢结构住宅的体系选型，结构布置，构件与连接节点的选型以及围护材料的选择与构造等问题。

关键词　钢结构住宅；结构体系；围护结构

1　概述

随着中国国民经济发展和人口城市化进程加快，近几年来，我国住宅建设持续空前发展，人民对居住条件与居住质量的要求越来越高。钢结构住宅体系的研究，已经成为钢结构建筑中的热点，备受建筑界的关注，我国正在加速发展钢结构产业化的进程并在全国推广。本文通过介绍河南天丰集团公共租赁房项目——多、高层住宅钢结构体系的应用研究，更详细地介绍了钢结构体系在住宅产业当中的应用技术，为推动国内钢结构的应用与发展贡献力量。

2　工程概况

河南天丰集团公共租赁房项目，建设地点位于河南天丰集团厂区西北角，包含12号、13号两栋公寓楼建筑，见图1。其中12号楼为6层钢结构住宅建筑；13号楼为地下1层、地上11层钢结构住宅建筑；套型均按公共租赁房标准现行标准控制，一期工程建筑面积约8060m²，本项目已经立项审批，目前已开工建设。设计基本资料：本工程所在地基本风压值为 0.40kN/m²，抗震设防烈度为8度，地震加速度0.2g，设计地震分组为第一组；结构抗震等级为三级；基础落在粉土层，$f_{ak}=130kPa$，Ⅲ类场地，轻微液化，地下水位较深。建筑抗震设防类别属标准设防类，建筑防火等级为二级，结构设计使用年限为50年。12号公寓楼：建筑面积2544m²；层数6层；层高：2.9m；户数：48户。13号公寓楼：建筑面积：地上4941.62m²，地下574.51m²；层数：地上11层；层高公寓2.9m，员工活动中心首层4m，二层3.5m；户数：72户。

图1　项目鸟瞰图

3　工程设计

3.1　建筑设计

区别于传统钢筋混凝土体系住宅，钢结构住宅的成熟与应用在一定程度取决于建筑、结构、围护体系的选择和应用。因为本工程为公共租赁房项目，所以建筑设计把握了以下几个原则：（1）平面紧凑规整、最小公摊，平均户型公摊面积5～6m²；（2）动静分区明确，舒适实用；落地凸窗，宽敞明亮；（3）采用大柱网，室内墙体采用轻质隔墙板，可根据实际需求灵活调整（图2、图3）。（4）为营造小区清新典雅气氛，选择咖啡色为基色，同时配以白色以体现建筑的典雅型（图4）。

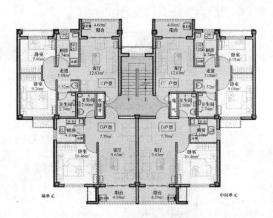

图2 12号公寓楼标准单元户型

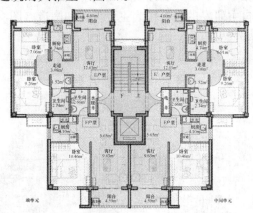

图3 13号公寓楼标准单元户型

图4 公寓楼立面材质图

3.2 结构设计

多、高层住宅建筑结构体系采用钢结构，具有重量轻、抗震能力强、实用面积大等优点。怎样能将这些优点体现出来，关键在于结构受力体系的制定与钢结构的结构布置等。主体采用钢框架＋支撑耗能器体系，基础采用柱下条形基础。钢柱采用冷弯成型方钢管内灌混凝土、钢梁采用热轧H型钢，楼面采用钢筋桁架楼承板组合楼板、厨房卫生间等部位采用现浇楼板结构，屋顶坡屋面采用轻型B型钢桁架承重结构；耗能器布置在与外墙同平面内，即能保证传递地震作用，同时不影响住户的正常使用。各层的耗能器上下对齐贯通，直至柱脚处。耗能器的具体布置数量与位置按试算的结构基本周期和建筑层间位移控制，目标为结构整体刚度适中，不致过柔位移超限，也不能太刚加重地震作用。弹性层间位移角在地震作用控制时取1/300，风荷载控制时取1/500；弹塑性层间位移角控制在1/50以内，多遇地震作用下结构的阻尼比取0.035，罕遇地震作用下结构的阻尼比取0.05。13号公寓楼所采用的结构形式与12号楼除基础外基本相同，因13号楼为地上11层，地下1层，荷载较大，故基础设计采用筏板基础，与12号楼相比，仅在电梯间与耗能器的结构布置上有局部调整。12号公寓楼标准单元结构布置，见图5。

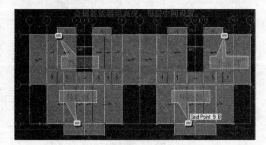

图5 12号公寓楼标准单元结构布置

3.3　围护设计

　　钢结构住宅的成熟与应用在一定程度更取决于围护墙体材料的选择和构造，尤以外墙的材料和构造为最关键，主要解决墙体的拼缝、节点、冷热桥、防水、抗裂、装修饰面。本项目中的外墙主要采用天丰集团自主研发的易板作为主要材料和构造（图6）。墙体与楼层结合大样见图7。

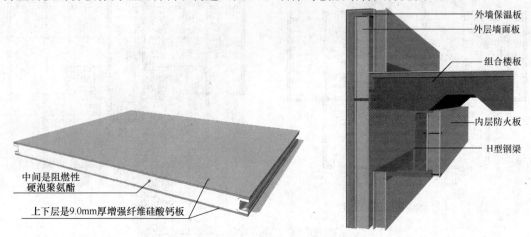

中间是阻燃性硬泡聚氨酯

上下层是9.0mm厚增强纤维硅酸钙板

图6　墙板材料大样

外墙保温板
外层墙面板
组合楼板
内层防火板
H型钢梁

图7　墙体与楼层结合大样

3.4　楼板设计

　　楼板体系主要有闭口式钢楼承板上现浇混凝土组合楼板，钢筋桁架楼承板组合楼板体系等。针对不同的楼面荷载、使用需求、受力情况来采用不同的楼面体系。本项目考虑综合因素，楼面采用了钢筋桁架楼承板组合楼面，楼承板与钢梁间设置抗剪栓钉，使水平力得以有效传递。钢梁设计时按钢-混凝土组合截面考虑，总刚度分析时以钢梁刚度放大系数来考虑该部分刚度贡献。钢楼承板不仅作为混凝土楼板的永久性模板，而且还可作为楼板的下部受力钢筋参与楼板的受力计算，与混凝土一起共同工作形成组合楼板。

4　新技术应用

4.1　采用方钢管混凝土柱

　　本项目中钢柱全部采用冷弯成型方钢管内灌注混凝土形式、钢梁全部采用热轧H型钢；钢管内灌注混凝土不仅可以改善钢管柱的承载性能，还可降低结构的用钢量。钢梁采用热轧型钢，可以大大降低工厂制作成本，便于产业化、工厂化生产。钢管混凝土柱大样见图8。

4.2　型套筒式节点

　　本项目中钢柱全部采用冷弯成型的方钢管，钢管截面较小，在梁柱连接的节点区域采用新型套筒式钢管混凝土节点，强度较高，节点的延性和刚度较大。由于节点处无突出板件，便于制作加工和建筑装饰，能满足多层及小高层钢结构住宅建筑的需要。节点连接示意，见图9。

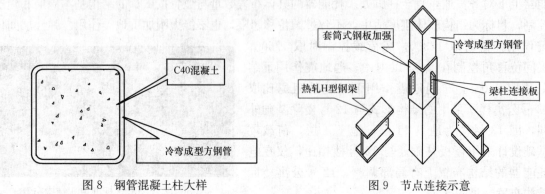

C40混凝土

冷弯成型方钢管

图8　钢管混凝土柱大样

套筒式钢板加强
冷弯成型方钢管
热轧H型钢梁
梁柱连接板

图9　节点连接示意

4.3　抗震耗能器

本项目中我们采用了一种新型的抗震金属耗能器（图10），利用金属耗能器来减小结构的地震反应。结构设计中我们采用了抗震性能化设计，采用非线性推覆分析，使结构在强震作用下，金属耗能器首先达到屈服，主体结构承重构件达到弹性阶段或次要构件屈服，从而实现真正意义上的"大震不倒"。另外在强图10 耗能器构造大样震过后，可通过更换或修复金属耗能器使建筑迅速投入使用。

4.4　新型节能墙体材料

墙板材料及产品是钢结构住宅围护体系的核心，目前天丰集团自主研发的新型节能墙体材料，是一种采用无机纤维增强硅酸盐板作为面材，采用澳绒板做侧向封边，采用高效节能阻燃型的硬泡聚氨酯为芯材的复合板材。天丰易板（EPC）生产采用自主集成的连续生产线，生产技术属国内首创，获得多项专利，实现了无机片材、澳绒卷材、聚氨酯芯材的连续复合工艺，其面板单元在线拼接、澳绒板侧封件连续成型、聚氨酯高压注料、模压复合、随动切割等工艺均可自动化连续生产。其功能定位为结构、保温、隔热、隔声、防火、防潮、节能、耐久、易施工等特点，集绿色环保于一体。60mm厚EPC性能指标，见表1。

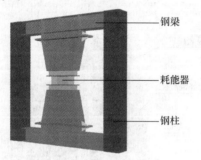

图10　耗能器构造大样

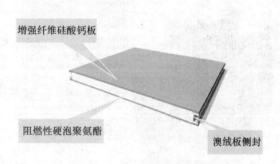

图11　天丰易板（EPC）产品性能

60mm厚EPC性能指标　　　　　　　　　　　　　　　　　　　　　　　　　　　　　表1

	检测项目	规定指标	测试结果
1	夹芯板粘接强度（MPa）	≥0.10	0.12
2	抗弯承载力（kN/m²）	≥2.5	2.8
3	抗冲击力（次）	≥4	4
4	吊挂力（N）	800	800
5	面密度（kg/m²）	≥17.5	19
6	传热系数	0.52W/(m²·K)	

墙体的构成是利用芯柱将墙体板材连接在一起，芯柱和基础、连梁（异形梁）等连接。墙板之间采用异型节点型材、自攻钉连接，形成整体墙板。芯柱截面采用的是冷弯镀锌闭口型材截面，型材腔内填充聚氨酯，密封隐藏式设计，构件及连接件具有超长的耐久性。针对不同的连接部位，设计采用不同的特殊型材节点，装配精密，连接可靠。连接节点见图12～图15。

4.5　筋桁架楼承板组合楼面

钢筋桁架楼承板系统是将楼板中钢筋在工厂加工成钢筋桁架，并将钢筋桁架与镀锌压型钢板焊接成一体的组合模板（图16）。这种楼承板改变了压型钢板的用途，仅作为楼板施工阶段的模板，减少压型钢板的用量，降低对压型钢板防腐蚀镀层的要求。在施工阶段由压型钢板提供刚度更改为由钢筋桁架提供，由此能提供更大的楼承板刚度，以适应更大的无支撑楼板跨度，加快施工的进度。压型钢板仅作为施工阶段的模板，在防火方面无需处理，在防腐方面无需满足建筑使用年限的要求，从而无需考虑后期维护的费用。

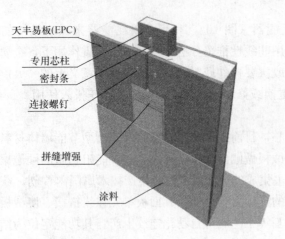

图 12 "一形"连接节点   图 13 "L形"连接节点

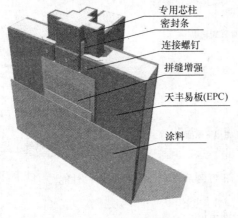

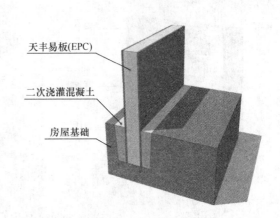

图 14 "T形"连接节点   图 15 基础连接节点

图 16 钢筋桁架楼承板大样

4.6 坡屋面采用精密成型的镀锌复联通组合结构

轻型钢结构住宅常采用坡屋面的造型,传统的做法通常采用现浇混凝土或型钢焊接屋架等形式,存在重量重、周期长、防腐差等缺点。本项目中采用了天丰集团自主研发的精密成型的镀锌复联通闭口型材产品,重量轻、防腐强,全部采用自攻钉连接,不需要焊接,安装组合方便快捷,可以适应不同的屋面形式要求。复联通型钢大样与参数,见图 17。

5 结语

通过对本钢结构住宅项目的实际研究和应用,我们将从结构体系、抗震免震技术、住宅的舒适性、功能性、节能技术、部品配套连接以及快捷安装等方面进行技术创新,形成较为成熟的钢结构住宅技术

复联通参数				
截面名称	截面尺寸 (mm×mm)	惯性矩 I_x(mm^4)	抵抗矩 W_x(mm^3)	每延米重 (kg/m)
100PRY0.6	100×0.6	224958.79	4499.18	1.52
100PRY0.8	100×0.8	294422.17	5888.44	2.02
150PRY0.6	150×0.6	607260.39	8096.47	1.94
150PRY0.8	150×0.8	801860.04	10691.13	2.58

图 17　复联通型钢大样与参数

体系、住宅相关部件产品体系、屋墙面围护产品体系等，最终使高层钢结构住宅的钢结构构、部件，节点构造，配套设施，都能达到统一的标准，能够工厂化生产，模数化加工，集成化安装，最终形成产业化。

参考文献

[1]　中华人民共和国国家标准. 钢结构设计规范(GB 50017—2003). 北京：中国计划出版社，2003.
[2]　中华人民共和国行业标准. 轻型钢结构住宅技术规程(JGJ 209—2010). 北京：中国建筑工业出版社，2010.
[3]　中国工程建设标准化协会. 钢结构住宅设计规范(CECS261：2009). 北京：中国计划出版社，2009.
[4]　中华人民共和国国家标准. 建筑用金属面绝热夹芯板(GB/T 23932—2009). 北京：中国标准出版社，2009.

L 形钢异形柱的截面几何特性

王明贵　储德文

（中国建筑科学研究院，北京　100013）

摘　要　我国《轻型钢结构住宅技术规程》JGJ 209—2010 给出了钢异形截面柱的设计计算公式，其中钢异形截面几何参数计算较复杂，为了便于工程应用，该规程在附录中给出了 L 形截面的几何特性数据表格共查用，本文在这里将介绍该表格数据的计算过程，包括推导带翼缘的 L 形截面柱的截面几何特性计算公式，详细计算了几种常用 L 形截面的几何特性并列表，还研究了这种带翼缘的 L 形截面柱的力学特性，发现带翼缘的 L 形截面柱比不带翼缘的角形截面柱具有很好的抗扭性，为了解规范背景提供引用依据。

关键词　钢异形柱；L 形截面；薄壁杆件

1　引言

在钢结构住宅设计中，采用 H 型钢建造多层（4~6 层）或小高层（7~18 层）的框架结构或框架-核心筒结构体系比较常见，H 型钢柱截面尺寸一般在 200mm×200mm 至 400mm×400mm，再加上保护层和饰面，柱子在室内凸出，影响建筑美观，使用不方便。其实，钢筋混凝土框架结构也存在类似的问题，但钢筋混凝土结构为此研究了一种异形柱（墙肢长与墙肢宽的比为 2~4，区别于短肢剪力墙——肢长和肢宽之比为 5~8），应用于住宅建筑中，较好地解决了室内柱角凸出的问题。由此设想，在钢结构住宅建筑中若能使用钢异形柱，就能解决钢结构住宅建筑室内柱角凸出问题。例如中柱可采用十字形截面、边柱可采用 T 形截面、角柱用可采 L 形截面，它们都由 H 形钢和 T 形钢组合而成，我们将这三种截面柱称之为钢异形柱，如图 1 所示。

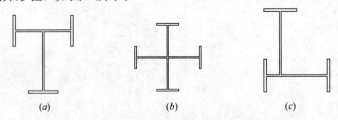

图 1　钢异形柱

（a）T 形截面；（b）十字形截面；（c）L 形截面

对于十字形截面柱和 T 形截面柱，其截面至少有一个对称轴，对这样有对称轴的截面柱，我国现行《钢结构设计规范》GB 50017—2003 给出了设计计算公式，但图 1(c)所示 L 形截面柱没有对称轴（但它带有翼缘），现行设计规范没有给出 L 形截面柱的设计计算方法。

截面几何特性是对杆件进行力学计算的第一步，也是了解杆件力学行为的基础。下面将推导这种带翼缘的 L 形截面柱的截面几何特性计算公式，给出常用 L 形截面的几何特性表，最后探讨这种带翼缘的 L 形截面柱的力学特性。

L形截面柱没有对称轴，属于任意截面开口薄壁杆件，对它的研究要用到薄壁杆件理论。为了简明起见，在此直接引用开口薄壁杆件理论的基本概念和计算公式，关于这些概念和公式的来源和推导，读者可查阅有关薄壁杆件理论著作。

2 L形截面的几何特性

如图 2 所示的 L 形截面，翼缘厚度为 t_1，腹板厚度为 t_2，截面宽为 h_1，高为 h_2，取柱纵向为 z 轴，定义 $\bar{x}D\bar{y}\bar{z}$ 为工程坐标系，沿截面的中线建立曲线坐标 s，扇性坐标 $\bar{\omega}$ 的极点与直角坐标原点 D 重合，参考起算点（即参考零点）任意。$XOYZ$ 为形心坐标系，$xoyz$ 为形心主坐标系，O 为形心，S 为剪心，即扇性主极点。

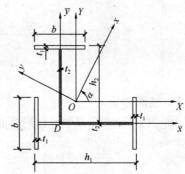

图 2　L形截面坐标系

2.1 截面面积

为便于计算，将 L 形截面划分为如图 3 所示三部分，分别计算其截面面积 A_1、A_2、A_3，然后求和得截面总面积 A。

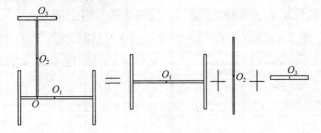

图 3　L形截面面积

各分部面积为：

$$
\left.
\begin{aligned}
A_1 &= 2b \cdot t_1 + (h_1 - 2t_1) \cdot t_2 \\
A_2 &= (h_2 - t_1) \cdot t_2 \\
A_3 &= b \cdot t_1
\end{aligned}
\right\}
\tag{1}
$$

则，总面积 A 为：

$$
A = A_1 + A_2 + A_3 = 3b \cdot t_1 + (h_1 + h_2 - 3t_1) \cdot t_2
\tag{2}
$$

2.2 截面形心

在 $\bar{x}D\bar{y}\bar{z}$ 工程坐标系中，先分别计算 A_1、A_2、A_3 三部分的形心坐标为 $O_1(\bar{x}_1, \bar{y}_1)$、$O_2(\bar{x}_2, \bar{y}_2)$、$O_3(\bar{x}_3, \bar{y}_3)$：

$$
\left.
\begin{aligned}
\bar{x}_1 &= h_1/2 - b/2 \\
\bar{y}_1 &= 0
\end{aligned}
\right\}
\tag{3}
$$

O_1 坐标：

$$
\left.
\begin{aligned}
\bar{x}_2 &= 0 \\
\bar{y}_2 &= t_2/2 + h_2/2 - t_1/2
\end{aligned}
\right\}
\tag{4}
$$

O_2 坐标：

$$
\left.
\begin{aligned}
\bar{x}_3 &= 0 \\
\bar{y}_3 &= t_2/2 + h_2 - t_1/2
\end{aligned}
\right\}
\tag{5}
$$

O_3 坐标：

则，截面形心坐标 $O(\bar{x}_0, \bar{y}_0)$ 为：

$$\left.\begin{aligned}
\bar{x}_0 &= \frac{A_1 \cdot \bar{x}_1 + A_2 \cdot \bar{x}_2 + A_3 \cdot \bar{x}_3}{A} \\
&= \frac{[2b \cdot t_1 + (h_1 - 2t_1) \cdot t_2] \cdot (h_1/2 - b/2)}{3b \cdot t_1 + (h_1 + h_2 - 3t_1) \cdot t_2} \\
\bar{y}_0 &= \frac{A_1 \cdot \bar{y}_1 + A_2 \cdot \bar{y}_2 + A_3 \cdot \bar{y}_3}{A} \\
&= \frac{(h_2 - t_1) \cdot t_2 [t_2/2 + (h_2 - t_1)/2] + b \cdot t_1 \cdot (h_2 + t_2/2 - t_1/2)}{3b \cdot t_1 + (h_1 + h_2 - 3t_1) t_2}
\end{aligned}\right\} \tag{6}$$

2.3 截面静矩

在工程轴坐标系中，L 形截面柱的截面静矩为：

$$\left.\begin{aligned}
S_{\bar{x}} &= A \cdot \bar{y}_0 \\
S_{\bar{y}} &= A \cdot \bar{x}_0
\end{aligned}\right\} \tag{7}$$

在形心坐标系或形心主坐标系中，由于 L 截面形心与坐标原点重合，故截面静矩为零。

2.4 截面惯性矩和惯性积

在工程坐标系中截面惯性矩 $I_{\bar{x}}$、$I_{\bar{y}}$ 和惯性积 $I_{\bar{x}\bar{y}}$ 按图 2 所示的三部分有

$$\left.\begin{aligned}
I_{\bar{x}_1} &= 2 \cdot t_1 \cdot b^3/12 + (h_1 - 2 \cdot t_1) \cdot t_2^3/12 \\
I_{\bar{y}_1} &= b \cdot h_1^3/12 - (b - t_2) \cdot (h_1 - 2 \cdot t_1)^3/12 + A_1 \cdot \bar{x}_1^2 \\
I_{\bar{x}_1\bar{y}_1} &= 0
\end{aligned}\right\} \tag{8}$$

$$\left.\begin{aligned}
I_{\bar{x}_2} &= t_2 \cdot (h_2 - t_1)^3/12 + A_2 \cdot \bar{y}_2^2 \\
I_{\bar{y}_2} &= (h_2 - t_1) \cdot t_2^3/12 \\
I_{\bar{x}_2\bar{y}_2} &= 0
\end{aligned}\right\} \tag{9}$$

$$\left.\begin{aligned}
I_{\bar{x}_3} &= b \cdot t_1^3/12 + A_3 \cdot \bar{y}_3^2 \\
I_{\bar{y}_3} &= t_1 \cdot b^3/12 \\
I_{\bar{x}_3\bar{y}_3} &= 0
\end{aligned}\right\} \tag{10}$$

$$\left.\begin{aligned}
I_{\bar{x}} &= \sum_i I_{\bar{x}_i} = I_{\bar{x}_1} + I_{\bar{x}_2} + I_{\bar{x}_3} \\
I_{\bar{y}} &= \sum_i I_{\bar{y}_i} = I_{\bar{y}_1} + I_{\bar{y}_2} + I_{\bar{y}_3} \\
I_{\bar{x}\bar{y}} &= \sum_i I_{\bar{x}_i\bar{y}_i} = I_{\bar{x}_1\bar{y}_1} + I_{\bar{x}_2\bar{y}_2} + I_{\bar{x}_3\bar{y}_3} = 0
\end{aligned}\right\} \tag{11}$$

在形心坐标轴系中截面惯性矩 I_X、I_Y 和惯性积 I_{XY} 可通过移轴公式得到：

$$\left.\begin{aligned}
I_X &= I_{\bar{X}} - \bar{y}_0^2 A \\
I_Y &= I_{\bar{Y}} - \bar{x}_0^2 A \\
I_{XY} &= I_{\overline{XY}} - \bar{x}_0 \bar{y}_0 A
\end{aligned}\right\} \tag{12}$$

现在来求形心主坐标系 xoy 与形心坐标系 XOY 的夹角 α，在形心主坐标系中，x、y 轴为截面的形心主轴，由形心主轴性质可得 $I_{xy} = 0$，即：

$$I_{xy} = \frac{I_X - I_Y}{2}\sin(2\alpha) + I_{XY}\cos(2\alpha) = 0 \tag{13}$$

对 L 形截面，由于 $I_X \neq I_Y$，故上式可写为：

$$\tan(2\alpha) = \frac{\sin(2\alpha)}{\cos(2\alpha)} = \frac{-2I_{XY}}{I_X - I_Y} \tag{14}$$

对于我们所研究的 L 形截面有 $I_{XY} < 0$，用材料力学教材中介绍的 2α 角象限判定方法可知式（14）的 2α 角在 $0° \sim 180°$ 之间取值，将上面所得到的 α 值代入材料力学中的转轴公式就得到截面对形心主轴

的惯性矩 I_x、I_y 和惯性积 I_{xy} 为

$$\left.\begin{array}{l} I_x = \dfrac{I_X + I_Y}{2} + \dfrac{I_X - I_Y}{2}\cos 2\alpha - I_{XY}\sin 2\alpha \\[3mm] I_y = \dfrac{I_X + I_Y}{2} - \dfrac{I_X - I_Y}{2}\cos 2\alpha + I_{XY}\sin 2\alpha \end{array}\right\} \tag{15}$$

且
$$I_{xy} = 0 \tag{16}$$

2.5 截面抗扭惯性矩

抗扭惯性矩 I_k 又称扭转常数，是截面的几何性质。对于由几个狭长矩形板件组成的开口薄壁构件截面，截面扭转常数 I_k 可近似取各板件的扭转常数 $I_{k \cdot i}$ 之和：

$$I_k = \sum_{i=1}^{n} I_{k \cdot i} = \sum_{i=1}^{n} \frac{1}{3} h_i t_i^3 \tag{17}$$

2.6 截面的剪心

薄壁杆件截面剪力流的合力作用点称为剪力中心，简称剪心。各截面剪力中心的连线称为剪力中心线，对于等截面直杆，它是与杆轴平行的直线。剪心的物理意义是：当横向力作用于剪力中心线上时，该横向力产生的弯曲剪应力的合力将与截面剪力平衡，杆件仅发生弯曲而无扭转，因此剪心又称为弯曲中心（简称弯心）。根据位移互等定理，当杆件仅承受扭矩作用时，其横截面只产生绕剪力中心的转动，而剪心处没有横向位移（线位移），即"只扭不弯"，此时剪心连线为杆件扭转变形的转动轴线，故剪心也称为扭转中心。在薄壁杆件分析中，常取剪心连线为纵向坐标轴，将截面内力分解到剪心坐标轴上，这样就将问题分解为平面弯曲与纯扭转的组合，分别按照"只弯不扭"和"只扭不弯"进行计算，然后叠加。现在我们来计算 L 形截面剪心的位置，建立如图 4 所示计算简图，截面各部分尺寸见图 1，L 形截面由直线板段构成，各板段编号见图所示，可按文献[3] 提供的方法，计算出剪力中心 S 的坐标。

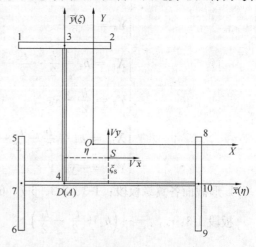

图 4 L 形截面剪心计算简图

为此，在 XOY 为形心坐标系中，I_X、I_Y、I_{XY} 的计算见公式（12），定义系数 $B_1 \sim B_3$ 为：

$$B_1 = \frac{I_X I_Y}{I_X I_Y - I_{XY}^2}, B_2 = B_1 \cdot \frac{I_{XY}}{I_X}, B_3 = B_1 \cdot \frac{I_{XY}}{I_Y} \tag{18}$$

取 $\eta A \xi$ 坐标轴与工程坐标轴重合，则两腹板的 $r_{a \cdot i}$ 均为零，计算时只需考虑各翼缘板段：1-3、2-3、5-7、6-7、8-10、9-10。各板段均由开口截面的端点即剪力流为零处开始计算，因此，$k_{\bar{x} \cdot i} = 0$，$k_{\bar{y} \cdot i} = 0$，则剪心坐标 η_s、ξ_s 可由下列公式计算：

$$\left.\begin{array}{l} \eta_s = \dfrac{1}{I_X} \sum_A \left[-\dfrac{l_i \cdot t_i}{6} B_1 (2Y_i + Y_j) + \dfrac{l_i \cdot t_i}{6} B_3 (2X_i + X_j) \right] l_i \cdot r_{a,i-j} \\[3mm] \xi_s = -\dfrac{1}{I_Y} \sum_A \left[-\dfrac{l_i \cdot t_i}{6} B_1 (2X_i + X_j) + \dfrac{l_i \cdot t_i}{6} B_2 (2Y_i + Y_j) \right] l_i \cdot r_{a,\cdot i-j} \end{array}\right\} \tag{19}$$

式中　X_i、Y_i——节点 i 处 X、Y 坐标；

　　　　X_j、Y_j——节点 j 处 X、Y 坐标；

　　　　l_i、t_i——为板 $i-j$ 段的宽度和厚度；

　　　　$r_{a \cdot i-j}$——为由 A 点至板段 $i-j$ 切线的垂线长度，板段 $i-j$ 绕 A 点逆时针方向前进时为正，反之为负。

我们研究的 L 形截面，各翼缘板段的宽度 l_i 相等，均为 $b/2$，各板段厚度 t_i 相等，均为 t_1，故式

（19）可改写为：

$$
\left.
\begin{aligned}
\eta_s &= \frac{b^2 \cdot t_1}{24 \cdot I_X} \sum_A \left[-B_1(2Y_i + Y_j) + B_3(2X_i + X_j)\right] \cdot r_{a,i-j} \\
\xi_s &= -\frac{b^2 \cdot t_1}{24 \cdot I_Y} \sum_A \left[-B_1(2X_i + X_j) + B_2(2Y_i + Y_j)\right] \cdot r_{a,\cdot i-j}
\end{aligned}
\right\}
\tag{20}
$$

L 形截面各翼缘板段 1-3、2-3、5-7、6-7、8-10、9-10 中线的端点在形心坐标系中的坐标为：

$$
\begin{cases}
X_1 = -\dfrac{b}{2} - \overline{x}_0 \\
Y_1 = h_2 + \dfrac{t_2}{2} - \dfrac{t_1}{2} - \overline{y}_0
\end{cases}
\qquad
\begin{cases}
X_2 = \dfrac{b}{2} - \overline{x}_0 \\
Y_2 = h_2 + \dfrac{t_2}{2} - \dfrac{t_1}{2} - \overline{y}_0
\end{cases}
$$

$$
\begin{cases}
X_3 = -\overline{x}_0 \\
Y_3 = h_2 + \dfrac{t_2}{2} - \dfrac{t_1}{2} - \overline{y}_0
\end{cases}
\qquad
\begin{cases}
X_5 = -\dfrac{b}{2} + \dfrac{t_1}{2} - \overline{x}_0 \\
Y_5 = \dfrac{b}{2} - \overline{y}_0
\end{cases}
$$

$$
\begin{cases}
X_6 = -\dfrac{b}{2} + \dfrac{t_1}{2} - \overline{x}_0 \\
Y_6 = -\dfrac{b}{2} - \overline{y}_0
\end{cases}
\qquad
\begin{cases}
X_7 = -\dfrac{b}{2} + \dfrac{t_1}{2} - \overline{x}_0 \\
Y_7 = -\overline{y}_0
\end{cases}
$$

$$
\begin{cases}
X_8 = h_1 - \dfrac{b}{2} - \dfrac{t_1}{2} - \overline{x}_0 \\
Y_8 = \dfrac{b}{2} - \overline{y}_0
\end{cases}
\qquad
\begin{cases}
X_9 = h_1 - \dfrac{b}{2} - \dfrac{t_1}{2} - \overline{x}_0 \\
Y_9 = -\dfrac{b}{2} - \overline{y}_0
\end{cases}
$$

$$
\begin{cases}
X_{10} = h_1 - \dfrac{b}{2} - \dfrac{t_1}{2} - \overline{x}_0 \\
Y_{10} = -\overline{y}_0
\end{cases}
$$

L 形截面各翼缘板段：1-3、2-3、5-7、6-7、8-10、9-10 $r_{a,i-j}$ 值为：

板段 1-3：$r_{a,1\text{-}3} = -\left(h_2 + \dfrac{t_2}{2} - \dfrac{t_1}{2}\right)$

板段 2-3：$r_{a,2\text{-}3} = h_2 + \dfrac{t_2}{2} - \dfrac{t_1}{2}$

板段 5-7：$r_{a,5\text{-}7} = \dfrac{b}{2} - \dfrac{t_1}{2}$

板段 6-7：$r_{a,6\text{-}7} = -\dfrac{b}{2} + \dfrac{t_1}{2}$

板段 8-10：$r_{a,8\text{-}10} = -h_1 + \dfrac{b}{2} + \dfrac{t_1}{2}$

板段 9-10：$r_{a,9\text{-}10} = h_1 - \dfrac{b}{2} - \dfrac{t_1}{2}$

将以上各式代入式（20）即可求得剪心在工程坐标系中的坐标：

$$
\left.
\begin{aligned}
\overline{x}_s &= \eta_s \\
\overline{y}_s &= \xi_s
\end{aligned}
\right\}
\tag{21}
$$

则剪心在形心坐标系中的坐标为 $S(X_s, Y_s)$：

$$
\begin{cases}
X_s = \eta_s - \overline{x}_0 \\
Y_s = \xi_s - \overline{y}_0
\end{cases}
$$

从而得剪心在形心主坐标系中的坐标为 $S(x_s, y_s)$：

$$x_s = X_s \cos \alpha + Y_s \sin \alpha \atop y_s = Y_s \cos \alpha - X_s \sin \alpha \Bigg\} \tag{22}$$

2.7 截面主扇性坐标

如图 5 所示，为一薄壁杆件的横截面，O 为截面的形心，O_x、O_y 为形心主轴，O' 为平面内的任意一点，该点与截面的中心线的一微段 ds 形成了一个三角形，如图中的阴暗部分所示。r 为 O' 至 M 点的切线的垂距，rds 称为扇性微面积，以 $d\omega$ 表示，则：

$$\omega_{O'} = \int_0^s r\,ds \tag{23}$$

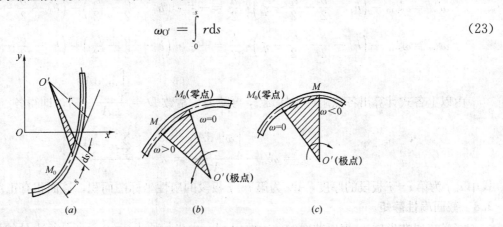

图 5 扇性坐标定义（z 轴垂直纸面向外为正）

积分由起始点 M_0 至所计算的点 M，此值称为该 M 点的扇性坐标。O' 点称为极点，M_0 称为扇性零点。规定当 $O'M_0$ 旋转至 $O'M$ 之转向与 z 轴的正向成右手螺旋法则时，M 点的 $\omega_{O'}$ 为正，反之为负。当以剪力中心为原点，且扇性零点满足式 $\int_A \omega_s dA = 0$ 时，此时的扇性坐标 ω_s 称为主扇性坐标，扇性零点称为主零点。当主扇性零点易于判断时，将简化主扇形坐标的计算。主扇性零点的物理意义：主扇性零点处的纵向翘曲位移为常数，翘曲应变为零，翘曲正应力为零。

对由直线板段组成的 L 形截面，选用剪力中心 S 为极点，以腹板中心线交点 D 为扇性零点（如图 6 所示），则可采用下式计算 L 形截面任意点的扇性坐标 ω_s^D。

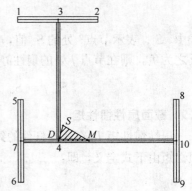

图 6 扇性坐标 ω_s^D 计算简图

$$\omega_{s \cdot j}^D = \omega_{s \cdot i}^D - r_{s \cdot i-j} l_{i-j} \tag{24}$$

式中，$r_{s \cdot i-j}$ 为由剪力中心 S 至板段 $i-j$ 的垂直距离，l_{i-j} 为第 $i-j$ 板段的长度。以剪力中心 S 为圆心，积分方向沿反时针方向前进时，$r_{s \cdot i-j}$ 取为正；沿顺时针方向前进时，$r_{s \cdot i-j}$ 取为负。

由式（24）可知，扇性坐标 ω_s^D 在各板段上呈线性分布，故只需计算出各板段端点扇性坐标值，即可在截面上画出扇性坐标图。取 D 点为扇性零点，所以有：$\omega_{s \cdot 4}^D = 0$，则由点 4 出发，应用式（24）可依次求出其余各端点扇性坐标值：

$$\omega_{s \cdot 3}^D = \omega_{s \cdot 4}^D - (-\eta_s) \cdot \left(h_2 + \frac{t_2}{2} - \frac{t_1}{2}\right) = \eta_s \cdot \left(h_2 + \frac{t_2}{2} - \frac{t_1}{2}\right)$$

$$\omega_{s \cdot 7}^D = \omega_{s \cdot 4}^D - (-\xi_s) \cdot \left(\frac{b}{2} - \frac{t_1}{2}\right) = \xi_s \cdot \left(\frac{b}{2} - \frac{t_1}{2}\right)$$

$$\omega_{s \cdot 10}^D = \omega_{s \cdot 4}^D - \xi_s \cdot \left(h_1 - \frac{b}{2} - \frac{t_1}{2}\right) = -\xi_s \cdot \left(h_1 - \frac{b}{2} - \frac{t_1}{2}\right)$$

$$\omega_{s \cdot 1}^D = \omega_{s \cdot 3}^D - \left(h_2 + \frac{t_2}{2} - \frac{t_1}{2} - \xi_s\right) \cdot \frac{b}{2} = \eta_s \cdot \left(h_2 + \frac{t_2}{2} - \frac{t_1}{2}\right) - \left(h_2 + \frac{t_2}{2} - \frac{t_1}{2} - \xi_s\right) \cdot \frac{b}{2}$$

$$\omega_{S\cdot2}^{D} = \omega_{S\cdot3}^{D} + \left(h_2 + \frac{t_2}{2} - \frac{t_1}{2} - \xi_s\right)\cdot\frac{b}{2} = \eta_s\cdot\left(h_2 + \frac{t_2}{2} - \frac{t_1}{2}\right) + \left(h_2 + \frac{t_2}{2} - \frac{t_1}{2} - \xi_s\right)\cdot\frac{b}{2}$$

$$\omega_{S\cdot5}^{D} = \omega_{S\cdot7}^{D} + \left(\frac{b}{2} - \frac{t_1}{2} + \eta_s\right)\cdot\frac{b}{2} = \xi_s\cdot\left(\frac{b}{2} - \frac{t_1}{2}\right) + \left(\frac{b}{2} - \frac{t_1}{2} + \eta_s\right)\cdot\frac{b}{2}$$

$$\omega_{S\cdot6}^{D} = \omega_{S\cdot7}^{D} - \left(\frac{b}{2} - \frac{t_1}{2} + \eta_s\right)\cdot\frac{b}{2} = \xi_s\cdot\left(\frac{b}{2} - \frac{t_1}{2}\right) - \left(\frac{b}{2} - \frac{t_1}{2} + \eta_s\right)\cdot\frac{b}{2}$$

$$\omega_{S\cdot8}^{D} = \omega_{S\cdot10}^{D} - \left(h_1 - \frac{b}{2} - \frac{t_1}{2} - \eta_s\right)\cdot\frac{b}{2} = -\xi_s\cdot\left(h_1 - \frac{b}{2} - \frac{t_1}{2}\right) - \left(h_1 - \frac{b}{2} - \frac{t_1}{2} - \eta_s\right)\cdot\frac{b}{2}$$

$$\omega_{S\cdot9}^{D} = \omega_{S\cdot10}^{D} + \left(h_1 - \frac{b}{2} - \frac{t_1}{2} - \eta_s\right)\cdot\frac{b}{2} = -\xi_s\cdot\left(h_1 - \frac{b}{2} - \frac{t_1}{2}\right) + \left(h_1 - \frac{b}{2} - \frac{t_1}{2} - \eta_s\right)\cdot\frac{b}{2}$$

由以上各式计算出各点扇性坐标 $\omega_{S\cdot i}^{D}$，再减去一常数 $D = \dfrac{\int_A \omega_s^{D}dA}{A}$ 后，即得各点的主扇性坐标 ω_s：

$$\omega_s = \omega_{s,i}^{D} - \frac{\int_A \omega_{s,i}^{D}dA^{\omega}}{A} = \omega_{s,i}^{D} - \frac{\sum_{i-j} t_{i-j}A_{i-j}^{\omega}}{A} \tag{25}$$

式中 t_{i-j} 为第 $i-j$ 板段的厚度，A_{i-j}^{ω} 为第 $i-j$ 板段的扇性坐标图面积，该面积有正负。

2.8　截面扇性静矩

定义主扇性坐标 ω_s 乘以截面的微元面积 $t ds$，由坐标原点 $s=0$ 至所计算点处的积分为：

$$S_{\omega} = \int_0^s \omega_s t ds + S_{\omega0} = \overline{S}_{\omega} + S_{\omega0} \tag{26}$$

S_{ω} 称为截面的扇性静矩，式中 $S_{\omega0}$ 为 $s=0$ 处的 S_{ω} 值，对于薄壁开口截面，取截面的端点处作为 $s=0$ 的原点，因在该处剪力流为零，故有 $S_{\omega0}=0$，则式（26）可写为：

$$S_{\omega} = \overline{S}_{\omega} \tag{27}$$

当截面由直线板段组成时，截面内任意点静矩可表示为：

$$S_{\omega} = S_{\omega\cdot i} + t_i\Delta s\left(\omega_{s\cdot i} - \frac{1}{2}r_{s\cdot i}\Delta s\right) \tag{28}$$

式中，$S_{\omega\cdot i}$ 表示节点 i 处的 S_{ω} 值，r_{s-j} 对于板段 $i-j$，当 s 坐标绕剪力中心 S 逆时针方向前进时取为正，反之为负，则在节点 j 处的扇性静矩 $S_{\omega\cdot j}$ 为：

$$S_{\omega\cdot j} = S_{\omega\cdot i} + t_{i-j}l_{i-j}\left(\omega_{s\cdot i} - \frac{1}{2}r_{s\cdot i-j}l_{i-j}\right) = S_{\omega\cdot i} + t_{i-j}A_{i-j}^{\omega} \tag{29}$$

2.9　截面扇性惯性矩

扇性惯性矩 I_{ω} 在薄壁杆件的约束扭转计算中，是一个重要的截面几何常数。对于一般截面，扇性惯性矩由下式定义，即：

$$I_{\omega} = \int_A \omega_s^2 t ds \tag{30}$$

对于由直线板段组成的截面，当板段 $i-j$ 的主扇性坐标 $\omega_{s\cdot i}$、$\omega_{s\cdot j}$ 为已知的情况下，上式可改写为：

$$I_{\omega} = \frac{1}{3}\sum_A(\omega_{s\cdot i}^2 + \omega_{s\cdot i}\omega_{s\cdot j} + \omega_{s\cdot j}^2)t_{i-j}l_{i-j} \tag{31}$$

2.10　不对称截面常数

在主坐标系中，对任意形状截面，定义：

$$i_0^2 = \frac{(I_x + I_y)}{A} + x_s^2 + y_s^2 \tag{32}$$

$$\beta_y = \frac{\int_A y(x^2 + y^2)dA}{2I_x} - y_s \tag{33}$$

$$\beta_{\mathrm{x}} = \frac{\int_A x(x^2 + y^2)\mathrm{d}A}{2I_{\mathrm{y}}} - x_{\mathrm{s}} \tag{34}$$

i_0^2、β_{x}、β_{y} 统称为不对称截面常数。

β_{x}、β_{y} 中的积分是在形心主坐标系 xoy 中进行的，x、y 同时都是变量，是一个二重积分，计算比较复杂。对于 L 形截面，可以通过旋转坐标轴将积分变换到形心坐标轴 XOY 内进行，由于翼缘和腹板分别平行于 X 轴或 Y 轴，积分变为一元定积分，计算得到简化。这个方法可以推广到由直板段组成的一般截面，如果存在一个直角坐标系，板段分别平行于这个直角坐标系的两个轴，则可以通过转轴公式将积分变换到这个直角坐标系内进行。

$$下面先求 \int_A y(x^2 + y^2)\mathrm{d}A \tag{35}$$

将转轴公式

$$\begin{aligned} x &= X\cos\alpha + Y\sin\alpha \\ y &= Y\cos\alpha - X\sin\alpha \end{aligned} \tag{36}$$

代入式（35），

$$\int_A y(x^2 + y^2)\mathrm{d}A = \int_A (Y\cos\alpha - X\sin\alpha)(X^2 + Y^2)\mathrm{d}A$$

$$= \int_A (Y^3\cos\alpha - Y^2 X\sin\alpha + YX^2\cos\alpha - X^3\sin\alpha)\mathrm{d}A$$

对于板段 1-2 和 7-10，Y 是定值，对于板段 4-3、6-5 和 9-8，X 是定值，可分别对各个板段积分，有

$$\int_A y(x^2 + y^2)\mathrm{d}A = \int_A (Y^3\cos\alpha - Y^3 X\sin\alpha + YX^2\cos\alpha - X^3\sin\alpha)\mathrm{d}A$$

$$= \int_{A_{1\text{-}2} + A_{7\text{-}10}} (Y^3\cos\alpha - Y^2 X\sin\alpha + YX^2\cos\alpha - X^3\sin\alpha) \cdot t \cdot \mathrm{d}X$$

$$+ \int_{A_{4\text{-}3} + A_{6\text{-}5} + A_{9\text{-}8}} (Y^3\cos\alpha - Y^2 X\sin\alpha + YX^2\cos\alpha - X^3\sin\alpha) \cdot t \cdot \mathrm{d}Y$$

$$= t_{1\text{-}2} \cdot \left(Y_{1\text{-}2}^3 X\cos\alpha - Y_{1\text{-}2}^2 \cdot \frac{1}{2}X^2\sin\alpha + Y_{1\text{-}2} \cdot \frac{1}{3}X^3\cos\alpha - \frac{1}{4}X^4\sin\alpha \right)\Big|_{X_2}^{X_1}$$

$$+ t_{7\text{-}10} \cdot \left(Y_{7\text{-}10}^3 X\cos\alpha - Y_{7\text{-}10}^2 \cdot \frac{1}{2}X^2\sin\alpha + Y_{7\text{-}10} \cdot \frac{1}{3}X^3\cos\alpha - \frac{1}{4}X^4\sin\alpha \right)\Big|_{X_7}^{X_{10}}$$

$$+ t_{4\text{-}3} \cdot \left(\frac{1}{4}Y^4\cos\alpha - \frac{1}{3}Y^3 \cdot X_{4\text{-}3}\sin\alpha + \frac{1}{2}Y^2 \cdot X_{4\text{-}3}^2\cos\alpha - YX_{4\text{-}3}^3\sin\alpha \right)\Big|_{X_4}^{X_3}$$

$$+ t_{6\text{-}5} \cdot \left(\frac{1}{4}Y^4\cos\alpha - \frac{1}{3}Y^3 \cdot X_{6\text{-}5}\sin\alpha + \frac{1}{2}Y^2 \cdot X_{6\text{-}5}^2\cos\alpha - YX_{6\text{-}5}^3\sin\alpha \right)\Big|_{X_6}^{X_5}$$

$$+ t_{9\text{-}8} \cdot \left(\frac{1}{4}Y^4\cos\alpha - \frac{1}{3}Y^3 \cdot X_{9\text{-}8}\sin\alpha + \frac{1}{2}Y^2 \cdot X_{9\text{-}8}^2\cos\alpha - YX_{9\text{-}8}^3\sin\alpha \right)\Big|_{X_9}^{X_8} \tag{37}$$

同理，可以求积分

$$\int_A x(x^2 + y^2)\mathrm{d}A \tag{38}$$

$$\int_A x(x^2 + y^2)\mathrm{d}A = \int_A (X\cos\alpha + Y\sin\alpha)(X^2 + Y^2)\mathrm{d}A$$

$$= \int_A (X^3\cos\alpha + X^2Y\sin\alpha + X^2Y^2\cos\alpha + Y^3\sin\alpha)\,\mathrm{d}A$$

$$- \int_{A_{1-2}+A_{7-10}} (X^3\cos\alpha + X^2Y\sin\alpha + X^2Y^2\cos\alpha + Y^3\sin\alpha) \cdot t \cdot \mathrm{d}X$$

$$+ \int_{A_{4-3}+A_{6-5}+A_{9-8}} (X^3\cos\alpha + X^2Y\sin\alpha + X^2Y^2\cos\alpha + Y^3\sin\alpha) \cdot t \cdot \mathrm{d}Y$$

$$= t_{1-2}\left(\frac{1}{4}X^4\cos\alpha + \frac{1}{3}X^3 \cdot Y_{4-3}\sin\alpha + \frac{1}{2}X^2 \cdot Y_{4-3}^2\cos\alpha + XY_{4-3}^3\sin\alpha\right)\bigg|_{X_1}^{X_2}$$

$$+ t_{7-10} \cdot \left(\frac{1}{4}X^4\cos\alpha + \frac{1}{3}X^3 \cdot Y_{7-10}\sin\alpha + \frac{1}{2}X^2 \cdot Y_{7-10}^2\cos\alpha + XY_{7-10}^3\sin\alpha\right)\bigg|_{X_7}^{X_{10}}$$

$$+ t_{4-3} \cdot \left(X_{4-3}^3 Y\cos\alpha + X_{4-3}^2 \cdot \frac{1}{2}Y^2\sin\alpha + X_{4-3} \cdot \frac{1}{3}Y^3\cos\alpha + \frac{1}{4}Y^4\sin\alpha\right)\bigg|_{X_4}^{X_3}$$

$$+ t_{6-5} \cdot \left(X_{6-5}^3 Y\cos\alpha + X_{6-5}^2 \cdot \frac{1}{2}Y^2\sin\alpha + X_{6-5} \cdot \frac{1}{3}Y^3\cos\alpha + \frac{1}{4}Y^4\sin\alpha\right)\bigg|_{X_6}^{X_5}$$

$$+ t_{9-8} \cdot \left(X_{9-8}^3 Y\cos\alpha + X_{9-8}^2 \cdot \frac{1}{2}Y^2\sin\alpha + X_{9-8} \cdot \frac{1}{3}Y^3\cos\alpha + \frac{1}{4}Y^4\sin\alpha\right)\bigg|_{X_9}^{X_8} \tag{39}$$

板段端点的坐标值 X、Y 可以从上文得到。

3 算例

例 图 1 所示 L 形截面 $b=125\text{mm}$，$h_1=250\text{mm}$，$h_2=184.5\text{mm}$，$t_1=9\text{mm}$，$t_2=6\text{mm}$，求其截面几何特性。

解：

(1) 截面面积

$$A = 3\times125\times9 + (250+184.5-3\times9)\times6$$
$$= 5820 \text{ mm}^2$$
$$= 58.2 \text{ cm}^2$$

(2) 形心在工程坐标系中的坐标为：

$$\bar{x}_0 = \frac{[2\times125\times9+(250-2\times9)\times6]\times(250/2-125/2)}{5820}$$
$$= 39.1 \text{ mm}$$

$$\bar{y}_0 = \frac{(184.5-9)\times6\times(3+184.5/2-4.5)+125\times9\times(184.5+3-4.5)}{5820}$$
$$= 51.8 \text{ mm}$$

(3) L 形截面在工程坐标系中的截面静矩为：

$$S_{\bar{x}} = 5820\times51.8$$
$$= 301476\text{mm}^3$$
$$= 301\text{cm}^3$$
$$S_{\bar{y}} = 5820\times39.1$$
$$= 227562\text{mm}^3$$
$$= 228\text{cm}^3$$

(4) 该 L 形截面在工程坐标系中的惯性矩和惯性积为

$$I_{\bar{x}} = 2\times\frac{1}{12}\times9\times125^3\times\frac{1}{12}\times(250-2\times9)\times6^3+\frac{1}{12}\times6\times(184.5-9)^3$$

$$+6\times(184.5-9)\times\left(\frac{148.5-9}{2}+\frac{6}{2}\right)^2+\frac{1}{12}\times125\times9^3$$

$$+9\times125\times\left(184.5-\frac{9}{9}+\frac{6}{2}\right)^2$$

$$=51991351.5\text{mm}^4$$

$$=5199\text{cm}^4$$

$$I_{\bar{y}}=\frac{1}{12}\times125\times250^3-\frac{1}{12}\times(125-6)\times(250-2\times9)^3$$

$$+[2\times125\times9+(250-2\times9)\times6]\times\left(\frac{250}{2}-\frac{125}{2}\right)^2$$

$$+\frac{1}{12}\times(184.5-9)\times6^3+\frac{1}{12}\times9\times125^3$$

$$=54623899.3\text{mm}^4$$

$$=5462\text{cm}^4$$

$$I_{\bar{x}\bar{y}}=0$$

在形心坐标系 XOY 中的惯性矩和惯性积为

$$I_X=I_{\bar{x}}-\bar{y}_0^2\cdot A$$

$$=51991351.5-51.8^2\times5820$$

$$=36374894.7\text{mm}^4$$

$$=3637\text{cm}^4$$

$$I_Y=I_{\bar{y}}-\bar{x}_0^2\cdot A$$

$$=54623899.3-39.1^2\times5820$$

$$=45726225.1\text{mm}^4$$

$$=4573\text{cm}^4$$

$$I_{XY}=I_{\bar{x}\bar{y}}-\bar{x}_0\cdot\bar{y}_0\cdot A$$

$$=0-39.1\times51.8\times5820$$

$$=-11787711.6\text{mm}^4$$

$$=-1179\text{cm}^4$$

$$\tan(2\alpha)=\frac{-2I_{XY}}{I_X-I_Y}$$

$$=\frac{-2\times(-11787711.6)}{36374894.7-45726225.1}$$

$$=-2.5211$$

$$2\alpha=111.46°$$

由此得到形心主坐标系 xoy 与形心坐标系 XOY 的夹角 $\alpha=55.82°$

该 L 形截面的形心主惯性矩为

$$I_x=\frac{I_X+I_Y}{2}+\frac{I_X-I_Y}{2}\cos2\alpha-I_{XY}\sin2\alpha$$

$$=\frac{36374894.7+45726225.1}{2}+\frac{36374894.7-45726225.1}{2}\times\cos111.64°$$

$$-(-11787711.6)\times\sin111.64°$$

$$=53731726.6\text{mm}^4$$

$$=5373.2\text{cm}^4$$

$$I_y = \frac{I_X + I_Y}{2} - \frac{I_X - I_Y}{2}\cos 2\alpha + I_{XY}\sin 2\alpha$$

$$= \frac{36374894.7 + 45726225.1}{2} - \frac{36374894.7 - 45726225.1}{2} \times \cos 111.64°$$

$$+ (-11787711.6) \times \sin 111.64°$$

$$= 28369393.2\,mm^4$$

$$= 2836.9\,cm^4$$

（5）抗扭惯性矩。

L形截面由三块翼缘、两块腹板组成，截面的抗扭惯性矩可取为各板件的扭转常数之和：

$$I_k = \frac{1}{3} \times [125 \times 9^3 \times 3 + (250 - 9 \times 2) \times 6^3 + (184.5 - 9) \times 6^3]$$

$$= 120465\,mm^4$$

$$= 12.0\,cm^4$$

（6）截面剪心

系数 $B_1 \sim B_3$ 分别为

$$B_1 = \frac{I_X I_Y}{I_X I_Y - I_{XY}^2}$$

$$= \frac{3637 \times 4573}{3637 \times 4573 - (-1179)^2}$$

$$= 1.091$$

$$B_2 = B_1 \times \frac{I_{XY}}{I_X}$$

$$= 1.091 \times \frac{-1179}{3637}$$

$$= -0.354$$

$$B_3 = B_1 \times \frac{I_{XY}}{I_Y}$$

$$= 1.091 \times \frac{-1179}{4573}$$

$$= -0.281$$

翼缘板段1-3（图4）中线的端点1在形心坐标系中的坐标为：

$$X_1 = -\frac{b}{2} - \overline{x}_0$$

$$= -\frac{125}{2} - 39.1$$

$$= -101.6\,mm$$

$$Y_1 = h_2 + \frac{t_2}{2} - \frac{t_1}{2} - \overline{y}_0$$

$$= 184.5 + \frac{6}{2} - \frac{9}{2} - 51.8$$

$$= 131.2\,mm$$

同理可得翼缘板段1-3、2-3、5-7、6-7、8-10、9-10中线的其他端点在形心坐标系中的坐标：

$$X_2 = 23.4\,mm \qquad Y_2 = 131.2\,mm$$

$$X_3 = -39.1\,mm \qquad Y_3 = 131.2\,mm$$

$$X_5 = -97.1\,mm \qquad Y_5 = 10.7\,mm$$

$$X_6 = -97.1\text{mm} \qquad Y_6 = -114.3\text{mm}$$
$$X_7 = -97.1\text{mm} \qquad Y_7 = -51.8\text{mm}$$
$$X_8 = 143.9\text{ mm} \qquad Y_8 = 10.7\text{ mm}$$
$$X_9 = 143.9\text{ mm} \qquad Y_9 = -114.3\text{mm}$$
$$X_{10} = 143.9\text{mm} \qquad Y_{10} = -51.8\text{mm}$$

A 点至板段 1-3、2-3、5-7、6-7、8-10、9-10 切线的垂线长度 $r_{a,i-j}$ 分别为：

$$r_{a,1-3} = -\left(184.5 + \frac{6}{2} - \frac{9}{2}\right) = -183\text{ mm}$$

$$r_{a,2-3} = 183\text{ mm}$$

$$r_{a,5-7} = 58\text{ mm}$$

$$r_{a,6-7} = -58\text{ mm}$$

$$r_{a,8-10} = -183\text{ mm}$$

$$r_{a,9-10} = 183\text{ mm}$$

$$
\begin{aligned}
\eta_s &= \frac{b^2 \cdot t_1}{24 \cdot I_X} \sum_A \left[-B_1(2Y_i + Y_j) + B_3(2X_i + X_j) \right] \cdot r_{a,i-j} \\
&= \frac{125^2 \times 9}{24 \times 36374894} \times \{ [-1.091 \times (2 \times 131.2 + 131.2) - 0.281 \times (2 \times (-101.6) - 39.1)] \\
&\quad \times (-183) + [-1.091 \times (2 \times 131.2 + 131.2) - 0.281 \times (2 \times 23.4 - 39.1)] \times 183 \\
&\quad + [-1.091 \times (2 \times 10.7 - 51.8) - 0.281 \times (2 \times (-97.1) - 97.1)] \times 58 \\
&\quad + [-1.091 \times (2 \times (-114.3) - 51.8) - 0.281 \times (2 \times (-97.1) - 97.1)] \times (-58) \\
&\quad + [-1.091 \times (2 \times 10.7 - 51.8) - 0.281 \times (2 \times 143.9 + 143.9)] \times (-183) \\
&\quad + [-1.091 \times [2 \times (-114.3) - 51.8] - 0.281 \times (2 \times 143.9 + 143.9)] \times 183 \} \\
&= 3.42\text{mm}
\end{aligned}
$$

$$
\begin{aligned}
\xi_s &= -\frac{b^2 \cdot t_1}{24 \cdot I_Y} \sum_A \left[-B_1(2X_i + X_j) + B_2(2Y_i + Y_j) \right] \cdot r_{a,i-j} \\
&= \frac{125^2 \times 9}{24 \times 45726225} \times \{ [-1.091 \times (2 \times (-101.6) - 39.1) - 0.354 \times (2 \times 131.2 + 131.2)] \\
&\quad \times (-183) + [-1.091 \times (2 \times 23.4 - 39.1) - 0.354 \times (2 \times 131.2 + 131.2)] \times 183 \\
&\quad + [-1.091 \times [2 \times (-97.1) - 97.1] - 0.354 \times (2 \times 10.7 - 51.8)] \times 58 \\
&\quad + [-1.091 \times (2 \times (-97.1) - 97.1) - 0.354 \times (2 \times (-114.3) - 51.8)] \times (-58) \\
&\quad + [-1.091 \times (2 \times 143.9 + 143.9) - 0.354 \times (2 \times 10.7 - 51.8)] \times (-183) \\
&\quad + [-1.091 \times (2 \times 143.9 + 143.9) - 0.354 \times (2 \times (-114.3) - 51.8)] \times 183 \} \\
&= 4.98\text{mm}
\end{aligned}
$$

所以，剪心 S 在工程坐标系中的坐标为：$\overline{x}_s = \eta_s = 3.42\text{mm}$，$\overline{y}_s = \xi_s = 4.98\text{mm}$

剪心 S 在形心坐标系中的坐标为：

$$
\begin{array}{ll}
X_s = \eta_s - \overline{x}_0 & Y_s = \xi_s - \overline{y}_0 \\
\quad = 3.42 - 39.1 & \quad = 4.98 - 51.8 \\
\quad = -35.68\text{mm} & \quad = -46.82\text{mm}
\end{array}
$$

剪心 S 在形心主坐标系中的坐标为：

$$
\begin{aligned}
x_s &= X_s \cos\alpha + Y_s \sin\alpha \\
&= -35.69 \times \cos 55.82 - 46.81 \times \sin 55.82 \\
&= -58.78\text{ mm} \\
y_s &= Y_s \cos\alpha - X_s \sin\alpha
\end{aligned}
$$

$$= -46.81 \times \cos 55.82 + 35.69 \times \sin 55.82$$
$$= 3.22 \text{ mm}$$

（7）扇性主坐标。

先求得 L 形截面的扇性坐标 ω_s^D，D 点为腹板中线的交点。

$$\omega_{s \cdot 4}^D = 0$$

$$r_{s,4-3} = -3.42 \text{mm}$$

$$\omega_{s \cdot 3}^D = 0 - (-3.42) \times \left(184.5 + \frac{6}{2} - \frac{9}{2}\right)$$
$$= 626 \text{ mm}^2$$

$$r_{s,3-1} = 184.5 + \frac{6}{2} - \frac{9}{2} - 4.98$$
$$= 178.02 \text{ mm}$$

$$\omega_{s \cdot 1}^D = 626 - 178.02 \times \frac{125}{2}$$
$$= -10500 \text{mm}^2$$

$$r_{s,3-2} = -\left(184.5 + \frac{6}{2} - \frac{9}{2} - 4.98\right)$$
$$= -178.02 \text{mm}$$

$$\omega_{s \cdot 2}^D = 626 - (-178.02) \times \frac{125}{2}$$
$$= 11752 \text{ mm}^2$$

$$r_{s,4-7} = -4.98 \text{ mm}$$

$$\omega_{s \cdot 7}^D = 0 - (-4.98) \times \left(\frac{125}{2} - \frac{9}{2}\right)$$
$$= 289 \text{mm}^2$$

$$r_{s,7-5} = -\left(\frac{125}{2} - \frac{9}{2} + 3.42\right)$$
$$= -61.42 \text{mm}$$

$$\omega_{s \cdot 5}^D = 289 - (-61.42) \times \frac{125}{2}$$
$$= 4128 \text{mm}^2$$

$$r_{s,7-6} = \frac{125}{2} - \frac{9}{2} + 3.42$$
$$= 61.42 \text{mm}$$

$$\omega_{s \cdot 6}^D = 289 - 61.42 \times \frac{125}{2}$$
$$= -3550 \text{ mm}^2$$

$$r_{s,4-10} = 4.98 \text{ mm}$$

$$\omega_{s \cdot 10}^D = 0 - 4.98 \times \left(250 - \frac{125}{2} - \frac{9}{2}\right)$$
$$= -911 \text{ mm}^2$$

$$r_{s,10-8} = 250 - \frac{125}{2} - \frac{9}{2} - 3.42$$

$$=179.58\text{mm}$$

$$\omega_{s\cdot 8}^{D} = -911 - 179.58 \times \frac{125}{2}$$

$$= -12135\text{mm}^2$$

$$r_{s,10\text{-}9} = -\left(250 - \frac{125}{2} - \frac{9}{2} - 3.42\right)$$

$$= -179.58\text{mm}$$

$$\omega_{s\cdot 9}^{D} = -911 - (-179.58) \times \frac{125}{2}$$

$$= 10312\text{mm}^2$$

截面上各点的扇形坐标如图 7 所示。由图 7 可求得常数 D：

$$D = \frac{\sum\limits_{i\text{-}j} t_{i\text{-}j} A_{i\text{-}j}^{\omega}}{A}$$

$$= \frac{1}{5820} \times \left[9 \times \frac{1}{2} \times (-10500 + 11752) \times 125 + 9 \times \frac{1}{2} \times (4128 - 3550) \times 125 \right.$$

$$+ 9 \times \frac{1}{2} \times (-12135 + 10312) \times 125 + 6 \times \frac{1}{2} \times (626 + 0) \times \left(184.5 - \frac{9}{2} + \frac{6}{2}\right)$$

$$\left. + 6 \times \frac{1}{2} \times (289 - 911) \times (250 - 9) \right]$$

$$= -17.76\text{mm}^2$$

各点的主扇性坐标可由式（25）求得：

$$\omega_{s\cdot 1} = -10500 + 17.76$$

$$= -10482 \text{ mm}^2$$

$$\omega_{s\cdot 2} = -11769 \text{ mm}^2$$

$$\omega_{s\cdot 3} = 643 \text{ mm}^2, \omega_{s\cdot 4} = 18 \text{ mm}^2, \omega_{s\cdot 5} = 4145 \text{ mm}^2, \omega_{s\cdot 6} = -3532 \text{ mm}^2,$$

$$\omega_{s\cdot 7} = 307 \text{ mm}^2, \omega_{s\cdot 8} = -12117 \text{ mm}^2, \omega_{s\cdot 9} = 10330 \text{ mm}^2, \omega_{s\cdot 10} = -894 \text{ mm}^2$$

主扇性坐标 ω_s 如图 8 所示，可以看出常数 D 相对于主扇性坐标值很小，扇性坐标和主扇性坐标很接近。

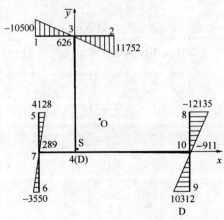
图 7　L 形截面扇性坐标 ω_s^{D}（mm²）

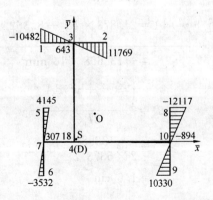
图 8　L 形截面主扇性坐标 ω_s（mm²）

（8）截面的扇性静矩。

已计算出各点的主扇性坐标 $\omega_{s,i}$，取各板段开口端为 $s=0$，由（29）式可求得 L 形截面各节点处扇性静矩（略）。各板段节点处的扇性静矩如图 9 所示，S_ω 为负值表示剪力流与图示方向相反。

（9）截面的扇性惯性矩。

L 形截面由板段 1-2、5-6、8-9、3-4、7-10 组成（图 4），主扇性坐标如图 7 所示，由式（31）可得

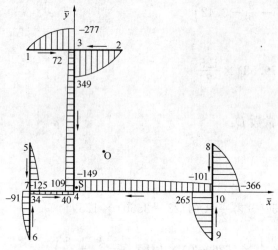

图 9　L 形截面扇性静矩（cm⁴）

扇性惯性矩

$$
\begin{aligned}
I_\omega &= \frac{1}{3} \times 9 \times 125 \times \{[(-10482)^2 - 10482 \\
&\quad \times 11769 + 11769^2] + [4145^2 - 3532 \\
&\quad \times 4145 + (-3532)^2] + [(-12117)^2 - 12117 \\
&\quad \times 10330 + 10330^2]\} + \frac{1}{3} \times 6 \\
&\quad \times \left[\left(184.5 - \frac{9}{2} + \frac{6}{2}\right) \times (643^2 + 643 \times 18 + 18^2) \right. \\
&\quad \left. + (250 - 9) \times (307^2 - 307 \times 894 + 894^2) \right] \\
&= 46882.1 + 5631.0 + 48135.7 + 155.7 + 298.4 \\
&= 101102.9 \, \text{cm}^6
\end{aligned}
$$

（10）截面的不对称截面常数。

应用式（32）～（34）、（37）、（39），可分别求得各常数如下：

$$
\begin{aligned}
i_0^2 &= \frac{(5373.2 + 2836.9)}{58.20} + 5.878^2 + 0.322^2 \\
&= 175.7 \, \text{cm}^2
\end{aligned}
$$

$$
\begin{aligned}
\int_A x(x^2 + y^2) \mathrm{d}A &= 18.875 \times 10^8 - 1.625 \times 10^8 + 0.595 \times 10^8 - 15.957 \times 10^8 + 9.306 \times 10^8 \\
&= 11.194 \times 10^8 \, \text{mm}^5
\end{aligned}
$$

$$
\begin{aligned}
\beta_x &= \frac{\displaystyle\int_A x(x^2 + y^2) \mathrm{d}A}{2I_y} - x_s \\
&= \frac{11194}{2 \times 2836.9} - (-5.878) \\
&= 7.85 \, \text{cm}
\end{aligned}
$$

$$
\begin{aligned}
\int_A y(x^2 + y^2) \mathrm{d}A &= 24.873 \times 10^8 - 8.362 \times 10^8 + 4.907 \times 10^8 + 6.877 \times 10^8 - 41.994 \times 10^8 \\
&= -13.698 \times 10^8 \, \text{mm}^5
\end{aligned}
$$

$$
\begin{aligned}
\beta_y &= \frac{\displaystyle\int_A y(x^2 + y^2) \mathrm{d}A}{2I_x} - y_s \\
&= \frac{-13698}{2 \times 5373.2} - 0.322 \\
&= 1.60 \, \text{cm}
\end{aligned}
$$

4　L 形截面几何特性表

对于以热轧窄翼缘 H 型钢组合成如图 1 所示的多种规格的 L 形截面，制成了 L 形截面几何特性表

（表1），便于工程应用。

L形截面几何特性　　　　　　　　　　　　　　　　　　　　　　　　　表 1

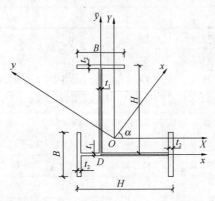

序号	$H \times B$ $\times t_1 \times t_2$	截面面积 A （mm²）	形心坐标（mm）		剪心坐标（mm）		夹角	惯性矩				惯性半径 （cm）		不对称截面常数		
			$\overline{x_0}$	$\overline{y_0}$	x_s	y_s	α （°）	I_x （cm⁴）	I_y （cm⁴）	I_k （cm⁴）	I_ω （cm⁶）	i_x	i_y	i_0^2 （cm²）	β_x （cm）	β_y （cm）
1	100×50 ×5×7	1945	14.5	29.5	−24.5	−17.1	26.6	381.9	173.4	2.46	1098	4.43	2.99	37.5	4.07	2.15
2	150×75 ×5×7	2970	21.8	44.2	−37.2	−25.3	27.4	1322.1	620.2	3.74	8499	6.67	4.57	85.6	6.13	3.13
3	200×100 ×5.5×8	4468	29.2	58.9	−50.1	−33.1	28.1	3538.0	1687.5	7.21	41124	8.90	6.15	153.1	8.16	4.11
4	250×125 ×6×9	6213	36.6	73.7	−63.2	−40.8	28.7	7688.9	3708.0	12.55	141520	11.10	7.73	240.1	10.20	5.09
5	300×150 ×6.5×9	7774	43.7	88.1	−76.0	−48.4	29.2	13615.1	6578.8	16.18	354647	13.23	9.20	340.8	12.30	6.11
6	350×175 ×7×11	10444	51.5	103.4	−89.6	−55.9	29.6	25334.7	12388.4	30.98	933662	15.57	10.90	472.7	14.20	7.04
7	400×200 ×8×13	13888	59.0	118.4	−103.1	−63.1	30.1	43934.5	21569.4	56.90	2148030	17.80	12.50	617.7	16.30	8.03
8	450×200 ×9×14	16122	72.9	131.9	−125.9	−63.9	32.7	63431.6	29366.0	75.70	3003260	19.80	13.50	775.0	20.40	8.38
9	500×200 ×10×16	19120	86.9	145.7	−148.3	−64.1	34.7	92561.4	40821.6	113.70	4314860	22.00	14.60	958.6	24.50	8.62

注：表中形心坐标为形心在工程坐标系 $\overline{x}D\overline{y}\overline{z}$ 中的坐标值，剪心坐标为剪心在形心主坐标系 $xoyz$ 中的坐标值。

5　L形截面柱的力学特性

从图6可以看出，这种带翼缘的L形截面的剪心非常靠近两块腹板中线的交点，即工程坐标系的原点，这是L形截面柱的一个优点。对于表1中的L形截面，通过移轴公式将剪心在形心主坐标系中的坐标变换为工程坐标系中的坐标，得到表2，可以看出表中所列L形截面柱的剪心都非常接近腹板中线的交点。

剪心在工程坐标系中的坐标 表2

序号	$H \times B \times t_1 \times t_2$	形心在工程坐标系中的坐标（mm）		剪心在形心主坐标系中的坐标（mm）		夹角（°）	剪心在工程坐标系中的坐标（mm）	
		$\overline{x}_0$	$\overline{y}_0$	x_s	y_s	α	$\overline{x}_s$	$\overline{y}_s$
1	100×50×5×7	14.5	29.5	−24.5	−17.1	26.6	0.3	3.2
2	150×75×5×7	21.8	44.2	−37.2	−25.3	27.4	0.5	4.6
3	200×100×5.5×8	29.2	58.9	−50.1	−33.1	28.1	0.6	6.0
4	250×125×6×9	36.6	73.7	−63.2	−40.8	28.7	0.8	7.6
5	300×150×6.5×9	43.7	88.1	−76.0	−48.4	29.2	0.9	8.9
6	350×175×7×11	51.5	103.4	−89.6	−55.9	29.6	1.2	10.6
7	400×200×8×13	59.0	118.4	−103.1	−63.1	30.1	1.4	12.1
8	450×200×9×14	72.9	131.9	−125.9	−63.9	32.7	1.5	10.1
9	500×200×10×16	86.9	145.7	−148.3	−64.1	34.7	1.4	8.6

L形截面的剪心离腹板交点非常近的截面几何特征在工程实用中有以下几点意义：

（1）简化截面几何特性的计算

在实际工程应用中可以将剪心近似取在腹板中线交点处即工程坐标系的原点，这样腹板中线交点就是主扇性极点，而腹板中线上的各点都是扇性零点，都可以作为主扇性零点。这样从几何直观上就可以确定L形截面的主扇性极点、主扇性零点，可以有效简化截面扇性几何特性的计算，而不致引起大的误差。

（2）L形截面的主扇性坐标与H形或工字形截面的主扇性坐标类似

剪心取在腹板中线的交点后，截面主扇形坐标在腹板中线位置均为零，而在翼缘处呈三角形分布，与H形或工字截面的主扇性坐标类似，所以主扇性坐标的计算除了可以根据公式直接计算外还可以参考工字形截面的计算结果。

（3）L形截面柱的约束扭转引起的正应力主要存在于翼缘

根据薄壁杆件约束扭转理论，杆件因约束扭转引起的翘曲正应力与主扇性坐标成正比，所以L形截面柱因约束扭转引起的翘曲正应力主要存在于翼缘，腹板上的约束扭转正应力很小，基本上可以忽略不计。

（4）L形截面柱的约束扭转能力主要来源于翼缘

从L形截面的主扇性坐标图可以看出，L形截面柱约束扭转时，其三块翼缘分别绕其截面自身的强轴弯曲，弯曲引起翼缘截面上沿翼缘长向的剪力，正是该剪力对剪心（扭转中心）的扭矩构成截面上的翘曲扭矩 M_ω。这也说明这种带翼缘的L形截面柱的抗扭能力比相同截面的类似角钢不带翼缘的角形截面强。这一点非常重要，它是本文提出的带翼缘的L形截面柱与一般不带翼缘的角形截面柱的区别所在，本文提出的L形截面柱具有较好的抗扭性，有利于工程应用。

（5）实际工程中梁柱的偏心连接对L形截面柱不产生附加扭矩

在实际工程中，梁与L形柱是通过腹板对齐来连接的，即对L形截面的形心来说属于偏心连接。这种偏心连接导致柱剪力（梁的轴力）基本通过剪心不引起附加扭矩，这样柱端仅受轴力、双方向弯矩作用，而不用考虑柱端扭矩，所以下文对L形截面柱的研究都忽略了柱端偏心引起扭矩的影响。

6 结语

为便于L形截面柱的推广和工程应用，本文详细推导这种带翼缘的L形截面柱的截面几何特性计算公式，给出了常用L形截面的几何特性表，最后探讨这种带翼缘的L形截面柱的力学特性。本文提出的带翼缘的 L 形截面柱比一般不带翼缘的角形截面柱具有较好的抗扭性，有利于工程应用。我国《轻型钢结构住宅技术规程》JGJ 209—2010 给出了钢异形截面柱的设计计算公式，其中 L 形钢异形截面几何参数计算较复杂，为了便于工程应用，该规程在附录中给出了 L 形截面的几何特性数据表格共查用，本文在这里将介绍该表格数据的计算过程，供了解规范引用依据，也请感兴趣的工程技术人员给予指正。

参考文献

[1] 王明贵，王晓瑜，陈章华. 钢异型柱轴心受压承载力实用计算研究. 钢结构 2007. 7，vol. 22.

[2] 王明贵，储德文 著. 轻型钢结构住宅[M]. 北京：中国建筑工业出版社，2011.

[3] 郭在田. 薄壁杆件的弯曲与扭转[M]. 北京：中国建筑工业出版社，1989.

[4] 包世华，周坚. 薄壁杆件结构力学[M]. 北京：中国建筑工业出版社，2006.

[5] 陆楸，汤国栋. 薄壁杆件[M]. 北京：人民交通出版社，1996.

[6] 陈骥. 钢结构稳定理论与设计[M]. 北京：科学出版社，2001.

[7] 孙训方，方孝淑，关来泰. 材料力学[M]. 北京：高等教育出版社，1994.

钢管混凝土组合框架住宅体系抗连续性
倒塌非线性动力初步分析

王景玄　王文达　周小燕

（兰州理工大学土木工程学院，兰州　730050）

摘　要　由于钢管混凝土结构具有承载力高、抗震性能好等优良的受力性能，目前在越来越多的多、高层住宅体系采用了钢管混凝土组合框架结构形式。为了进一步研究钢管混凝土柱-钢梁组合结构形式在住宅建筑体系中的应用，防止该类结构在突发荷载（地震、爆炸、火灾以及撞击等）作用下发生连续性倒塌破坏，本文对一典型的 6 层钢管混凝土柱-钢梁组合框架住宅体系抗连续性倒塌性能的关键问题进行了初步探讨，包括计算模型和抽柱工况的选取、分析步骤、阻尼和失效时间的确定以及倒塌的判定准则等。分析结果表明，采用圆钢管混凝土柱-钢梁组合框架住宅结构体系具有良好的抗倒塌性能。该文分析结果可为进一步完善钢管混凝土组合框架在住宅体系中的应用提供参考。

关键词　钢管混凝土组合框架；住宅体系；连续性倒塌；有限元模型；非线性动力分析

1　引言

由于钢管混凝土柱抗压承载力高，抗侧刚度好以及截面尺寸小等特点，使得越来越多的住宅结构体系采用钢管混凝土组合框架结构形式，既扩大了建筑的使用空间和使用面积，同时提高了结构本身的安全可靠性。目前，最常见的钢管混凝土组合框架的形式有：钢管混凝土柱-钢梁（外环式和内隔板连接）组合框架、钢管混凝土柱-钢筋混凝土梁组合框架和钢管混凝土柱 SRC 柱)-型钢混凝土（SRC）梁组合框架，这几种框架体系都已经在不同的工程实际中得到了应用。王广勇（2010）[1]对 2000 年以后新建的钢管混凝土框架结构住宅体系进行了调查研究，例如：武汉世纪花园住宅小区、上海中福城、山东樱花园小区、济南百花小区、云南省机化公司高层双塔住宅等。这些住宅建筑体系结构以典型的圆形或矩形钢管混凝土柱-H 型钢梁框架-剪力墙为主，层数在 6～30 层之间，层高 2.8～3m 之间，跨数以三跨居多。其中矩形钢管混凝土柱的边长在 300～500mm 之间，壁厚 6～18mm 之间，圆形钢管混凝土柱截面直径为 300～400mm，壁厚 6～10mm，钢梁高度 250～500mm，翼缘宽度 150～300mm。也有一些住宅建筑体系采用钢管混凝土柱-型钢混凝土梁组合框架作为主体结构，如由中国建筑科学研究院和天津建工集团联合开发的"钢与混凝土组合结构住宅体系"项目中，已建成的 30 万 m² 的试点工程中就采用钢管混凝土柱-型钢混凝土梁组合框架，为了验证其在住宅体系中良好的工作和受力性能；张莉若和王明贵（2002）[2]对该类钢管混凝土柱-型钢混凝土梁节点进行了试验研究，表明该类节点有一定的耗能能力。张莉若等（2005）[3]对住宅体系中采用钢管混凝土柱-H 型钢梁外加强环节点不能满足要求时，通过试验研究建议在低层或者多层钢结构住宅体系中采用套筒式钢管混凝土梁柱节点形式。

住宅建筑体系作为人类居住和生活的重要载体，与其他使用功能的建筑结构相比，由于住宅人员密

基金项目：国家自然科学基金（编号：51268038）和教育部科学技术研究重点项目（210228）资助。

集，而且火灾和爆炸（煤气或者天然气引起的爆炸）事件发生频率较高。因此，当结构体系的一些重要承重结构或者构件遭到局部破坏时，整个建筑结构可能发生连续性倒塌破坏。国内就有不少住宅体系由于局部破坏而引起倒塌的事件，如 1990 年发生在辽宁盘锦的由于燃气爆炸导致主体住宅结构倒塌的事故；2001 年石家庄住宅结构特大连环爆炸事件；2003 年发生在湖南衡阳大厦特大火灾引发的倒塌事件；2009 年 6 月上海莲花南路莲花河畔小区一幢在建 13 层楼房由于建筑失稳而发生倒塌破坏；2010 年 8 月长春某三层居民楼发生局部倒塌事故；2011 年 4 月乌鲁木齐某居民楼发生了煤气爆炸，造成了居民楼的局部倒塌破坏，在此同一天，北京一居民楼也是由于煤气泄漏爆燃事故引发了楼层东北角全部坍塌。可见，住宅建筑体系在火灾或者爆炸荷载作用下引起的连续性倒塌破坏给我们生命和财产带来了严重的威胁。目前，对于建筑结构的抗连续性倒塌研究主要以钢结构和钢筋混凝土结构为主，如：Karns 等（2006[4]，2007[5]）对爆炸荷载作用下采用传统抗弯连接和加强连接处侧面板抗爆连接的两种不同连接的钢框架结构的抗倒塌能力进行了试验研究。Sasani（2008）[6]和 Sasani 等（2008）[7]对 San Diego 旅馆的一栋建于 1914 年的 6 层钢筋混凝土框架进行定位爆破拆除连续倒塌试验。在此基础上 Sasani 等（2008）[8]设计一系列比例为 3：8 的钢筋混凝土框架梁缩尺模型进行倒塌试验研究，研究了结构在进入悬链阶段后的抗力，当纵向钢筋张拉断裂后判断结构发生倒塌破坏。李易等（2012）[9]合理选取高温下混凝土和钢筋和应力应变、自由膨胀应变和短期高温徐变的基础上，基于纤维梁单元和分层壳单元模型建立了 8 层钢筋混凝土框架连续性倒塌模型。也有较少的关于钢管混凝土结构连续性倒塌性能的研究，如：朱宏权和檀文迪（2009）[10]基于抗倒塌理论进行了 3 个铰支撑圆形钢管混凝土板柱节点和 2 个刚接钢管混凝土柱-平板节点的受力性能试验研究；于航和查晓雄（2011）[11]采用简化计算模型和简化计算方法将多层钢管混凝土框架连续简化成单层框架进行分析。王文达等（2011）[12]利用 ABAQUS 中梁单元建立了一榀 12 层钢管混凝土平面组合框架模型，采用备用荷载路径法对其进行非线性动力倒塌分析。

基于以上分析，对于住宅体系中采用钢管混凝土柱-钢梁组合框架连续性倒塌性能研究尚未见相关报道，因此，本文对钢管混凝土柱-钢梁组合框架住宅体系抗连续性倒塌性能的关键问题进行初步探讨，以期为实际工程中防止该类结构在局部火灾或者爆炸荷载作用下发生倒塌破坏提供参考。

2 连续性倒塌设计分析方法

ASCE7-05[13]论述了两种抗连续性倒塌的设计方法：间接设计法和直接设计法（备用荷载路径法和特定局部抗力法）。所谓间接设计法，主要是提供最低限度的强度、赘余度、延性等来防止倒塌破坏，例如在钢筋混凝土住宅结构中，通过在梁、柱、楼板等设置连续贯通的钢筋这种束缚的方式；直接设计方法是先假定一个初始破坏（失去一根柱子、梁、墙或者节点），然后将结构设计成有能力重新分配这个区域的内力，最常用的方法为备用荷载路径法（Alternate Path Method）又叫抽柱法（即"AP"法），是指当结构失去某一关键构件时，通过转变受力途径仍能够抵御外荷载作用，采用这种方法能够对框架结构的抗倒塌能力有一个量的评估，在目前的抗连续倒塌分析中，备用荷载路径法是最精确可靠的方法，适合于任何偶然荷载作用下结构的破坏分析。

目前，我国对于结构体系发生连续性倒塌的分析设计方法主要参考国外的一些设计方法，例如美国国防部 DoD 和公共事物管理局 GSA 有关防止建筑结构发生渐次倒塌导则。本文参考 GSA 导则对建筑体系抗连续性倒塌的常用分析方法分析比较，选择适合住宅结构体系的分析方法来模拟其抗连续性倒塌性能。常用分析方法主要有线性静力分析方法、非线性静力分析方法、线性动力分析方法、非线性动力分析方法（Elvira，2006[14]）。

线性静力分析方法（Linear Elastic Static Analysis）是目前对于框架结构抗连续倒塌分析最基本也是最简单的分析方法，这种方法是先静力移除失效构件，然后施加考虑了动力效应的荷载组合（用动力放大系数对荷载进行放大）。这种分析方法对于倒塌荷载处理比较简单，计算速度快，容易实现，缺点在于不考虑结构的动力效应，例如动力放大系数、阻尼、惯性力以及材料的非线性行为，分析结果过于保守，尤其不适用于一些复杂的结构体系的抗倒塌能力的分析。

非线性静力分析方法（Nonlinear Static Analysis）常用到的是抗震分析中的"push-over"分析，即逐步增加荷载，确定结构的控制荷载或控制位移。对于建筑结构的抗倒塌能力分析可采用竖向的"pushover"分析，这种方法考虑了材料非线性，与线性静力分析方法类似的是通过考虑动力放大系数来考虑结构的动力效应。

线性动力分析方法（Linear Elastic Dynamic Analysis）考虑了框架结构倒塌的动力过程，材料特性为线弹性，该方法在线弹性范围内可以较真实的模拟构件的实际失效过程。但这种分析方法的不足之处在于其研究对象仅限于弹性变形或小塑性变形的结构体系，对于产生较大塑性变形的结构，这种分析方法的计算结果可能不合理。

非线性动力分析方法（Nonlinear Dynamic Analysis）也称非线性时程分析法，是目前认为最准确反应结构倒塌过程的分析方法，但也是最复杂的分析方法，它兼顾了结构的材料非线性和几何非线性，综合考虑了框架结构实际倒塌的动力特性，如动力放大系数、阻尼、惯性力等影响因素。

当住宅结构由于外荷载（火灾，爆炸等）作用而发生局部破坏，并且引起连续性倒塌破坏时，其整个倒塌为动力过程，耗时短，而且变形和位移较大，采用非线性动力分析方法能够很好地模拟结构的真实倒塌过程。因此，结合以上分析，本文采用抽柱法对钢管混凝土柱-钢梁组合框架住宅体系进行非线性动力倒塌分析。

3 有限元模型的建立

目前，由于试验条件的限制和试验过程的难以控制，很难较为真实的模拟实际足尺住宅结构体系发生连续性倒塌破坏的真实全过程。因此，对于结构抗连续性倒塌研究主要以理论分析和数值模拟为主，本文在合理选取钢材和核心混凝土材料本构以及边界条件的基础上，基于ABAQUS有限元软件中梁单元建模方法来模拟一典型6层钢管混凝土住宅框架体系连续性倒塌非线性分析。

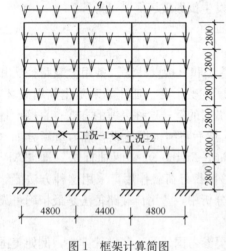

图 1 框架计算简图

3.1 框架模型的选取

本文参考某居民小区典型框架住宅体系的结构布局，选择六层三跨的圆钢管混凝土柱-钢梁平面框架为研究对象，框架具体尺寸如下：钢管混凝土柱：$D \times t = 400 \times 10$mm，钢梁截面为 H320×160×7×7mm，外加强环板宽80mm，层高2.8m，跨度分别为4.8m、4.4m、4.8m，混凝土强度等级为C40，钢材强度为Q345，梁上作用均布荷载。本文住宅平面框架计算简图和抽柱的2种工况如图1所示，即抽取底层角柱和短边中柱这两种工况进行钢管混凝土组合框架住宅体系进行连续性倒塌分析计算。

3.2 计算步骤

采用ABAQUS有限元软件进行该住宅体系倒塌性能分析，具体包括以下六步：

（1）首先建立平面框架模型并进行静力分析，提取欲移除关键构件的内力（轴力、弯矩和剪力）；

（2）对平面框架进行模态分析，计算其基本周期；

（3）抽除失效构件，这一步可通过ABAQUS中"MODEL CHANGE"命令来实现；

（4）并在所有钢梁上施加均布线荷载，同时在失效点处作用与原结构内力等效的反力RF，实现原结构静力等效；

（5）在上一步分析的基础上，在结构有效失效时间内撤掉反力以模拟突然移除柱子；

（6）进行倒塌全过程非线性动力分析。

3.3 瑞利阻尼及失效时间

GSA2003[15]中规定，在对结构进行竖向倒塌分析时，构件的有效失效时长至少应该小于剩余结构自振周期的1/10，对剩余结构进行模态分析，可得基本周期T及前二阶圆频率w_1和w_2，基本周期用来确定构件的有效失效时间，后者用来计算瑞利阻尼的比例系数，瑞利阻尼可以表示为质量与刚度矩阵的线性组合，即：$C=\alpha M+\beta K$，其中C、M和K分别为阻尼矩阵、质量矩阵和刚度矩阵，α和β的关系如下：

$$\xi_i = \frac{\alpha}{2\omega_i} + \frac{\beta \omega_i}{2} \tag{1}$$

式中，α为质量阻尼系数，在系统响应的低频段起主导作用，β为刚度阻尼系数在高频段起主导作用。对结构进行倒塌分析属于低频振动分析，因此本文中忽略刚度阻尼系数的影响，取$\beta=0$，将给定的w_i代入（1）式可确定$\alpha=0.61$。文中钢管混凝土框架结构阻尼比可近似的按照钢筋混凝土结构暂取0.05。

3.4 框架倒塌判别准则

DoD和GSA导则规定了在失去一个竖向承重构件的情况下却未发生倒塌破坏的最大破坏限度，如果计算结果显示倒塌的范围超过了这些限值，则认为结构发生连续性倒塌破坏。以GSA规定的破坏限度为例。

外部构件：抽去结构外部竖向主要承重构件，倒塌的容许面积不得超过下列较小值。

（1）瞬间被抽去的竖向构件直接上方的毗连结构的开间面积；

（2）瞬间被抽去的竖向构件直接上方的1800ft²（167m²）楼盖面积。

内部构件：抽去内部结构一个主要的竖向承重构件，倒塌的容许面积不得超过下列较小值。

（1）瞬间被抽去的竖向构件直接上方的毗连结构的开间面积；

（2）瞬间被抽去的竖向构件直接上方的3600ft²（334m²）楼盖面积。

由于本文分析对象选取住宅建筑体系中一榀框架进行分析，不考虑竖向承重构件失效后引起的楼板失效面积，所以本文基于变形准则与强度准则作为连续性倒塌的判定准则，根据GSA2003[15]中规定，钢梁转角（节点最大竖向变形与梁跨度的比值）不能超过21%，当柱的承载力超过其极限承载力N_u时认为柱子失效。

4 算例分析

4.1 模型验证

采用ABAQUS有限元软件中梁单元建模方法对Han（2008）[16]中方形钢管混凝土柱-钢梁单层单跨平面框架在恒定轴力及水平往复作用下的试验进行验证，试件具体信息为：SF-11：钢管混凝土柱$D\times t\times H=120mm\times3.6mm\times1450mm$，钢梁：160mm×80mm×3.44mm×3.44mm，柱轴压比$n=0.05$；SF-12：钢管混凝土柱$D\times t\times H=120mm\times3.6mm\times1450mm$，钢梁：160mm×80mm×3.44mm×3.44mm，柱轴压比$n=0.3$；SF-22：钢管混凝土柱$D\times t\times H=140mm\times4mm\times1450mm$，钢梁：180mm×80mm×4.34mm×4.34mm，柱轴压比$n=0.3$。图2所示为采用梁单元和实体单元计算结果与试验结果对比，在初始阶段，计算曲线与试验曲线基本重合，下降段本文计算结果略高于试验结果，两者总体吻合基本良好。

4.2 框架倒塌非线性动力分析

采用上述建模方法完成6层钢管混凝土平面框架的建模，进行不同工况下倒塌动力非线性分析。其中，梁柱采用二维梁单元（B21），考虑剪切变形；建模过程中分为两个Part，Part-1为核心混凝土，Part-1钢梁和钢管两者之间不考虑相对滑移错动，因此采用"TIE"绑定方式近似处理；梁柱节点处连接按刚接处理，并考虑节点刚域，其中钢梁的刚域范围值为钢管混凝土柱的直径或者长边长，弹性模量为2.06×10^7，柏松比为0.001，柱的刚域范围值取梁高，弹性模量为核心混凝土的100倍，不考虑塑性变形。

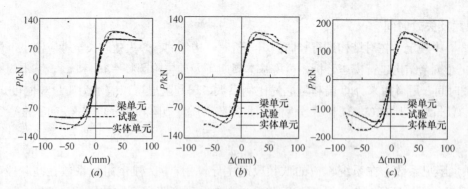

图 2 框架试验骨架曲线与计算曲线对比

(a) SF-11 (n=0.05)；(b) SF-12 (n=0.3)；(c) SF-22 (n=0.3)

4.2.1 工况-1

图 3 为边柱失效以后上部节点竖向位移随时间的变化曲线，振动峰值为 50.33mm，随后在阻尼作用下逐渐衰减趋于稳定，稳定值为 32mm，位移最大值没有超过按 GSA2003[15] 中规定计算的钢梁转角（竖向最大位移与梁跨度的比值）21%，所以在左边柱失效后整个住宅结构体系并没有发生倒塌破坏。

图 4 是左边柱失效跨钢梁的梁端弯矩变化曲线，规定梁上侧受拉为正，破坏前梁左端弯矩为 20.1kNm，右端弯矩为 20.7kNm，破坏后钢梁左端弯矩振动峰值为 −132kNm，在阻尼作用下其稳定值为 −73kNm；钢梁右端弯矩振动峰值为 172kNm，在阻尼作用下其稳定值 107kNm，左端弯矩由于边柱的失效其方向发生了变化。

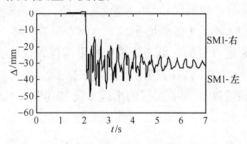

图 3 失效边柱上部节点位移变化

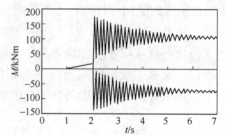

图 4 首层边跨梁两端弯矩变化

4.2.2 工况-2

图 5 为底层中跨柱失效以后上部节点竖向位移随时间的变化曲线，振动峰值为 18.2mm，随后在阻尼作用下逐渐衰减趋于稳定，稳定值为 15.4mm，位移最大值没有超过按 GSA2003[14] 中规定计算的钢梁转角（竖向最大位移与梁跨度的比值）21%，所以在底层中柱失效后整个住宅结构体系并没有发生倒塌破坏。

图 6 是底层中柱失效右跨钢梁的梁端弯矩变化曲线，规定梁上侧受拉为正，破坏前梁左端弯矩为 16.7kN·m，右端弯矩为 16.8k·Nm，破坏后钢梁左端弯矩振动峰值为 −87.8kN·m，在阻尼作用下其稳定值为 −66.8kN·m；钢梁右端弯矩振动峰值为 116kN·m，在阻尼作用下其稳定值 99.2kN·m，左端弯矩由于边柱的失效其方向发生了变化。

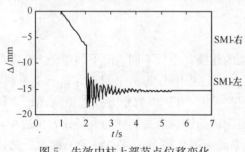

图 5 失效中柱上部节点位移变化

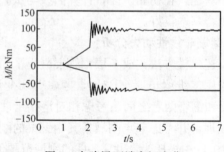

图 6 右跨梁两端弯矩变化

5 结论

通过对一典型的 6 层三跨的钢管混凝土组合框架住宅结构非线性动力倒塌性能分析，可以初步得到以下几点结论：

（1）参考 DoD 和 GSA 有关结构抗连续性倒塌导则，结合住宅结构体系真实倒塌破坏过程的特点，采用备用荷载路径法（抽柱法）对钢管混凝土柱-钢梁组合框架住宅体系进行非线性倒塌分析是可行的。

（2）在合理选取钢材和混凝土材料本构关系以及节点刚域处理等基础上，基于梁单元建模方式对 6 层钢管混凝土组合框架进行了抗倒塌非线性动力分析，初步分析结果表明按照常规设计的钢管混凝土柱-钢梁组合框架住宅体系具有较好的抗倒塌能力。

（3）目前关于结构体系连续性倒塌破坏研究基本以人为的去掉一些主要承重构件来分析剩余部分的抗倒塌能力，暂未考虑极端荷载的作用或耦合，如：地震、局部火灾、爆炸、撞击等作用下的结构倒塌破坏。为更加真实准确地研究极端作用下结构的倒塌机理，还有必要进行更多的相关工作。

参考文献

[1] 王广勇. 钢筋混凝土、钢-混凝土组合框架结构耐火性能研究[博士后研究报告]. 北京：清华大学，2010.

[2] 张莉若和王明贵. 钢-混凝土组合结构梁柱节点承载力试验研究[J]. 建筑科学，2003，19(5)：16-19.

[3] 张莉若，汤中发，王明贵. 套筒式钢管混凝土梁柱节点试验研究[J]. 建筑结构，2005，35(8)：73-76.

[4] Karns, J. E., Houghton, D. L., Hall, B. E., Kim, J. and Lee, K.. Blast Testing of Steel Frame Assemblies to Assess the Implications of Connection Behavior on Progressive Collapse. Proceedings of ASCE 2006 Structures Congress, 2006, St. Louis, MO, U. S. A.

[5] Karns, J. E., Houghton, D. L., Hall, B. E., Kim, J. and Lee, K.. Analytical Verification of Blast Testing of Steel Frame Moment Connection Assemblies. Proceedings of ASCE 2007 Structures Congress, 2007, Long Beach, CA, U. S. A.

[6] Sasani Mehrdad, Bazan Marlon, SagirogluSerkan. Experimental and analytical progressive collapse evaluation of actual reinforced concrete structure[J]. *ACI Structure Journal*, 2007, 104(6)：731-739.

[7] Sasani, M.. Response of a reinforced concrete infilled-frame structure to removal of two adjacent columns[J]. Engineering Structures, 2008, 30(9)：2478-2491.

[8] Sasani Mehrdad, Sagiroglu Serkan. Progressive collapse resistance of hotel san diego[J]. Journal of Structural Engineering, ASCE, 2008, 134(3)：478-488.

[9] 李易，陆新征，任爱珠等. 混凝土框架结构火灾连续倒塌数值分析模型[J]. 工程力学，2012，29(4)：96-103.

[10] 朱宏权，檀文迪. 钢管混凝土板柱节点受力性能-基于抗倒塌理论的研究[J]. 自然灾害学报，2009，18(4)：150-153.

[11] 于航，查晓雄. 钢管混凝土结构抗连续性倒塌研究[J]. 工业建筑，2011，46(6)：30-35.

[12] 王文达，周小燕，史艳莉. 钢管混凝土平面框架连续倒塌动力分析[J]. 哈尔滨工业大学学报，2011，43(sup1)：300-303.

[13] ASCE7-05(2005). Minimum Design Loads for Buildings and Other Structures. American Society of Civil Engineers, Reston, VA.

[14] Elvira, MendisPriyan, Lam Nelson, Ngo Tuan. Progressive collapse analysis of RC frames subjected to blast loading [J]. Australian Journal of Structure Engineering, 2006, 7(2)：47-56.

[15] GSA2003. Progressive Collapse Analysis and Design Guidelines for New FederalOfficeBuildings and Major Modernization Projects. Washington, D. C：The U. S. General Services Administration, 2003.

[16] Han Linhai, Wang Wenda, Zhao Xiaoling. Behaviour of steel beam to concrete-filled SHS column frames：Finiteelement model and verifications[J]. Engineering Structures, 2008, 30：1647-1658.

钢筋桁架混凝土叠合板在钢结构住宅中的应用

束　炜　周雄亮　李文斌

（浙江杭萧钢构股份有限公司，杭州　310003）

摘　要　钢筋桁架混凝土叠合板施工速度快、整体性好，本文主要对该楼板的构造、受力特性、设计方法及应用于钢结构工程中的施工要求进行了介绍。

关键词　钢筋桁架；预制板；叠合板；钢结构住宅

1　引言

目前，钢结构住宅中常见的楼板类型有现浇混凝土楼板、压型钢板-混凝土组合楼板等。现浇混凝土楼板具有整体性好、刚度大的优点，但现场钢筋绑扎、模板工程的工作量大，施工速度慢，周期长；压型钢板-混凝土组合楼板施工速度快，与钢结构建筑施工周期相适应，但存在平面内双向刚度不等、板底不平整，楼板下表面为钢板不易装修等缺陷。文中介绍的钢筋桁架混凝土叠合板解决了现浇混凝土楼板及压型钢板-混凝土组合楼板的缺陷。

2　钢筋桁架混凝土叠合板的构成

2.1　钢筋桁架混凝土预制板

钢筋桁架混凝土预制板是利用楼板中部分上下层纵向钢筋，与弯折成型的钢筋焊接，在工厂内加工成空间桁架，并在其下弦处浇筑一定厚度的混凝土，经过养护形成的一种带有钢筋桁架的混凝土预制板。

预制板的规格可根据房间尺寸确定。一般情况下，一个房间的楼板都是由几块预制板排列组成，见图1。当房间尺寸较小时，可按房间尺寸整体预制，只需一块预制板即可，见图2。

图1　多榀桁架预制成成一块模板

图2　整个房间预制成一块模板

2.2　钢筋桁架混凝土叠合板

钢筋桁架混凝土叠合板是以钢筋桁架混凝土预制板为永久底模板，现场经过绑扎钢筋（支座钢筋及板面横向钢筋等）并浇筑叠合层混凝土形成的一种装配整体式楼板，见图3。

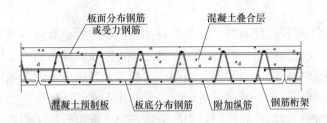

图 3　钢筋桁架混凝土叠合板

3　钢筋桁架混凝土叠合板的特点

（1）现场钢筋绑扎工作量大幅减少，施工速度快；

（2）与传统的现浇混凝土楼板等相比，钢筋桁架混凝土预制板作为施工期间的操作平台，节约模板费用；

（3）钢筋桁架混凝土预制板的刚度较大，可避免设置满堂脚手架，降低了施工成本；

（4）钢筋桁架混凝土预制板工厂化制作，机械化安装，容易控制现场施工质量；

（5）通过严格控制生产平台的质量标准，钢筋桁架混凝土预制板板底平整度高，使抹灰工程大为简化；

（6）钢筋桁架在施工过程中桁架腹杆钢筋具有马镫铁的功能，上层钢筋在施工期间免于被踩踏变形；

（7）与其他预制混凝土楼板产品不同，钢筋桁架的腹杆穿越结合面使楼板的预制层与现浇层的连接得到加强，从而提高了楼板系统的整体受力性能。

4　受力特性

4.1　楼板的刚度

钢筋桁架混凝土叠合板根据是否设临时支撑分为两种情况：①设临时支撑与普通现浇钢筋混凝土楼板基本相同。②不设临时支撑在叠合层混凝土达到设计强度之前，楼板刚度由钢筋桁架和混凝土预制层共同承担；叠合板混凝土达到设计强度后，与普通混凝土现浇板基本相同。

4.2　楼板的承载力

在使用阶段，钢筋桁架预制板与叠合层混凝土一起共同工作，此楼板与普通钢筋混凝土叠合式楼板具有相同的受力性能，虽然受拉钢筋应力超前，但其承载力与普通钢筋混凝土楼板相同。

5　设计方法

叠合层混凝土从浇筑到达到使用过程中，楼板受力明显不同，所以应对使用及施工两阶段进行计算。

5.1　使用阶段计算

使用阶段计算包括楼板的正截面承载力计算、楼板下部钢筋应力控制验算、支座裂缝控制验算以及挠度验算。计算公式可参照《混凝土结构设计规范》GB 50010—2010[1]。

叠合面的抗剪承载力是保证预制层与叠合层形成整体并共同工作的关键。国内外既有研究表明，对于一般的以承受静载为主的工业与民用建筑的楼盖，在采用自然粗糙面且无结合筋的情况下进行低周反复加载，并不会发生叠合面剪切破坏的现象。钢筋桁架混凝土叠合板在保持自然粗糙面地情况下，还有钢筋桁架腹杆钢筋的存在，预制层和叠合层的整体性更好，叠合面的抗剪承载力不需进行验算。

5.2 施工阶段计算

施工阶段计算包括上下弦杆强度验算、受压弦杆和腹杆稳定性验算以及预制板挠度、裂缝验算。

当施工阶段设有可靠临时支撑时，设计时无需进行施工阶段验算；当施工阶段不设临时支撑时，钢筋桁架混凝土预制板中桁架杆件的内力及预制板的挠度验算，其刚度考虑预制层混凝土裂缝影响下钢筋桁架、混凝土预制层对预制构件的贡献[2]。对于施工期间在支座部位桁架连续而混凝土底板断开的钢筋桁架混凝土预制板，不考虑桁架的连续作用，仍然分跨按简支板进行施工验算。

承载能力极限状态按荷载基本组合，挠度采用荷载效应标准组合计算。施工阶段荷载包括钢筋桁架预制板自重、叠合层湿混凝土重量以及施工荷载。施工荷载采用均布荷载取 $1.5 \mathrm{kN/m^2}$。

（1）上下弦杆强度计算公式：

$$\sigma = N/A_s \leqslant 0.9 f_y \tag{1}$$

式中 σ——上下弦杆的应力；

N——杆件轴心拉力或压力。

（2）受压弦杆及腹杆稳定性计算公式：

$$N/\varphi A_s \leqslant 0.9 f'_y \tag{2}$$

式中 φ——轴心受压构件的稳定系数的应力，按文献［3］附录C采用，其中受压弦杆的计算长度取0.9倍的受压弦杆节点间距，腹杆的计算长度取0.7倍的腹杆节点间距；

f'_y——钢筋抗压强度设计值。

（3）挠度验算

施工阶段钢筋桁架混凝土预制板的最大挠度仅考虑预制层自重及叠合层的湿混凝土重量的标准值，挠度限值为 $2\mathrm{mm}$[2]。

6 施工要求

6.1 施工顺序

钢筋桁架混凝土叠合板的施工应遵守以下操作程序：拟定施工计划→预制板进场、起吊→预制板安装→附加钢筋绑扎及管线敷设→栓钉焊接→隐蔽工程验收→叠合层混凝土浇筑→养护。

6.2 施工要点

（1）钢筋桁架混凝土预制板制作时应包含全部板底钢筋，包括桁架钢筋（下弦）和附加纵向受力钢筋，以及不小于6@250的板底横向分布筋。

（2）钢筋桁架混凝土预制板的吊装，力求做到起吊平稳、着力均匀。对于宽度不超过2.4m，长度不超过8m的预制板，可采用四点起吊（图4）。当预制板超出上述最大规格或为异形板时，应经吊装施工验算采取多点起吊的方式（图5）。

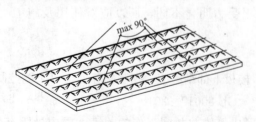
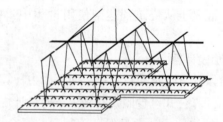

图4 预制板四点起吊　　　　　　　　图5 预制板多点起吊

（3）板中敷设管线，正穿时可采用刚性管线，斜穿时由于钢筋桁架的影响，宜采用柔韧性较好的材料。由于钢筋桁架间距有限，应尽量采用直径较小的管线，分散穿孔预埋，避免管线集束预埋。

（4）楼板叠合层中按设计要求设置一定数量的板缝结合筋，以便荷载在纵向板缝处的横向传递；纵向板缝通常可采用切角式拼缝，其优点是构造简单，制作方便，比较容易处理在制作和安装过程中产生的误差，见图 6。

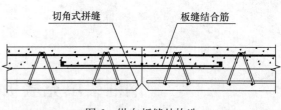

图 6　纵向板缝处构造

6.3　节点构造

钢筋桁架混凝土叠合板作为一种新型楼板在钢结构建筑中应用，其节点连接应按图 7 所示构造处理。

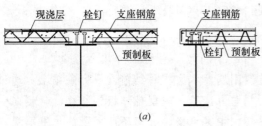

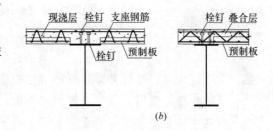

(a)　　　　　　　　　　　　　　　　(b)

图 7　钢筋连接构造形式

(a) 沿主受力方向；(b) 垂直于受力方向

7　结语

钢筋桁架混凝土叠合板作为一种先进的楼板施工技术，具有整体性好、施工速度快、绿色环保等优点，结合钢结构住宅体系中梁柱在工厂预制，然后到工地现场装配的特点，将进一步加快钢结构住宅在我国的推广应用。

参考文献

[1] 中华人民共和国国家标准《混凝土结构设计规范》(GB 50010—2010)[S]. 北京：中国建筑工业出版社，2002.
[2] 刘轶. 自承式钢筋桁架混凝土叠合板性能研究[D]. 杭州：浙江大学，2006.
[3] 中华人民共和国国家标准《钢结构设计规范》(GB 50017—2003)[S]. 北京：中国计划出版社，2003.

钢框架填充墙板侧向刚度实验研究

王明贵　储德文　赵　爽

（中国建筑科学研究院，北京　100013）

摘　要　为了切实可行地计算带墙板的钢结构抗侧刚度，本文在总结前人研究基础上，通过四榀钢框架和钢框架镶嵌填充墙板的试件进行侧向力试验，观察带墙板钢结构试件侧向变形在各级层间位移角时墙板能否满足"小震不坏，中震可修，大震不脱落"的抗震要求，在此基础上研究带墙板的钢结构抗侧刚度及其动力性能，并提出墙板等效中心交叉支撑的条件和计算公式，从而将整片墙板等效成交叉钢支撑按框架支撑结构体系计算带墙板的钢结构抗震性能，为工程设计提供可操作性的计算依据。

关键词　框架填充墙；抗侧力试验；墙板抗侧刚度

1　概述

轻型钢结构框架自身刚度比较小，填充墙板增大了结构整体的侧向刚度，改变了结构的动力特性。框架填充墙结构体系的强度、刚度和延性与原裸框架的结构性能相比有明显不同，国内外的研究表明，忽略填充墙体的作用，不一定对抗震有利。填充墙使得结构的抗侧移刚度增大，同时也增大了地震作用，框架与填充墙之间的相互作用，使得钢框架的内力重新分布。考虑填充墙的作用，不仅有利于结构抗震，而且还可利用填充墙体抗侧移，从而减少框架设计的用钢量，使结构轻型成为可能。合理地利用钢框架结构填充墙体的抗侧刚度具有重要的理论和现实意义。

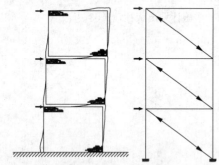

图1　框架填充墙等效对角支撑示意图

1956年Polyakov对框架填充墙结构首先提出了等效对角支撑（equivalent diagonal strut）的概念，如图1所示。

1961年Holmes M. 提出[1]：填充墙可以用一宽度为1/3填充墙对角长度的等效对角压杆所代替。在此计算模型中，当等效压杆达到受压应变极限值时，钢框架达到最大横向强度，再根据等效压杆的压缩量来计算相应的变形。1966年Stafford Smith在上述基础上提出一个与框架和填充墙特性有关的等效压杆刚度比表达式[2]

$$\lambda_h = \left(\frac{E_c t h^3 \sin 2\theta}{4 E_s I} \right)^{1/4} \tag{1}$$

式中　λ_h——填充墙与钢框架的刚度比；

E_c——填充材料的弹性模量；

E_s——框架材料的弹性模量；

t——填充墙厚度；

h——框架层高；

I——框架柱截面惯性矩；

θ——填充墙对角线与水平线夹。

1984 年 Liauw，T. C.，Kwan，K. H. 等人认为在水平力作用下，填充墙的受力与单向压杆的受力大致相似，可将填充墙等效为一单压杆[3]，压杆的材料与混凝土材料相同，高度取内填混凝土墙厚度，宽度 w 根据式（2）取值为

$$\frac{w}{h\cos\theta}=\frac{0.85}{\sqrt{\lambda_\mathrm{h}}} \tag{2}$$

式中　λ_h—— 填充墙与钢框架的刚度比，按式（1）计算；

　　　h——填充墙高度；

　　　θ——填充墙对角线与水平线夹。

Wael W. El-Dakhakhni 等人认为单支杆模型不能够反应内填充墙与钢框架之间的接触长度对结构的影响，于是利用有限元分析软件 ANSYS 对填充墙钢框架的破坏形式进行了深入的研究，提出了三支杆等效对角支撑模型（Three-strut model），将内填充墙视为与钢框架铰接的三个支杆[4]，如图 2 所示，进一步揭示了填充墙与钢框架之间复杂的相互作用。三支杆的总面积为

$$A=\frac{(1-\alpha_\mathrm{c})\alpha_\mathrm{c}ht}{\cos\theta} \tag{3}$$

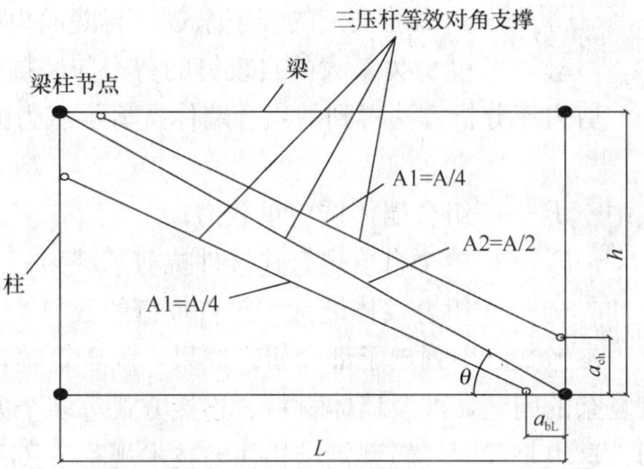

式中　α_c——内填充墙与框架柱的接触长度与内填充墙高度的比值；

　　　h——墙的高度；

　　　t——墙的厚度；

　　　θ——墙对角线与水平线之间的夹角。

图 2　三支杆等效对角支撑模型

国内也做了许多研究，已经积累了许多填充墙及外挂墙板的试验数据。2003 年李国强、赵欣等[5]的足尺振动台试验表明，墙板采取必要的措施连接后在地震中不会被破坏，它对钢框架提供较大的刚度贡献。2005 年李国强等人[6]、[8]在钢框架上将 ALC 板横排外挂、竖排外挂及竖排内嵌三种不同安装方式进行低周反复加载试验，试验结果表明，钢框架结构采用 ALC 墙板的墙体对于结构的刚度和承载力有一定的提高，侧向刚度贡献 25%，阻尼比超过 7%，当框架层间位移 1/154 时不发生明显破坏。2005 年，戴绍斌[7]等人在试验研究的基础上，运用 ANSYS 有限元中的接触单元建模，对加气混凝土钢框架的结构性能进行了研究，同时与纯钢框架结构在强度、刚度以及延性等方面进行了对比分析，结果表明：填充墙与钢框架协同工作能够大幅度提高钢框架的极限强度和刚度、提高了结构的抗震耗能能力和安全性能。2009 年，田海、陈以一[10]通过墙板和钢框架协同工作的低周反复加载试验研究表明，墙板侧向刚度贡献与墙板材料性能和钢框架的协同工作程度有关，即墙板提供的抗侧刚度不仅仅来源于自身的剪切刚度，相当一部分来源于与钢框架的协同工作。

冷弯薄壁型钢结构体系是以 C 形冷弯薄壁型钢龙骨和石膏板、定向刨花板（OSB 板）或水泥板组成的组合墙体，其抗剪承载力与轻钢龙骨、面板材料以及墙体尺寸、自攻螺钉等诸多因素有关，理论计算相当困难，目前主要依据具体的墙片试验确定其抗剪承载能力。2004 年，西安科技大学的郭丽峰做了 C 形卷边槽钢外挂石膏板和 OSB 板墙体的水平单调加载和水平低周往复加载抗剪试验[12]，发现墙试件的高宽比不同对延性系数、耗能系数、抗剪系数等影响不大，采用有限元分析简化模型计算得到的墙体试件抗剪强度和试验结果较接近。2007 年，聂少锋、周天华等[15]对组合墙体抵抗水平剪力的受力机理进行了分析研究，借鉴传统木结构房屋组合墙体抗剪承载力设计方法，分别用整体分析方法和剪力

流分析方法对组合墙体上自攻螺钉受力进行分析，推导了单个自攻螺钉抗剪承载力与组合墙体抗剪承载力之间的关系，提出了冷弯型钢组合墙体的抗剪承载力计算公式。按整体分析方法得到的组合墙体抗剪承载力的设计公式为：

$$P = \gamma VL = \frac{\gamma F_0 L}{\alpha_{\max}} \tag{4}$$

式中　P——组合墙体抗剪承载力；

　　　V——组合墙体单位长度抗剪承载力；

　　　F_0——单个自攻螺钉连接件抗剪承载力；

　　　L——组合墙体的长；

　　　γ——由试验确定的修正系数，与墙面板材料有关；

　　　$\alpha_{\max}$——受剪力最大的自攻钉的剪力与墙抗剪承载力 V 之比。

剪力流分析方法得到的组合墙体抗剪承载力的设计公式为：

$$P = \gamma n_e F_0 \tag{5}$$

式中　P——组合墙体抗剪承载力；

　　　F_0——单个自攻螺钉连接件抗剪承载力；

　　　n_e——组合墙体端部一排自攻钉的数目。

参考文献中列出了部分研究成果，限于篇幅，这里不作详细介绍。研究表明填充墙的作用是一个比较复杂的问题，涉及墙体材料、连接方式等多个方面，具体问题需要做具体研究，采用试验研究是可靠的，这也是我国《轻型钢结构住宅技术规程》JGJ 209—2010 强调墙体的侧向刚度应由足尺墙片抗侧力试验确定的原因。

在工程上为了便于应用，需要确定钢框架填充墙板的等效支撑杆件大小的计算公式，为此中国建筑科学研究院做了钢框架填充墙板的侧向刚度试验。

2　试验设计

对某公司开发的钢框架镶嵌填充复合保温墙板结构体系进行抗侧性能试验，在侧向力作用下，观察侧向变形在各级层间位移角时，墙板能否满足"小震不坏，中震可修，大震不脱落"的抗震要求。在此基础上研究提出等效的中心交叉支撑，为工程设计提供依据。

根据实验室试验条件和试验目的，设计两层单跨的平面钢框架四榀，尺寸相同，组成四个单片试件，见表1。加载方式为节点水平往复式，采用双向液压千斤顶加载系统，计算机控制加载，测试力与位移的对应关系、结构滞回性能，观察试件破坏过程。

试　验　方　案　　　　　　　　　　　　　　　　表1

试件编号	试件组成	试验目的	控制指标
S1	裸钢框架	框架的侧移性能	1. 层间位移控制：1/400、1/300、1/200、1/100、1/50 2. 柱根部应变控制
S2	钢框架镶嵌圆孔板	圆孔板的抗侧移性能	层间位移控制同S1
S3	钢框架镶嵌复合保温板	复合保温墙板的抗侧移性能	层间位移控制同S1
S4	钢框架镶嵌圆孔板开洞口	洞口对抗侧移削弱影响	层间位移控制同S1

设计两层平面钢框架，层高 3.260m，跨度 4.390m，钢柱为 150×150×6×6 的方钢管，钢梁为 HN250×125×6×9，钢材材质为 Q235B，共四榀。如图3所示。

钢框架中镶嵌的墙板为某公司生产的 120mm 厚复合保温板和 120mm 厚圆孔板。墙板的结构如图4和图5所示。板双面配筋，板长 $L = 3.0m$，宽 0.6m，板厚 $T = 0.12m$，板两侧边有凹凸槽便于拼接。

试验装置如图6所示，位移计、应变计的布置如图7所示，图8是安装过程中的一组照片。

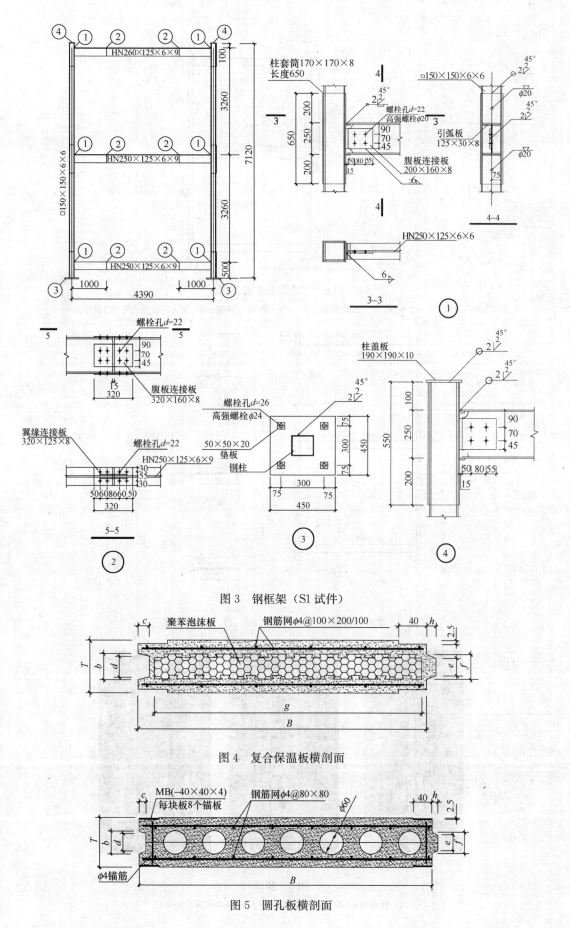

图 3　钢框架（S1 试件）

图 4　复合保温板横剖面

图 5　圆孔板横剖面

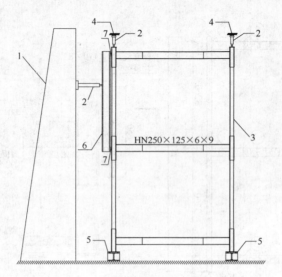

图6 试验加载装置简图

1—反力墙；2—千斤顶；3—试验框架；4—千斤顶；5—地梁；6—加载转换梁；7—加载节点

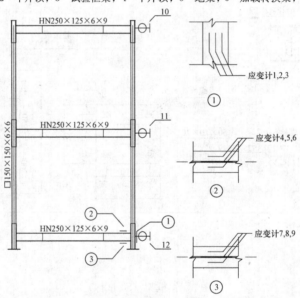

图7 位移计及应变计布置图（10，11，12为位移计）

图8 照片

（a）裸框架；（b）框架镶嵌墙板；（c）框架镶嵌开洞墙板

3 试验及分析

在框架节点上作用往复推拉、逐渐增加的力，在正式试验加载前，先对试件预加反复荷载两次，预加荷载幅值为 10kN，持荷时间为 5min，以保证试件与加载装置系统得到协调，检查各测试仪器仪表调零以及计算机采集系统正常工作等。

（1）试件 S1 的试验

试件 S1 是一榀裸钢框架，荷载增长步长为 5kN 每个循环，开始阶段，荷载-位移关系基本上呈线性变化，钢框架的刚度基本保持不变。当荷载接近 20kN 时，框架开始屈服，随着荷载的加大，位移继续增加，并出现非线性变形特性，框架开始出现刚度退化。继续加载至 55kN，试件 S1 的下层最大层间位移达到 1/50，顶层节点的最大侧向位移绝对值达到 13cm，此时试件在中间层梁、柱节点处的焊缝被拉裂，出现轻微破坏。由于千斤顶的行程已经达到最大，无法进行再加载，而且考虑到所采集的试验数据已经满足与试件 S2、S3 对比的目的，所以停止加载，试验结束。试件 S1 的滞回曲线图形呈比较丰满的梭形，如图 9、图 10 所示。试验荷载与位移对应关系见表 2，力与位移曲线如图 11 所示。

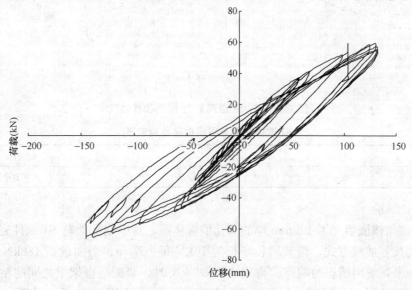

图 9 试件 S1 上层节点荷载-位移曲线

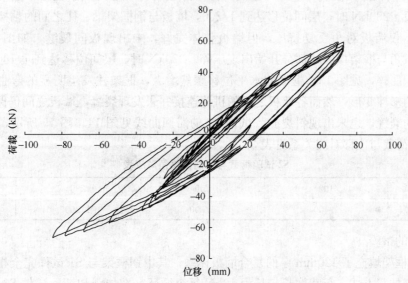

图 10 试件 S1 下层节点荷载-位移曲线

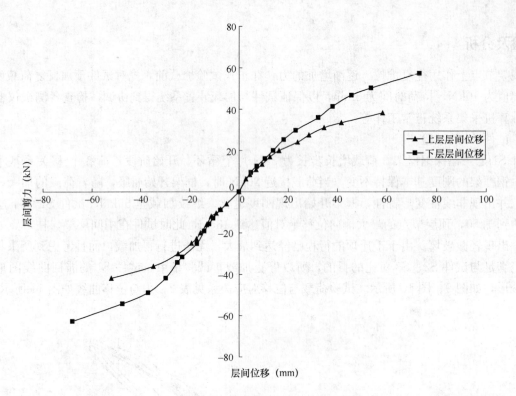

图 11 试件 S1 层间剪力-层间位移曲线

S1 试验荷载与层间位移角对应表   表 2

下层层间剪力（kN）	13	17	23	30	37	55
下层层间角位移角	1/400	1/300	1/200	1/150	1/100	1/50

（2）试件 S2 的试验

试件 S2 是钢框架镶嵌填充了 120mm 厚的圆孔墙板体系，其中钢框架与 S1 试件完全相同。试验采用先推后拉的低周反复加载方式，荷载增长步长为 10kN 每个循环。当加载到 180kN 时，部分墙板间的玻纤网格布被拉断，发出清脆的响声。荷载达到 220kN 时，墙板与框架梁之间的粘接出现细小裂缝并开始脱开。当荷载达到 250kN 时，卸载后残余变形非常小，说明框架墙板体系基本上处于弹性阶段。当荷载超过 250kN 后，滞回曲线开始有一定的弯曲，卸载后有一定的残余变形，框架墙板体系开始进入弹塑性变形阶段。280kN 时，层间位移达到 1/200，墙板与钢框架梁、柱之间的粘接已脱开，二者之间发生相对滑移，仅墙板对角反复挤压，但墙板整体完好，未出现板间裂缝，如图 12 所示。300kN 时，底层墙板右下角与框架接触的部分开始出现压碎。320kN 时，层间位移达到 1/100，底层墙体的右下角墙板被大面积压碎，见图 13，框架的水平位移骤然增大，框架柱发生明显的弯曲变形，钢柱脚部位和梁端出现了的塑性变形，然而各墙板之间的拼缝连接并未发现裂缝，墙板之间仍保持完整性，既未出现板间拼缝处的裂缝，也未出现斜裂缝。试件 S2 的滞回曲线见图 14、图 15 所示，力与位移曲线见图 16 所示。试验荷载与位移对应关系见表 3。

S2 试验荷载与层间位移角对应表   表 3

下层层间剪力（kN）	190	250	290	320
下层层间角位移角	1/400	1/300	1/200	1/100

（3）试件 S3 的试验

试件 S3 是钢框架填充了 120mm 厚的复合墙板体系，其中钢框架与 S1 试件完全相同。试验采用先推后拉的低周反复加载方式，荷载增长步长为 10kN 每个循环。在加载初期，试件 S3 的荷载-位移关系

图 12　S2 试件下层墙板与框架柱脱离　　　　图 13　S2 试件板角被压碎

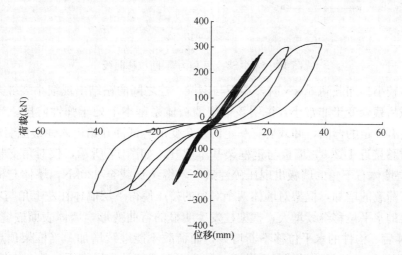

图 14　试件 S2 上层节点荷载-位移曲线

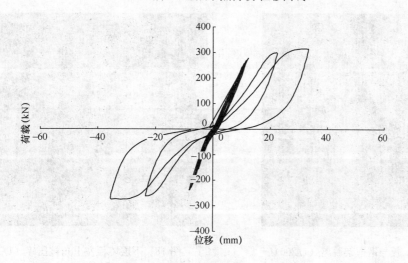

图 15　试件 S2 下层节点荷载-位移曲线

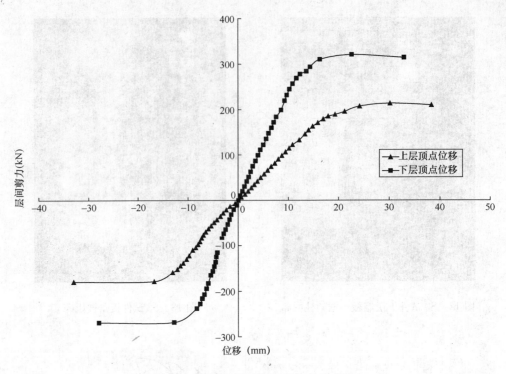

图 16　试件 S2 层间剪力-层间位移曲线

呈线性变化，侧移较小。加载到 80kN 时，墙板与钢梁、柱之间的粘结出现细小裂缝开始脱开。在荷载达到 180kN，卸载后残余变形非常小，说明该框架墙板体系基本上处于弹性阶段。当荷载超过 180kN 后，滞回曲线开始有一定的弯曲，卸载后有一定的残余变形，试件开始进入弹塑性变形阶段。荷载达到 200kN 时，层间位移接近 1/200，墙板与钢框架基本脱开，如图 17 所示，仅对角交替被挤压。荷载达到 210kN 时，下层墙体右下角的墙板出现压碎性破坏，继续加载至 220kN，墙体与框架之间发生明显的相对滑移，随着荷载的增加，框架对墙体两个对角的挤压使得下层墙体在左上角与右下角的压碎性裂缝发展迅速，框架的水平位移继续增大，框架柱发生明显的弯曲变形，墙体表面嵌缝抹灰层开始剥落。当荷载达到 250kN 后，构件的水平位移不断增大，而荷载不能继续增加。当框架顶点最大水平位移达到 125mm 时，下层墙体已经无法继续承受荷载，丧失了对框架的支撑作用，整个构件破坏，如图 18 所示，试验结束。

图 17　板与钢框架脱离 (1/200)

图 18　下层墙板左上角被压碎 (1/100)

试件 S3 的滞回曲线有明显的弹塑性特征，如图 19～图 21 所示。由于 120mm 厚墙体中有 60mm 的聚苯夹心，有效厚度仅为 60mm，承载力比 S2 低，峰值荷载为 250kN，但变形能较大，滞回环完整饱

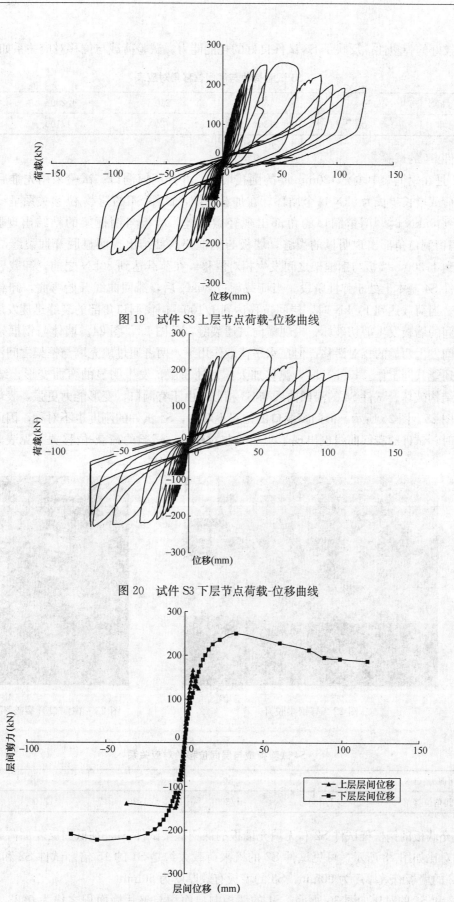

图 19　试件 S3 上层节点荷载-位移曲线

图 20　试件 S3 下层节点荷载-位移曲线

图 21　试件 S3 层间剪力-层间位移曲线

满，表现出较好的弹塑性，反映了 S3 试件良好的耗能能力。试验荷载与位移对应关系如表 4 所示。

S3 试验荷载与层间位移角对应表 表 4

下层层间剪力（kN）	150	180	220	250	220
下层层间位移角	1/400	1/300	1/200	1/100	1/50

（4）试件 S4 的试验

试件 S4 是在钢框架中填充 120mm 厚的圆孔墙板，并开门窗洞口。试验采用先推后拉的低周反复加载方式，荷载增长步长为 5kN 每个循环。在加载初期，试件 S4 的荷载-位移关系呈线性变化，侧移较小。加载到 65kN 时，门窗洞口的角部出现轻微裂缝，墙板与钢框架的粘结出现脱开性小裂缝。75kN 时，门窗洞口角部出现明显的裂缝，墙板与钢框架的粘结出现明显脱开性裂缝，如图 22 所示，层间位移达到 1/300，墙板与钢框架之间发生相对滑移。在荷载达到 80kN 之前，卸载后残余变形非常小，说明试件 S4 基本上处于弹性阶段。当荷载超过 80kN 后，滞回曲线开始弯曲，卸载后框架有明显的残余变形。当荷载达到 100kN 时，层间位移达到 1/100，门窗洞口角部的裂缝迅速发展，门洞边缘与窗洞边缘之间的墙板发生剪切破坏，出现横向贯通裂缝，见图 23、图 24。墙体与钢框架的粘接完全脱开，二者之间发生明显的相对滑移，但在水平荷载作用下，两者通过填充墙与框架之间沿对角方向反复挤压接触，还能共同工作。130kN 时，侧移加大，钢柱屈服，发生明显的弯曲变形，结构的水平位移迅速增大，结构破坏。试件 S4 的滞回曲线与 S3 相似，由于有洞口，变形能力更强，表现出了较好的耗能能力，如图 25、图 26 所示。但门窗洞口的位置不对称，S4 试件的刚度也不对称，因此在施加推、拉方向的荷载时，试件的滞回曲线也出现了明显的非对称性。试验的荷载-位移关系见表 5，力与位移关系见图 27。

图 22　与钢梁脱开　　　　　　　　　图 23　窗洞口开裂破坏

S4 试验荷载与层间位移角对应关系 表 5

下层层间剪力（kN）	70	80	85	100	120
下层层间角位移角	1/400	1/300	1/200	1/100	1/50

镶嵌填充墙板的钢框架试件 S2 和无填充墙板的裸钢框架试件 S1，在低周反复加荷载作用下，荷载-位移曲线对比如图 28 所示，可见试件 S2 的极限荷载大约是 S1 的 15 倍。试件 S2 和 S3 的对比如图 29 所示，S2 的墙板有效厚度为 90mm，S3 的墙板有效厚度为 60mm。

试件 S2 和 S4 的对比如图 30 所示，S4 的墙板洞口面积与整片墙面积之比为 0.23（定义为洞口率 η），试验的结果列表 6。

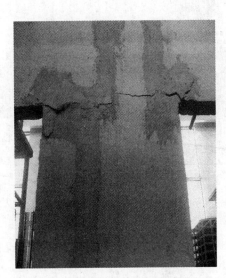

图 24　门窗洞口的开裂破坏

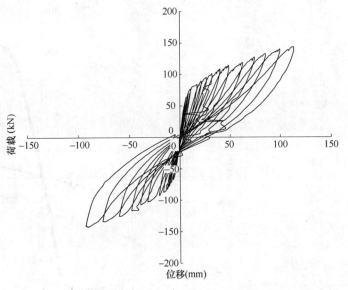

图 25　试件 S4 上层节点荷载-位移曲线

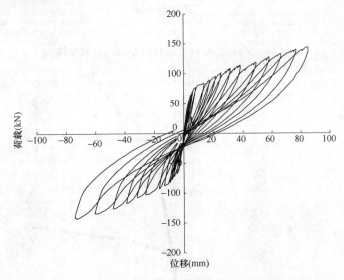

图 26　试件 S4 下层节点荷载-位移曲线

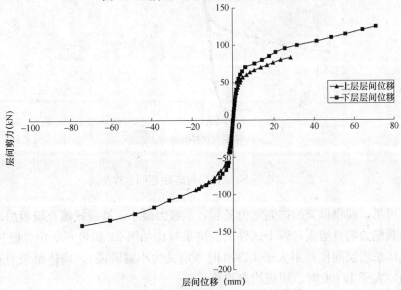

图 27　试件 S4 层间剪力-层间位移曲线

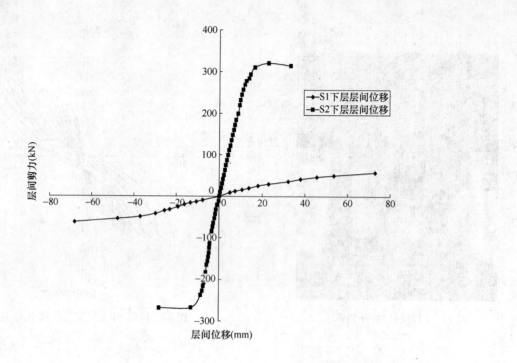

图 28　试件与 S2 试件层间剪力-层间位移曲线

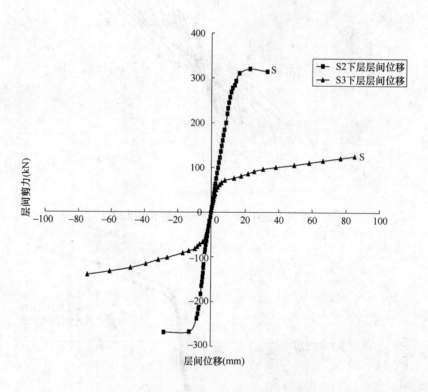

图 29　S2 与 S3 试件层间剪力-层间位移曲线

通过上述分析可见，裸钢框架的抗侧能力最弱，承载力最小，镶嵌式填充墙板组成框架墙板体系的抗侧刚度和极限承载能力明显增强，四个试件试验结果对比如图 31 和表 6 所示。通过层间位移标准判断，这种框架墙板体系当层间位移不大于 1/300 时（定义为小震阶段），墙体都没有被破坏，1/200 时出现裂缝是可修的，大于 1/100 时，墙板均未脱落。

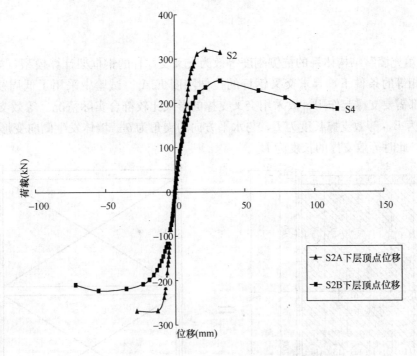

图 30　S2 与 S4 试件层间剪力-层间位移曲线

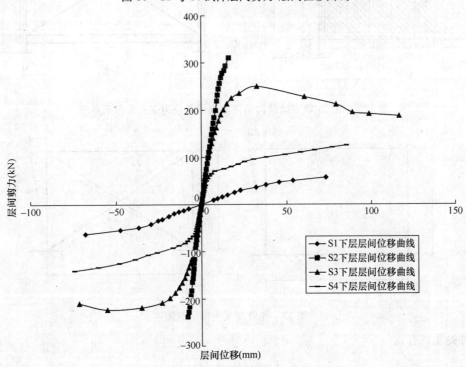

图 31　四个试件试验结果对比

试验结果对比　　　　　　　　　　　　　　　　　　　表 6

试件名称及代号	层间位移角				
	1/400	1/300	1/200	1/100	1/50
	侧向荷载（kN）				
裸钢框架（S1）	13	17	23	37	55
钢框架镶嵌填充圆孔板（S2）	190	250	290	320	破坏
钢框架镶嵌填充复合保温板（S3）	150	180	220	250	220
钢框架镶嵌填充圆孔板开门窗洞口（S4）	70	80	85	100	120

4 等效支撑

将"钢框架-填充墙"结构体系的抗侧刚度等效为交叉支撑杆的钢框架计算模型,如图32所示。在弹性阶段的侧移相等的条件下,寻求交叉钢杆的拉伸刚度 $E_s A_s$。试验中采用了低周往复加载的形式,在推拉两个方向都需要支撑起作用,故采用交叉支撑的形式比较符合实际情况。等效支撑分析如图33。墙体高为 H,宽为 B,等效支撑长度为 L,与水平方向的夹角为 θ。墙体发生侧向变形 Δ,等效结构的侧向变形也为 Δ,此时等效支撑的长度为 L'。

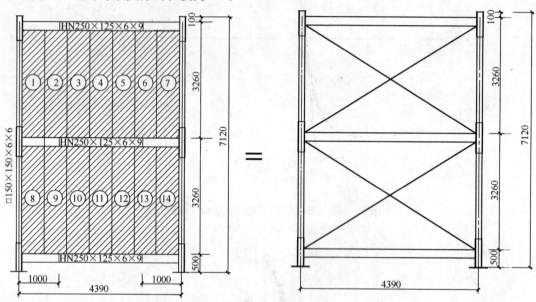

图32 钢框架-填充墙结构的抗侧刚度等效为交叉支撑示意图

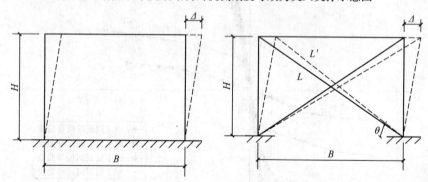

图33 等效交叉支撑示意图

根据几何关系,有:

$$L = \sqrt{B^2 + H^2} \tag{6}$$

把 L 看作 B 的函数,求导,可得:

$$\mathrm{d}L = \mathrm{d}B \cdot \frac{B}{L} = \mathrm{d}B \cdot \cos\theta \tag{7}$$

即

$$\mathrm{d}L = \Delta \cdot \cos\theta \tag{8}$$

这样就把墙体的侧向位移转化为支撑的轴向变形。墙板变形为

$$\Delta = \frac{VH^3}{3E_w I_w}\left(1 + \frac{3\mu E_w I_w}{G_w A_{ew} H^2}\right) = \frac{VH}{E_w h_{ew} B^3}(3B^2 + 4H^2) \tag{9}$$

式中 Δ——侧向位移;

μ——剪力不均匀系数，矩形截面取 1.2；

G_w——墙体材料剪切模量，取 $0.4\,E_w$；

h_{ew}——镶嵌填充墙板的有效厚度；

V——顶端作用集中剪力。

所以，墙体的侧向刚度为

$$D = \frac{E_w h_{ew} B^3}{H(3B^2 + 4H^2)} \tag{10}$$

而等效支撑轴向变形 ΔL 的轴向力为：

$$F = E_s A_s \frac{\Delta L}{L} \tag{11}$$

式中　F——轴向力；

E_s——等效支撑的弹性模量；

L——支撑长度；

ΔL——轴向变形；

A_s——等效支撑的截面面积。

这样，对应于等效支撑轴向变形 ΔL 的水平力为：

$$V = 2F\cos\theta \tag{12}$$

又

$$\Delta L = \Delta \cdot \cos\theta \tag{13}$$

所以，

$$V = 2E_s A_s \Delta \cos^2\theta/L \tag{14}$$

则等效支撑的侧向刚度为：

$$D' = 2E_s A_s \cos^2\theta/L \tag{15}$$

支撑和墙体的侧向刚度等效，即 $D = D'$，则等效支撑的截面面积为：

$$A_s = \frac{E_w h_{ew} B^3 L}{2E_s H(3B^2 + 4H^2)\cos^2\theta} \tag{16}$$

取填充墙弹性模量 $E = 2.7\times10^3\,\text{N/mm}^2$，等效支撑采用 Q235 钢材，弹性模量 $E = 2.06\times10^5\,\text{MPa}$。通过上述公式，我们可以算出与 S2 试件等效的交叉支撑面积为约为 $13\,\text{cm}^2$。

5　试验结论

通过试验，可以得到以下结论：

（1）本次试验对来料样品墙板：圆孔板或复合保温板，镶嵌式填充安装在钢框架中，能增大框架的抗侧力作用，在侧移过程中，填充的墙板满足"小震不坏，中震可修，大震不脱落"的要求，可作为框架墙板体系共同抵抗侧向力；

（2）在结构体系工程设计计算，可将整片墙板（未开洞）等效成交叉钢支撑按框架支撑体系计算，也可按框架墙体直接用有限元二维建模计算。开洞墙体当洞口面积率不大于 0.30 时，可适当减弱等效支撑。

参考文献

[1] Holmes，M. Steel Frames with Brickwork and Concrete infilling. Proceedings of the Institution of Civil Engineers, London，England，1961，Vol. 19：473-478.

[2] Stafford Smith，B. (1966). Behavior of Square Infilled Frames. Journal ofStructural Engineering, ASCE, Vol. 92：381-403.

[3] Liauw T C, Kwan K H. Nonlinear Behavior of Non-Integral Infilled Frames[J]. Computers & Structures, 1984, 18

(3)：551-560.

[4] Wael W. El-Dakhakhni, S. M. ASCE; Mohamed Elgaaly, F. ASCE; and Ahmad A. Hamid. Three-Strut Model for Concrete Masonry-Infilled Steel Frames[J]. Journal of Structural Engineering，2003，129(2)：177-185.

[5] 李国强，赵欣，孙飞飞，高文利，杨尊权，靳世文. 钢结构住宅体系墙板及墙板节点定尺模型振动台试验研究[J]. 地震工程与工程振动. 2003(3)，23(1)：64-70.

[6] 李国强，王城. 外挂式和内嵌式ALC墙板钢框架结构的滞回性能试验研究. 钢结构. 2005(1)，20(1)：52-56.

[7] 李国强，方明霁，陆烨. 钢结构建筑轻质砂加气混凝土墙体的抗震性能试验研究[J]. 地震工程与工程振动. 2005(4)，25(2)：82-87.

[8] 李国强，方明霁，刘宜靖，陆烨. 钢结构住宅体系加气混凝土外墙板抗震性能试验研究[J]. 土木工程学报. 2005(10)，38(10)：27-31.

[9] 刘玉姝，李国强. 带填充墙钢框架结构抗侧力性能试验及理论研究[J]. 建筑结构学报，2005(6)，26(3)：78-84.

[10] 田海，陈以一. ALC拼合墙板受剪性能试验研究和有限元分析[J]. 建筑结构学报，2009(4)，30(2)：85-91.

[11] 侯和涛，邱灿星，李国强. 钢框架结构与墙体(板)共同作用的研究[J]. 钢结构，2010(4)，25(4)：25-32.

[12] 郭丽峰. 轻钢密立柱墙体的抗剪性能研究[D](硕士学位论文). 西安：西安建筑科技大学硕士学位论文，2004.

[13] 周天华，石宇，何保康，杨家骥，杨朋飞. 冷弯型钢组合墙体抗剪承载力试验研究[J]. 西安建筑科技大学学报(自然科学版). 2006(2)，38(1)：83-88.

[14] 周绪红，石宇，周天华，狄谨. 冷弯薄壁型钢结构住宅组合墙体受剪性能研究[J]. 建筑结构学报，2006(6)，27(3)：42-47.

[15] 聂少锋，周天华，周绪红，何保康. 冷弯型钢组合墙体抗剪承载力简化计算方法研究[J]. 西安建筑科技大学学报(自然科学版)，2007，39(5)：598-604.

[16] 李远瑛，江风波，朱平华，蒋沧如. 轻钢龙骨复合墙体抗侧性能试验研究[J]. 建筑科学，2006(8)，22(4)：32-35.

[17] 戴少斌，余欢，黄俊. 填充墙与钢框架协同工作性能非线性分析[J]. 地震工程与工程振动. 2005(6)，25(3)：2428.

[18] 王明贵等. 钢框架镶嵌填充ASA墙板抗侧力试验[R]. 北京：中国建筑科学研究院，2007.

[19] 赵爽，王明贵等. 冷弯薄壁钢管桁架龙骨复合墙体侧向刚度试验报告[R]. 北京：中国建筑科学研究院，2010.

轻钢龙骨复合墙体侧向刚度试验

赵　爽　王明贵　储德文

（中国建筑科学研究院，北京　100013）

摘　要　通过对三片冷弯薄壁钢管桁架龙骨复合墙体进行侧向刚度试验，研究该种复合墙体在侧向水平力作用下的破坏机理、滞回特性、承载力特征等。试验结果表明，将桁架龙骨外装定向刨花板或纤维水泥压力板复合墙体填充到钢框架中，能增大框架的侧向刚度。为方便工程应用，根据试验结果提出了该种复合墙体在弹性阶段按框架-支撑体系计算的等效支撑拉伸刚度计算公式。研究表明，该种冷弯薄壁桁架龙骨复合墙体，自身侧向刚度较弱，如需要利用其侧向刚度，建议在工程中用钢带或钢管作为侧向支撑。

关键词　钢管桁架龙骨；复合墙体；侧向刚度试验

1　引言

　　轻型钢结构框架自身抗侧刚度较小，在侧向荷载作用下，通常表现出较大的侧移。而填充墙板则有比较大的抗侧刚度，当两者结合使用时，框架填充结构体系的强度、刚度和延性与原裸框架的结构性能相比有明显不同[1]。国内外的研究表明，墙体（板）不仅对钢框架结构起到围护和分隔的作用，而且参与了结构的受力，与钢框架之间存在着显著的组合作用，墙体（板）对钢框架有支撑作用，使得钢框架的侧向刚度和强度均有明显提高[2]。合理的利用填充墙体的抗侧刚度，不仅有利于结构抗震，而且可以减少钢框架设计的用钢量，具有重要的理论和现实意义。

　　国内外研究同时表明，填充墙的抗侧力作用是一个复杂的问题，墙体材料、连接方式以及数值模拟方法的不同等原因导致各研究人员的结论不尽相同。我国《轻型钢结构住宅技术规程》JGJ 209—2010中明确规定：墙体的抗侧刚度应根据墙体的材料和连接方式的不同由试验确定，并应符合下列要求：①应通过足尺试验确定填充墙对钢框架抗侧刚度的贡献，按位移等效原则将墙体等效成交叉支撑构件，并给出支撑构件截面大小的计算公式；②抗侧力试验应满足：当钢框架层间相对侧移角达到1/300时，墙体不得出现任何开裂破坏；当达到1/200时，墙体可在接缝处出现可以修补的裂缝；当达到1/50时，墙体不应出现断裂或脱落。因此，采用足尺墙片抗侧力试验进行研究是可靠的方法。

　　为测试复合墙体的抗侧刚度，指导工程应用，中国建筑科学研究院对某公司开发的一种冷弯薄壁钢管桁架龙骨复合墙体进行了抗侧力试验。

2　试验概况

2.1　试件设计

　　为测试冷弯薄壁钢管桁架龙骨复合墙体的侧向刚度，试验设计了三种类型的试件，分别为钢框架填充桁架龙骨外装定向刨花板墙体、钢框架填充桁架龙骨外装纤维水泥压力板墙体以及试验对比用的裸钢框架，见表1。

试 件 类 别 表1

试件编号	试 验 名 称	数 量
S1	裸钢框架	1
S2	钢框架填充桁架龙骨外装定向刨花板墙体	1
S3	钢框架填充桁架龙骨外装纤维水泥压力板墙体	1

钢框架采用热轧型钢，梁截面 HN200×150×6×9，柱截面□250×250×8；梁中心间距 3m，柱中心间距 2.5m；梁柱节点采用焊栓混合连接的刚接节点。三种试件钢框架的梁柱截面均相同。

单片钢管桁架采用□40×40×0.8 的冷弯薄壁方钢管为弦杆、1.5mm 厚的 V 形标准件为腹杆，通过自攻螺钉连接而成。单片钢管桁架按 600mm 间距通过自攻螺钉固定在钢框架上下钢梁上成为钢管桁架龙骨，如图 1 所示。

在钢管桁架龙骨两侧安装 10mm 厚的定向刨花板，构成钢框架填充桁架龙骨外装定向刨花板墙体试件（S2），如图 2 所示。在龙骨两侧安装 15mm 厚的纤维水泥压力板，构成钢框架填充桁架龙骨外装纤维水泥压力板墙体试件（S3），如图 3 所示。板材与龙骨通过自攻螺钉连接，横向及纵向自攻钉间距约 200mm。

图 1 钢框架填充钢管桁架龙骨（S1）　　图 2 定向刨花板蒙皮（S2）

2.2 试验装置及加载方案

试验在中国建筑科学研究院大型结构试验室进行，采用电液伺服作动器（100T）进行加载及荷载位移曲线记录，采用 YE2539 高速静态应变仪采集位移计及应变片数据。位移计 D1 测量试件顶部的水平位移，位移计 D2 测量试件底部的水平位移，位移计 D3 监测地梁位移。D1 与 D2 读数之差为墙体的层间位移。为监测钢框架的屈服情况，在试件 6 个位置布置 12 枚应变片，每个位置并排布置两枚。试验装置如图 4 所示。

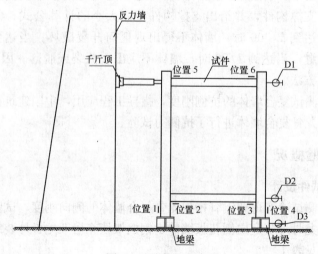

图 3 纤维水泥压力板蒙皮（S3）　　图 4 试验装置示意图

试验采用控制作用力的低周反复加载方式，每级施加荷载 10kN，加载步骤如图 5 所示（施加推力时为正，拉力时为负）。

3 试验结果及数据分析

3.1 试件破坏过程及形态

（1）试件 S1

试件 S1 为裸钢框架，在钢框架顶端按图 5 所示进行低周反复加载，加载力与侧向位移记录于表 2 中。当荷载加至 100kN 时，试件 S1 柱根部（图 4 中的位置 4）开始出现屈服；当推拉荷载均加载至 110kN 时，层间位移角均大于 1/50，试验结束。在整个加载过程中，试件 S1 未见明显破坏。试件 S1 的滞回曲线和骨架曲线如图 6 和图 7 所示。

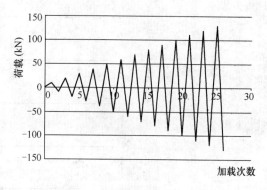

图 5 试验加载步骤

试件 S1 荷载位移试验数据　　　　　　　　　　表 2

侧向荷载（kN）	顶点水平位移（mm）	层间位移角	侧向荷载（kN）	顶点水平位移（mm）	层间位移角
10	4.12	1/729	70	38.27	1/78
20	8.69	1/345	80	45.08	1/67
30	13.64	1/220	90	53.24	1/56
40	19.70	1/152	100	62.50	1/48
50	25.63	1/117	110	72.97	1/41
60	31.82	1/94			

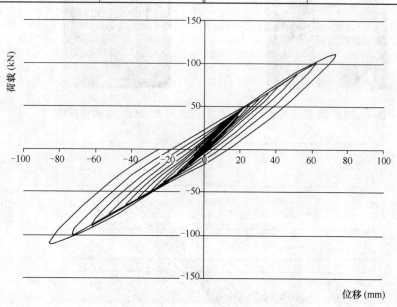

图 6 试件 S1 滞回曲线

（2）试件 S2

试件 S2 为钢框架填充桁架龙骨外装定向刨花板墙体，在钢框架顶端按图 5 所示进行低周反复加载，加载力与侧向位移记录于表 3 中。当荷载加至 50kN 时，蒙皮刨花板在板缝拼接处出现起鼓，如图 8 所示；当加载至 90kN 时，蒙皮板起鼓严重，部分自攻钉穿透起鼓板，板角位置发生折断，如图 9 所示。继续加载，墙体侧向位移显著增大，刚度明显下降，最后当推拉双向层间位移角均大于 1/50 时，试验结束，定向刨花板未脱落。试件 S2 的滞回曲线和骨架曲线如图 10 和图 11 所示。

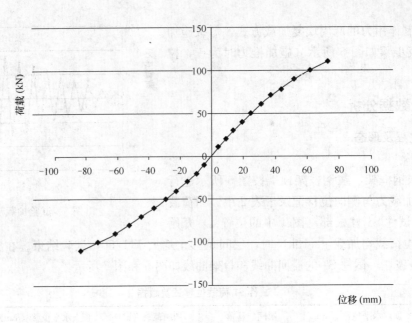

图 7　试件 S1 骨架曲线

图 8　试件 S2 板缝起鼓　　　　　　　　图 9　试件 S2 面板破坏

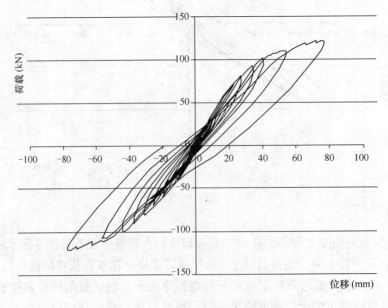

图 10　试件 S2 滞回曲线

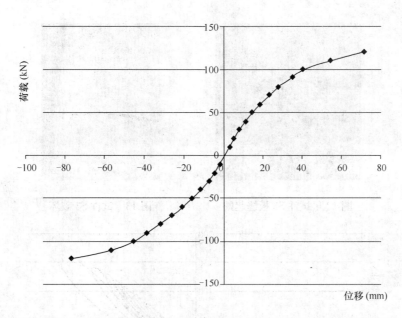

图 11　试件 S2 骨架曲线

试件 S2 荷载位移试验数据　　　　　　　　　表 3

侧向荷载（kN）	顶点水平位移（mm）	层间位移角	侧向荷载（kN）	顶点水平位移（mm）	层间位移角
10	1.96	1/1534	70	22.89	1/131
20	4.44	1/676	80	27.81	1/108
30	7.28	1/412	90	33.58	1/89
40	10.49	1/286	100	39.92	1/75
50	14.13	1/212	110	51.20	1/59
60	18.47	1/162	120	70.55	1/43

（3）试件 S3

试件 S3 为钢框架填充桁架龙骨外装纤维水泥压力板墙体，在钢框架顶端按图 5 所示进行低周反复加载，加载力与侧向位移记录于表 4 中。当荷载加至 50kN 时，纤维水泥板滑动摩擦发出响声；当荷载加至 120kN 时，纤维水泥板在板缝拼接处出现起鼓，如图 12 所示；当加载至 150kN 时，层间位移角达到 1/70，由于起鼓严重，纤维水泥上板角部裂断，部分自攻钉穿透起鼓板，框架顶端位移显著增大，如图 13 所示，试验结束。试件 S3 的滞回曲线和骨架曲线如图 14 和图 15 所示。

试件 S3 荷载位移试验数据　　　　　　　　　表 4

侧向荷载（kN）	顶点水平位移（mm）	层间位移角	侧向荷载（kN）	顶点水平位移（mm）	层间位移角
10	2.15	1/1395	90	21.33	1/141
20	4.22	1/711	100	24.91	1/120
30	6.51	1/461	110	26.91	1/112
40	8.96	1/335	120	31.37	1/96
50	11.31	1/265	130	34.52	1/87
60	13.62	1/220	140	38.39	1/78
70	15.89	1/189	150	42.85	1/70
80	18.66	1/161			

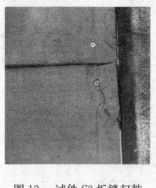

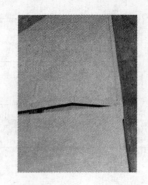

图 12   试件 S3 板缝起鼓   图 13   试件 S3 破坏

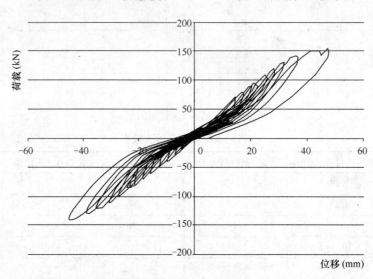

图 14   试件 S3 滞回曲线

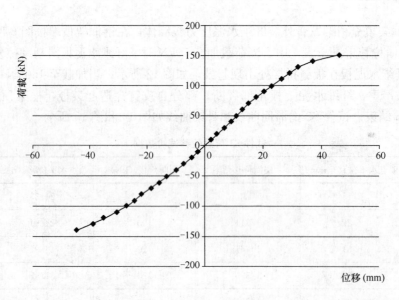

图 15   试件 S3 骨架曲线

3.2   试验结果对比

将裸钢框架（S1）、钢框架填充桁架龙骨外装定向刨花板墙体（S2）和钢框架填充桁架龙骨外装纤维水泥压力板墙体（S3）的试验结果汇总见表 5 和图 16。

各墙体试件层间位移角与水平推力汇总表 表5

层间位移角		1/400	1/300	1/200	1/150	1/100	1/70	1/50
水平推力（kN）	S1	17.3	22.2	31.7	40.7	57.5	76.5	97.4
	S2	29.9	37.7	51.8	64.2	84.4	102.4	116.0
	S3	34.4	45.2	65.7	84.7	117.5	150	破坏
水平推力比值	S2/S1	1.73	1.70	1.63	1.58	1.47	1.34	1.19
	S3/S1	1.99	2.04	2.07	2.08	2.04	1.96	破坏

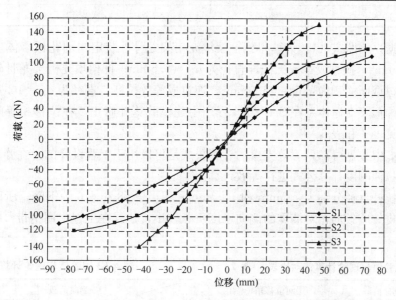

图16　各试件骨架曲线汇总图

由图表可以看出，冷弯薄壁钢管桁架龙骨复合墙体的抗侧刚度以及侧向承载力均大于裸钢框架，将钢管桁架龙骨外装定向刨花板或纤维水泥压力板复合墙体填充到钢框架中，能增大框架的侧向刚度。

综合试件破坏过程分析：在弹性小变形阶段，复合墙体不发生破坏；在弹塑性较大变形阶段，仅出现板拼缝处开裂；在大变形阶段，墙板虽然开裂，但未发生脱落。

4　设计公式及建议

将冷弯薄壁钢管桁架龙骨复合墙体用于工程设计时，若利用填充墙体的侧向刚度，在弹性阶段，可将整片墙体等效成交叉钢支撑按框架支撑体系进行计算，等效方法如图17所示。

参考有关文献［3］，单根等效交叉支撑拉伸刚度为：

$$E_B A_B = \frac{(L^2 + H^2)^{1.5}}{LH/Gt + 2(LH + H^2)S_0/n_s f_s} \quad (1)$$

式中　E_B——单根等效交叉钢支撑材料弹性模量（N/mm²）；

A_B——单根等效交叉钢支撑横截面面积（mm²）；

L——墙面板与荷载方向平行边长度（mm）；

H——墙面板与荷载方向垂直边长度（mm）；

G——墙面板材料的剪切弹性系数（N/mm²）；

t——单侧墙面板厚度（mm）；

S_0——墙板容许强度时自攻自钻螺钉的滑移量（mm）；

n_s——与荷载方向垂直边的单排自攻螺钉的个数（个）；

f_s——自攻螺钉结合部的墙板容许剪切耐力（N/个）。

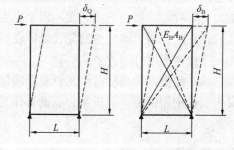

图17　等效方法示意图

对本次试验，式（1）中各参数取值见表6。

公式参数取值表 　　　　表6

参　　数	框架填充桁架龙骨外装定向刨花板墙体	框架填充桁架龙骨外装纤维水泥压力板墙体	参　　数	框架填充桁架龙骨外装定向刨花板墙体	框架填充桁架龙骨外装纤维水泥压力板墙体
E_B（N/mm²）	206000	206000	t（mm）	10	15
L（mm）	2250	2250	S_0（mm）	1	1
H（mm）	2800	2800	N_s（个）	13	13
G（N/mm²）	1108	8000	f_s（N/个）	13	16

根据表6中数据，按照式（1）计算得到框架填充桁架龙骨外装定向刨花板墙体单根等效支撑截面面积为：$A_B = 22.1 mm^2$，换算成等效拉杆，直径为 $d_B = 7.5 mm$；框架填充桁架龙骨外装纤维水泥压力板墙体单根等效支撑截面面积为：$A_B = 45.0 mm^2$，换算成等效拉杆，直径为 $d_B = 10.7 mm$。将单根等效拉杆与原框架组成的框架支撑体系在 SAP2000 程序中建模验算并修正，在位移相等的条件下，计算结果与试验结果对比见表7和表8。

对比表7及表8中数据可知，等效支撑的计算公式是可以用于工程设计的。在弹性阶段，复合墙体可按等效交叉支撑拉伸刚度计算公式进行等效计算。

由于等效后的拉杆直径分别为 7.5mm 和 10.7mm，相当于 $\phi 8$ 和 $\phi 10$ 的钢筋，所以此类冷弯薄壁桁架龙骨复合墙体蒙皮效应较弱，对墙体的侧向刚度贡献较小，建议在工程中用钢带（钢板条）或钢管作为侧向支撑。

试件 S2 试验值与理论计算值对比表　表7

试件名称（kN）\侧向荷载	层间位移角		
	1/400	1/300	1/200
试件 S2 试验值	29.9	37.7	51.8
计算值	27.1	34.2	46.1
计算值与试验值比值	0.91	0.91	0.89

试件 S3 试验值与理论计算值对比表　表8

试件名称（kN）\侧向荷载	层间位移角		
	1/400	1/300	1/200
试件 S3 试验值	34.4	45.2	65.7
计算值	32.5	43.2	55.0
计算值与试验值比值	0.94	0.96	0.84

5　结论

本试验得到的主要结论如下：

（1）将钢管桁架龙骨外装定向刨花板或纤维水泥压力板复合墙体填充到钢框架中，能增大框架的侧向刚度，并且在弹性小变形阶段复合墙体不发生破坏；在弹塑性较大变形阶段，仅出现板拼缝处开裂；在大变形阶段，墙板虽然开裂，但未发生脱落。

（2）经分析，本试验的复合墙体在弹性阶段可等效成交叉钢支撑，按框架—支撑体系计算。等效交叉支撑拉伸刚度计算为公式（1）

（3）此类冷弯薄壁桁架龙骨复合墙体，自身侧向刚度较弱。如需要利用复合墙体的侧向刚度时，建议在工程中用钢带（钢板条）或钢管作为侧向支撑。

参考文献

[1] 王明贵，储德文著．轻型钢结构住宅．中国建筑工业出版社．2011.
[2] 侯和涛，邱灿星，李国强．钢框架结构与墙体(板)共同作用的研究．钢结构，2010，25(132)：25-28.
[3] 郭丽峰．轻钢密立柱墙体的抗剪性能研究．西安建筑科技大学硕士学位论文．2004.

一种新型墙体的性能论述

周雄亮　束　炜　李文斌

（浙江杭萧钢构股份有限公司，杭州　310003）

摘　要　CCA 板灌浆墙是一种新型轻质墙体，通过理论分析和试验检测，对墙体的热工、防雨水、防火、耐老化、力学、隔声性能进行了研究，结果表明 CCA 板灌浆墙具有良好的物理、力学性能，有较高的推广价值和广阔的应用前景。

关键词　CCA 板灌浆墙；建筑节能；复合墙体；热工性能

1　前言

温家宝总理于 2009 年 12 月 18 日在哥本哈根世界气候变化大会上庄严宣布："中国到 2020 年将实现单位 GDP 二氧化碳排放比 2005 年下降 40％～45％"的量化减排指标，据国内机构测算，为实现该目标，中国付出的经济成本将高达 3000 亿～5000 亿元，而相应的社会成本投入更是难以估量，由此显示了中国的大国风范和节能减排的决心。同时，可想而知，今后节能减排工作将成为各行各业的工作主体，建筑行业更得首当其冲。其实，近年来，我国建设部门一直致力于大力发展绿色节能建筑，推广墙体材料改革的相关工作，也取得了一定成效。

传统建筑中的承重外墙，大多以单一材料为主，这种墙体往往难以满足较高的保温、隔热要求，需要另做保温措施，形成复合墙体。现阶段，这种复合墙体是我国建筑墙体的主流。复合墙体一般采用砖砌体或钢筋混凝土作承重墙，并与保温、隔热材料复合，这种复合墙体主要有外保温复合墙体和内保温复合墙体。

在多年的工程实践中，内保温复合墙体也暴露出一些缺陷，主要表现在：由于材料、构造、施工等原因，许多内保温复合墙体饰面层由于温差导致的热胀冷缩容易出现开裂；占用室内使用空间，住户得房率低；由于圈梁、楼板、构造柱等会形成热桥，热损失较大，保温效果受影响等因素，逐渐被外保温复合墙体所代替。

外保温复合墙体中，目前所用的保温材料主要有聚苯乙烯泡沫塑料板、硬质聚氨酯泡沫塑料板等有机材料，采用外贴的形式，固定在外墙外表面，以达到保温的效果。同内保温复合墙体相比，具有保护主体结构，延长使用寿命；消除热桥影响，改善墙体潮湿、保持室内温度恒定等优点。但是经过近几年时间的工程应用及考验，其一些存在的问题也逐渐暴露，比如，固定在外墙外侧的安全性；有机保温材料的耐久性、燃烧性能；面层抹灰因与保温层材料差异而导致的开裂等问题引发了业内的关注，特别是央视新址附楼及上海 11·15 火灾的重大事故后，这些问题再次引发大家热议。在目前这种复杂情况下，开发和推广一种保温节能效果好，同时其他各项性能指标均满足国家现行规范的新型墙体已迫在眉睫。

其实，早在 2003 年我司即在研发和推广钢结构住宅系统工作中，专门组织研发力量，致力于开发此类产品——CCA 板灌浆墙，与钢结构住宅配套使用，以符合国家提出的节能环保、低碳减排的政策导向。

2 CCA 板灌浆墙简介

CCA 板灌浆墙是压蒸无石棉纤维水泥平板轻质灌浆墙体的简称，由浙江杭萧钢构股份有限公司在引进德国先进成套板材生产设备的基础上，研制开发的一种新型复合墙体。其构造如图 1，双面以 6～10mm 厚 CCA 板作为面层，用轻钢龙骨为骨架，再在其空腔内注入 EPS 轻质混凝土，而形成实心轻质墙体。

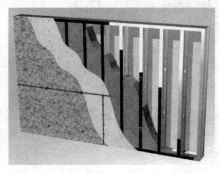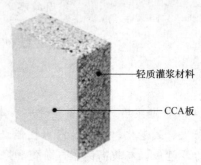

图 1 CCA 板灌浆墙构造示意图

该墙板具有自重轻、强度高、保温、隔声、防火、抗震性能好等优点，适用于建筑的内外墙体。

3 CCA 板灌浆墙性能

3.1 CCA 板灌浆墙的热工性能

从 20 世纪 80 年代开始，建设部就开始抓建筑节能工作，陆续出台了一系列有关实施建筑节能设计标准的文件。1986 年，颁布了在北方地区适用的民用建筑设计标准，要求节能达到 30%；1996 年，开始推行 50% 的节能标准；2001 年和 2003 年，这一标准开始在我国夏热冬冷地区（过渡地区）和夏热冬冷地区（南方地区）推广。2000 年，建设部颁布的《民用建筑节能管理规定》也开始实施；2006 年 11 月，建设部又公开发布通知，要求到 2010 年，全国城镇新建建筑实现节能 50%。这一系列文件的颁布，说明建筑节能的重要性和迫切性。而围护结构的热工性能的好坏，在建筑节能中起着重要的作用。这就要求建筑围护所采用的墙材必须具有良好的热工性能指标。

墙体的热工性能包含保温和隔热两方面的内容。由于我国气候差异较大，严寒地区和寒冷地区需要满足冬季保温要求；夏热冬暖地区需要满足夏季防热要求；而夏热冬冷地区在满足夏季防热要求的同时，还要兼顾冬季保温。所以对于不同地区气候条件下，建筑所采用的墙体热工性能的要求不同，墙体同时具有较好的保温和隔热性能无疑是最理想的。

3.1.1 保温性能

CCA 板灌浆墙空腔内填充的材料是 EPS 轻质混凝土。我们通过研究发现，只要合理地调整 EPS 混凝土的配比，可以达到较低的导热系数，实现很好的保温效果。我们对相关配比的 EPS 混凝土试块进行导热系数检测，测试结果为 0.106～0.136（W/m·K）。

在对 EPS 混凝土研究的基础上，我们利用 ANSYS 软件进行复合墙体的二维稳态传热的有限元分析，研究轻钢龙骨处的热桥效应对墙体保温性能的影响。通过合理的构造措施，减弱了热桥的影响，从而保证墙体的传热系数指标要求。在委托上海建筑科学院进行 CCA 板灌浆墙传热系数试验中，我们测得 220 厚的 CCA 板灌浆墙体传热系数为 1.03 W/（m²·K），其值相当于 600mm 厚度的砖墙的指标。

3.1.2 隔热性能

夏热冬冷地区和夏热冬暖地区，夏季外围护结构严重地受到不稳定温度波的作用。对于这种温度波幅较高的非稳态传热条件下的建筑围护结构来说，只采用传热系数这个指标不能全面地评价墙体的热工

图中标注：轻质灌浆材料；CCA板

性能，还应该同时使用抵抗温度波在建筑围护结构中传播能力的热惰性指标 D 来评价。热惰性指标反映了墙体的隔热性能好坏，主要取决于蓄热系数的大小。通过试验实测得 EPS 混凝土的蓄热系数在 2.0～2.69 之间。通过公式 $D = \Sigma R_i S_i = \Sigma \frac{d_i S_i}{\lambda_i}$（式中 d_i 表示厚度，S_i 表示蓄热系数，λ_i 表示导热系数）可计算得 220 厚的 CCA 板灌浆墙的热惰性指标 D 值在 3.96～4.15 之间，满足规范对隔热地区 D 值不小于 3.0 的要求。

从上面可以看出，CCA 板灌浆墙在保温和隔热性能方面均能满足规范要求，具有较好的热工性能。

3.2　CCA 板灌浆墙的防雨水性能

雨水渗漏以及随之引起的内部潮湿是建筑外墙普遍存在的问题，这不仅会引起墙体受潮、发霉，还会降低墙体的保温隔热性能，缩短墙体的寿命，加大建筑物的能耗。所以，对于外墙，保证其良好的防雨水性能是确保外墙正常使用功能的一个至关重要的方面。

我们从引起雨水渗漏的根源出发，通过 CCA 板本身良好的性能（用于外侧的面板经加压工艺处理）及科学合理的构造，杜绝渗漏条件的存在，达到较好的防水性能。为检验我们所采用构造的防水性能，依据标准《建筑幕墙雨水渗漏性能检测方法》GB/T 15228—94 进行了检测。试验过程中，以 4L/m^2·min 的水量对整个试件均匀喷淋，在淋水的同时，按规范规定的各压力级别依次加压。每级压力持续时间为 1min，当压力上升到 1600Pa 时，持续加压 0.5h，仍无雨水溢出。从试验结果来看，所采取构造确保了 CCA 板灌浆墙具有较好的防雨水性能。

3.3　CCA 板灌浆墙的防火性能

《建筑设计防火规范》GB 50016—2006 和《高层民用建筑设计防火规范》GB 50045—95（2005 年版）均对墙体的耐火极限做出规定。对于分户墙一、二级的耐火极限为 2.0h，非承重外墙，一、二级的耐火极限为 1.0h，对于房间隔墙，一、二级的耐火极限分别为 0.75h 和 0.50h。

通过分析可以知道，墙体材料的导热系数大小与墙体的耐火极限关系密切，而 CCA 板灌浆墙内的 EPS 混凝土的导热系数较低〔0.106～0.136(W/m·K)，与普通厚涂型防火涂料接近〕，应该具有较好的防火性能。经天津国家固定灭火系统和耐火构件质量监督检验中心检测的墙体耐火极限检测结果也正说明了这一点。试验检测的结果：87mmCCA 板灌浆墙耐火极限 81min；112mmCCA 板灌浆墙耐火极限 125min；162mmCCA 板灌浆墙耐火极限 240min，均超过了规范的要求。可以说，CCA 板灌浆墙具有很好的防火性能，满足建筑物防火设计要求。

3.4　CCA 板灌浆墙的耐老化性能

外墙长期暴露在温度变化、风吹雨淋的环境中，要使外墙体的综合性能在使用年限内始终保持稳定。这就需要墙材具有很好的耐老化性能。

由于室外温度温差严重，墙体材料在温变中的热胀冷缩导致墙材变形较大，而组成 CCA 板灌浆墙的主要材料均是刚性材料，连接在一起后形成刚性整体，如不采取一定措施，无法满足其温变变形要求。经过多次改进，我们在面板和龙骨及面板与面板之间的连接构造上采取了措施，很好地解决了所存在的问题。

在耐老化性能研究过程中，我们从 EPS 混凝土的耐久性和 CCA 板灌浆墙耐老化性能这两个方面分别进行了试验。

EPS 混凝土的耐久性方面，我们进行了抗冻性试验。试验参照《普通混凝土长期性能和耐久性试验方法标准》GB/T 50082—2009 执行，本标准规定：经过冻融循环后强度损失率应不超过 25%，重量损失率不超过 5%。而试验检测结果显示：EPS 混凝土的抗压强度损失率不大 1%，质量损失率约 2.4%，满足规范要求。

在 CCA 板灌浆墙耐老化性能方面，试验条件：①设备高温淋水循环 80 次，每次 6h；②状态调整 48h；③加热－冷冻循环 5 次，每次 24h。试件经过如此恶劣的试验模拟环境，仍然完好无损。

3.5 CCA板灌浆墙的力学性能

CCA板灌浆墙用于外墙，需承受风荷载等作用。因此，CCA板也必须具备良好的力学性能。这些外部荷载主要可分为平面内和平面外两大方面。

平面外方向：外墙作为外围护构件，直接承受风荷载。在整体受力方面，风荷载主要由轻钢龙骨承担，轻钢龙骨的截面尺寸及间距可以通过理论计算得到很精确的结果。在细部环节方面，连接面板和龙骨的自攻螺钉型号和间距必须符合一定要求，以保证外墙面板在负风压作用下，不出现面板固定松动。此方面很难通过理论计算得出结果，只能通过试验来检验。试验在一负压箱中进行，试件尺寸2.4m×2.84m，试验过程中最大负风压荷载加载值12kPa，最终试件本身和装饰面层均未发生破坏。可见，只要在墙体设计时，选用合适的龙骨截面、螺钉型号和间距，墙体可达到很好的平面外抗风压性能。

平面内方向：结构在风荷载及地震荷载作用下，会产生较大的变形及位移。如果嵌在结构框架中的墙体没有足够的侧向变形能力，就会出现墙体开裂，甚至是破坏。测试结果，墙体平面内变形可达到1/100。这说明CCA板灌浆墙在中震下不开裂。

3.6 CCA板灌浆墙的隔声性能

在声学概念中，噪声控制是指在噪声发出源、噪声传播路径等方面采取声学措施来防止噪声干扰的总称。其中，在噪声传播路径上，利用建筑构件隔声，对防止建筑内部邻户或邻室之间的噪声干扰效果甚佳，是建筑中噪声控制的主要内容。因而，好的墙体必须具有良好的空气隔声性能。在国标《民用建筑隔声设计规范》GB 50118—2010中对分户墙的空气声隔声性能提出了明确的要求，即墙体的计权隔声量不小于45dB。

在对CCA板灌浆墙隔声检测试验中测得，其计权隔声量分别为：112mm厚45.0dB，162mm厚48.2dB。满足规范要求，可见，112mm厚以上的CCA板灌浆墙即可满足分户墙的隔声要求。

4 结语

由于CCA板具有强度高、膨胀系数小等物理、力学性能，加上墙体细部构造处理及合理的EPS混凝土配比，CCA板灌浆墙具有良好的热工、防雨水、耐老化、防火及力学性能。随着我国墙材革新事业的发展，它以环保、节能和住宅产业化为特点，具有较高的推广价值和广阔的应用前景。

参考文献

[1] 中华人民共和国行业标准. 民用建筑节能设计标准(采暖居住建筑部分)(JGJ 26—95)北京：中国建筑工业出版社，1995.
[2] 柳孝图编. 建筑物理(第三版). 北京：中国建筑工业出版社，2010.
[3] 中华人民共和国行业标准. 玻璃幕墙工程技术规范(JGJ—2003). 北京：中国建筑工业出版社，2003.
[4] 中华人民共和国国家标准. 建筑设计防火规范(GB 50016—2006). 北京：中国建筑工业出版社，2007.
[5] 中华人民共和国国家标准. 高层民用建筑设计防火规范 (GB 50045—95)(2005年版). 北京：中国建筑工业出版社，2005.
[6] 中华人民共和国国家标准. 普通混凝土长期性能和耐久性能试验方法 (GB/T 50082—2009). 北京：中国建筑工业出版社，2010.
[7] 中华人民共和国国家标准. 民用建筑隔声设计规范(GB 50118—2010). 北京：中国建筑工业出版社，2010.

建筑模数与住宅产业化

王明贵

（中国建筑科学研究院，北京　100013）

摘　要　模数概念比较抽象，它是约定成俗，人们也就熟视无睹，没有掌握其精髓，也就不能自觉遵守，处于一种自由生产状态。在今天的工业化建筑进程中，重提模数概念，旨在统一协调生产活动，达到产品的通用、可换和配套。为了普及建筑模数知识，本文简明扼要并完整准确地阐叙了模数的概念和工程应用实例，说明模数在工业化建筑的重要作用。

关键词　建筑模数；住宅产业化；模数协调

1　模数概念

建筑模数就是人们选定的尺寸单位，是建筑设计、建筑施工、建筑材料与制品、建筑设备、建筑组合件（也称"建筑部品"）等各部门、各环节进行尺寸协调的基础或规则。建筑模数分基本模数、扩大模数和分模数：

（1）基本模数：选定的基本尺寸单位，用 M 表示，1M＝100mm；

（2）扩大模数：指基本模数的整数倍数。水平扩大模数的基数为 3M、6M、12M、15M、30M、60M。竖向扩大模数的基数为 3M、6M；

（3）分模数：是基本模数的分数值。基数为 1/10M、1/5M 和 1/2M。

在实际应用中，为统一和协调各类建筑及其内部各组成部分之间的尺寸，尽量减少尺寸的范围以及使尺寸的叠加和分割有较大的灵活性，由基本模数、扩大模数和分模数为基础派生出一系列尺寸数就构成了模数数列。模数数列见表1。

模　数　数　列

表1

数列名称	模数	幅度	进级（mm）	数列（mm）	使用范围
水平基本模数数列	1M	1M～20M	100	100～20000	门窗和构配件截面
竖向基本模数数列	1M	1M～36M	100	100～3600	建筑物的层高、门窗和构配件截面
水平扩大模数数列	3M	3M～75M	300	300～7500	开间、进深；柱距、跨度；构配件尺寸、门窗洞口
	6M	6M～96M	600	600～9600	
	12M	12M～120M	1200	1200～12000	
	15M	15M～120M	1500	1500～12000	
	30M	30M～360M	3000	3000～36000	
	60M	60M～360M	6000	6000～36000	
竖向扩大模数数列	3M	不限	—	—	建筑物的高度、层高、门窗洞口
	3M	不限	—	—	
分模数数列	$\frac{1}{10}$ M	$\frac{1}{10}$ M～2M	10	10～200	缝隙、节点构造、构配件截面
	$\frac{1}{5}$ M	$\frac{1}{5}$ M～4M	20	20～400	
	$\frac{1}{2}$ M	$\frac{1}{2}$ M～10M	50	50～1000	

2　模数协调

　　建筑的营造离不开尺度，现代化的建筑是社会化大生产的活动，按专业分工细做，按设计功能集成，这就需要有统一的尺度协调规则，这个规则就是以建筑模数为基础的尺度协调，即模数协调，使建筑尺寸采用模数的倍数，使工厂生产的构配件或设备，无需修改且没有损耗地即能现场组合、互换和用于不同目的。模数协调就是设计尺寸协调和生产活动协调，它既能使设计者的建筑、结构、设备、电气等专业技术文件相互协调，又能达到设计者、制造业者、经销商、建筑业者和业主等人员之间的生产活动相互协调一致，其目的就是实现住宅部件通用性和互换性。达到通用性和互换性就可以使住宅部件进行社会化大规模生产，有利于稳定和提高产品质量，降低产品成本，实现住宅产业化。

　　建筑模数协调的内容如下。

　　（1）模数数列。在建筑设计中要求用有限的数列作为实际工作的参数，它是运用叠加原则和倍数原理在基本数列基础上发展起来的；

　　（2）模数化网格。由三向直角坐标组成的、三向均为模数尺寸的模数化空间网格，在水平和垂直面上的投影称为模数化网格。网格的单位尺度是基本模数或扩大模数。网格的三个方向或同一方向可以采用不同的扩大模数；

　　（3）定位原则。在网格中每个构件都要按三个方向借助于边界定位或中线（或偏中线）定位进行。所谓边界定位是指模数化网格线位于构件的边界面，而中线（或偏中线）定位是指模数化网格线位于构件中心线（或偏中心线）；

　　（4）公差和接缝。公差是两个允许限值之差，包括制作公差、安装公差、就位公差等。接缝是两个或两个以上相邻构件之间的缝隙。在设计和制造构件时，应考虑到接缝因素。如预制构件有"标注尺寸"、"生产尺寸"，其中标注尺寸应是模数尺寸，而生产尺寸加公差与接缝才是标注尺寸，避免现场对构配件再切割或整改。

　　模数协调具有以下功能：

　　（1）能对建筑各部位尺寸进行分割，并确定各部件的尺寸和边界条件，使部件规格化又不限制设计自由。如 6M 扩大模数为 600mm 的尺寸单位很常用，它可以分解成几个重要的素数 2、3、5（$600 = 2^3 \times 3 \times 5^2$），可以用很多种方式去除它而不会出现小数，便于计算、组合和机械化生产，预制墙板的宽度大多是这个模数尺寸；

　　（2）优选某种类型的标准化方式，达到使用数量不多的标准化部件，建造不同类型的住宅建筑；

　　（3）能使建筑部件标准尺寸的数量达到优先化；

　　（4）促进部件的互换性，使部件的互换与其材料性质、外形、生产厂家或生产方式无关，可以实施全寿命改造，使结构寿命与设备、装修等部品寿命配套；

　　（5）简化施工现场作业；

　　（6）协调住宅设备及部件与相应功能空间之间的尺寸，能够使我们的建筑设计、制造、经销、施工等各个环节人员按照一个规则去行动，按照一个方法去进行协调配合。

　　制定建筑模数协调体系的目的是用标准化的方法实现建筑制品、建筑构配件的生产工业化。许多国家以法规形式公布和推行这种制度。近年来，通过一些国际协作组织，在世界范围内发展和推广这一工作。

3　发展状况

　　模数（module）一词源出拉丁语 modulus，原意是小尺度。模数作为统一构件尺度的最小基本单位，在古代建筑中就已应用。在古希腊罗马建筑中五种古典柱式的高度与柱底直径成倍数关系。中国宋代《营造法式》规定的大木作制度，木结构件尺寸都用材份来度量："凡构屋之制，皆以材为祖，材有八等，度屋之大小，因而用之"。其中："以材为祖"即在大木结构建筑设计中，以拱枋断面"材"作为设计的基本模数，其系统称为"材分制"，"材分八等"依据建筑的等级高低而选用。"材"的高为15份，宽为10份，高宽比为3：2，具有良好的抗弯剪断面形式，符合力学原则，不仅满足了建筑的实用性，也满足了结构力学的要求。清代的清工部《工程做法》用斗口作为木构建筑基本模数，其斗口尺寸分十一等，对于大式建筑（有斗拱的殿堂建筑）要求先根据建筑类型来选择斗拱的斗口大小，其次再定斗拱的大小和出挑的多少；对于小式建筑（无斗拱厅堂建筑或其他建筑）先定明间面宽，再依次折减，如次间为明间的八折，梢间为明间的六五折或七折，模数一定全盘皆定。现代人口的增长和工业化的到来，旧的建筑方式远不适应社会发展的要求。1920年，美国人艾尔波特.F.贝米斯（Albert.F.Bemis）首次提出利用模数坐标网格和基本模数值来预制建筑构件，并建议基本模数应该是4英寸。第二次世界大战期间，德国人E.奈费特（Ernest Neufert）提出了著名的"八分制"，即一个基本模数为12.5 cm或1/8m的体系。瑞典人贝里瓦尔（Bcrgvall and Dahlberg）等提出了综合性模数网格和以10cm为基本模数值的模数理论。当时建筑工业化尚处在初始阶段，用预制件装配的建筑因造价过高而难于推广。第二次世界大战后，工业化体系建筑蓬勃兴起，建筑模数受到重视，至60年代，建筑模数有三种理论：贝米斯模数、勒·柯布西耶模数、雷纳级数，这些理论对现代建筑模数数列中的叠加原则、倍数原理、优选尺寸等都起过作用，从70年代起，国际标准化组织房屋建筑技术委员会（ISO/TC59）陆续公布了有关建筑模数的一系列规定，建筑模数协调体系已成为国际标准化范围内的一种质量标准。

我国对模数数列的研究是在20世纪50年代开始，当时重点放在主体结构的数列研究，只有《建筑统一模数制》（标准104—55）和《厂房结构统一化基本规则》（标准105—56）两本标准，基本上是参照前苏联有关规范编制的，其中提出了"模数数列"和"定位线"的概念，以1M＝100 mm和2～12M为基本模数，加上分模数和扩大模数构成模数数列，在统一单轴线定位的基础上确定建筑物与建筑构件定位的原则和制图方法，它们在建国初期的基本建设中发挥了重要作用。到了20世纪70年代，对标准进行了修编，纳入了中国传统的240 mm×115 mm×53 mm的标准烧结黏土砖，形成了中国自己的模数协调标准，修编后的标准为《建筑统一模数制》BGJ 2—73和《厂房建筑统一化基本规则》TJ 6—74。20世纪80年代改革开放的到来，经济建设成为了工作的重点，面对大量高速度的建设任务，单靠当时的砖混结构、砖木结构和手工作业施工方法是无能为力的，开始走建筑工业化的道路，同时从国外引进了一批住宅工业化结构体系，其中，主要有大模板、预制装配大板、框架轻板和砌块建筑。经过这个时期的建设实践，发现由于各种结构体系独立存在，其构配件无法通用互换，轴线定位各行其是，给设计、施工单位造成了不必要的麻烦和经济上的损失。为适应这种形势需要促成了80年代标准的编制，80年代标准把《建筑统一模数制》GBJ 2—73修改为《建筑模数协调统一标准》GBJ 2—86，把《厂房建筑统一化基本规则》TJ 6—74修改为《厂房建筑模数协调标准》BGJ 6—86，又增加了《住宅建筑模数协调标准》GBJ 100—87、《建筑楼梯模数协调标准》GBJ 101—87、《建筑门窗洞口尺寸系列》GBJ 5824—86、《住宅厨房及相关设备基本参数》BG11228—89、《住宅卫生间功能和尺寸系列》GB 11977—89等几套标准，初步形成了我国的建筑模数协调标准体系。它们分属于4个层次：《建筑模数协调统一标准》为总则，属最高层次；《住宅建筑模数协调标准》与《厂房建筑模数协调标准》为专业标准，属第二层次；《建筑楼梯模数协调标准》、《建筑门窗洞口尺寸系列》、《住宅厨房及相关设备基本参数》、《住宅卫生间功能和尺寸系列》是部位专门标准，属第三层次；第四层次是建筑构配件和各种产品或零部件的标准。从此我国进入了模数和协调同时并举的阶段，这是一个大进步，并预示着由结构标准化向内装标准化发展。

但是，我国住宅产部品产业未得到发展，建筑模数概念始终未得广泛理解和自觉应用，以至于生产、设计和施工安装处于无序状态，如住宅的厨房和卫生间，平面设计形式任意、设备尺寸各样，没有统一的模数协调标准和接口标准，造成了"二次装修"的大拆大卸，浪费现象严重。到了20世纪末和21世纪初，我国提出了"推进住宅产业现代化，提高住宅质量"的要求，重提建筑模数，呼吁住宅部品标准化，解决住宅构配件和设备的配套性、通用性、互换性和拓展性，从粗放型向集约型的社会化生产方式转变，目的是提高住宅质量。需要指出的是，住宅产业化是全社会的行为，住宅产品种类多，需要很多生产企业参与，在统一的模数协调标准下进行社会化有序生产，形成产业链，构建住宅工业化的时代。

4 集成化建筑需要模数协调

住宅建筑作为最终产品，是由各部位数千种产品（模数协调中称为部品）所组成的，各部位的成千上万种产品将按照不同的生产方式、不同的生产地点和不同的生产时间进行工厂生产或现场生产，最后在安装现场按空间既定位置进行安装，成为集成化住宅建筑，这需要有两个前提：建筑构配件以及设备的模数化和建筑空间的模数化。例如，梁或柱构件的长度为模数尺寸，截面为技术尺寸，此构件为模数化构件。同理，若板的平面长、宽为模数尺寸，板厚为技术尺寸，则此构件就是模数构件。而建筑是空间三维体，在三向直角坐标系中，把建筑物的三向均用模数尺寸分割和定位，形成模数化空间网格，用以确定构配件、设备的位置及其相互关系，把模数化的构配件以及设备等按既定规则填充到模数化的空间中去，就组合了三维空间的建筑，这就是集成化住宅建筑。集成化住宅建筑需要模数化构配件，模数化构配件能实现建筑安装的可换性和建筑产品生产以及采购的社会性，从而实现构配件的质量控制和成本的降低，才能使住宅产品及其配件生产和安装纳入工业化、集约化和组装化的道路，满足日益增长的住宅数量和质量的双重要求。缺乏模数协调的尺寸，在开发和引进住宅产品的过程中无章可循，品种多、规格杂乱，缺乏互换性，接口不标准，与建筑设计难以协调，施工安装离不开砍、锯、填、嵌等原始施工方法，施工处于粗放型。

目前，已从装修集成化进行突破，为加强对住宅装修的管理，积极推广装修一次到位或菜单式装修模式，避免二次装修造成的破坏结构、浪费和扰民等现象，我国政府发布了《商品住宅装修一次到位实施细则》。"全装修"就在全国各地发展起来，能够大量"节能减排"的全装修住房也就成了住宅集成化的开端。住宅装修都有其基本的共性，即功能基本一致，全装修保证每套住宅都设有厨卫、客厅、卧室等基本空间。由于人们装修理念的变化，装修的个性主要体现在装饰上，装饰是在装修基础上的点缀。全装修住宅重装修、轻装饰；重功能、轻渲染；重细部、轻形式，现代人用于家居装饰性投资比重将逐步加大，而用于家庭硬件装修的投资比重将逐步减少。反映在市场上，带厨卫精装修的房子最多，这种局部的精装修节省了住户装修厨卫的麻烦，只需将精力重点花在装饰上就可以了。新编制的《住宅集成化厨房建筑设计图集》以实用性、多功能、各工种配套到位为目标，将使用功能、空间利用、环境质量、节能等综合考虑，重点解决建筑、结构、水、暖、电气、燃气等专业与装修的衔接问题，力图实现土建设计和装修一体化，从设计入手，保证厨房净空尺寸的标准化，使产品模数与建筑模数协调统一。其中的部品（件）按标准化模数生产，与建筑部品（件）形成模数化集成，实现厨卫的工业化生产、商品化供应和专业化组装。

钢结构住宅是一种新的建筑体系，其中钢结构只占钢结构住宅的 20%～30% 造价，而且技术相对成熟，容易实现标准化和产业化要求，基本能做到工厂化生产、社会化供应、运到现场全装配化安装，达到集成化建筑的目的。需要强调的是，结构体系不能是标准化的，它由荷载、跨度、高度、抗震设防烈度等因素决定构件的技术尺寸，结构的标准化在构件的连接方法上，应能满足全装配化要求，研究标准化节点及其配件，融技术于产品中。但是仅有结构的集成化是远远不够的，钢结构住宅集成的关键技术在建筑围护系统产品及其标准化，主要是墙体建材产品的标准化。目前，我国的墙体建筑材料品种少，质量不高，阻碍了钢结构住宅的发展。近年来，有些企业在内部搞钢结构住宅产业化，生产模数化的墙板和构配件，形成具有企业特点的专用体系。这种企业多了就能形成整个行业乃至社会化的协作生产，就能普及钢结构住宅集成化建筑。

5　总结

　　模数并不抽象，它是人们约定的尺寸单位，使各自的生产都按这个约定的单位整数倍地确定尺寸，以便现场安装的通用性和互换性，最大限度地减少或避免现场裁、锯、刨、凿等粗犷的作业方式。模数是建筑工业化的基础，是建筑社会分工的纽带，在当前钢结构住宅技术开发中已经被广大的工程技术人员所认识和运用。

浅析我国钢结构建筑不多的原因

王明贵

（中国建筑科学研究院，北京　100013）

摘　要　我国钢材产量居多，但用在建筑中的钢结构并不多，作者从钢结构企业、设计单位、监理和市场经济等多方面分析，根本问题在于我们建筑各行各业仍然缺乏钢结构专业人才，在建筑领域处于弱势。文中提出了各方面的具体问题进行交流，旨在推动我国钢结构建筑积极科学合理地发展。

1　关于钢结构企业

钢结构建筑的多少，标志着一个国家或一个地区的经济实力和经济发达程度。进入 2000 年以后，我国国民经济显著增长，国力明显增强，钢产量成为世界大国，在建筑中提出了要"积极、合理地用钢"，从此甩掉了"限制用钢"的年代，钢结构建筑在经济发达地区逐渐增多。特别是 2008 年前后，在奥运会的推动下，出现了钢结构建筑热潮，强劲的市场需求，推动钢结构建筑迅猛发展，建成了一大批钢结构场馆、机场、车站和高层建筑，其中，有的钢结构建筑在制作安装技术方面具有世界一流水平，如奥运会国家体育场等建筑，并涌现出一些优秀的钢结构建筑人才、企业和企业家。在这场"突如其来"的钢结构建筑热潮中，中国钢结构协会、中国建筑金属结构协会建筑钢结构委员会起了重大作用，其中的钢结构专家功不可没。

2008 年奥运会后，我国钢结构建筑得到普及和持续发展，钢结构广泛应用到建筑、铁路、桥梁和住宅等方面，各种规模的钢结构企业数以万计，世界先进的钢结构加工设备基本齐全，如多头多维钻床、钢管多维相贯线切割机、波纹板自动焊接机床等。还有我们自行研制开发的弯扭构件加工设备和方法，数百家钢结构企业的加工制作水平具有世界先进水平，如我们的钢结构制作特级和一级企业。钢产量每年多达 6 亿多吨，钢材品种完全能满足建筑需要。钢结构设计规范、钢结构材料标准、钢结构工程施工质量验收规范以及各种专业规范和企业工法基本齐全。通过近几年的与国外钢结构行业的交流，增进了相互了解，中国的钢结构产业总体上具有世界先进水平。

但是，我国钢结构企业发展不平衡。这种不平衡主要表现在企业的规模和水平相差很大，虽然市场需要不同规模、不同档次的钢结构企业适应不同的钢结构工程，但是，我们的现状是，小型的钢结构加工企业太多，不仅规模小，而且大多数是加工水平低，设备简陋、技术人员缺乏、靠低价承揽工程，加剧市场竞争，工程质量难以保证。在特级企业中，知名品牌企业少。中国的钢结构行业要发展，必须拥有自己的龙头企业、品牌企业，必须依靠一批龙头企业的带动。不平衡的另一方面表现在地区差别很大，我国东部沿海经济发达地区的钢结构企业较多，而且大型钢结构企业多，西部和内陆地区的钢结构企业少，而且规模小，水平低的较多。钢结构企业要经历兼并重组，淘汰落后的、产能小的，发展才有可能上一步台阶。大型钢结构企业应拓宽业务范围，除了建筑领域外，有能力的应向铁路、桥梁、城铁、电力等领域进军，还可以向国外进军，也可以向多元化、综合性经营方向发展，向施工总承包方向发展。

2 关于设计院

我国建筑用钢量少与我们的钢产量多不相称，原因是钢结构专业人才缺乏，尤其是缺乏设计人才。在设计市场占统治地位的各地大中型设计院，习惯于钢筋混凝土结构设计，对传统的建筑材料和建筑技术较熟悉，轻车熟路，对"突如其来"的钢结构这种新型建筑材料和新建筑技术不熟悉，为了赶上时代潮流或承接大型建筑的需要，不得不学习设计钢结构。一时间，书店的各种钢结构书籍很畅销。出现了设计计算靠软件、设计施工详图靠钢结构加工企业"配合"的现象，搞不清楚就加大截面或用高等级的钢材，或采用最高质量标准或最严的技术措施，心里没底就用最高的、做好的，设计出来的钢结构构件很大，与钢筋混凝土截面大小差不多，没有体现钢结构承载力高、抗震性能好的优势。用钢量大，提高了钢结构的造价，对钢结构的推广应用造成困局。比如，北京的气候条件，房屋建筑不直接承受反复性动力荷载需要 C 级钢材吗？型钢混凝土结构的钢结构焊缝质量等级需要一级吗？别忘了外层是脆性材料混凝土，钢筋是搭接的，外层破坏后里面的一级焊缝能发挥作用吗？C 级钢材和一级焊缝的要求增加了不少费用，还好没有选择 D 级、E 级钢材。就是现在，除非大跨或超高层等建筑，钢筋混凝土结构无法实现时，一般情况下，设计院是不会主动选择钢结构建筑结构体系进行设计。许多业主是愿意尝试些新东西、使用新材料新体系，对钢结构建筑是愿意接受的，虽然钢结构的建安造价要比钢筋混凝土高出 10%～20%，但建安造价只占总造价的 30%，总造价不会高出 5%。考虑到钢材可回收再利用、钢结构抗震性能好、施工周期短等优点，这点投资是值得的。也难怪，我们原来国民经济较弱，限制用钢，钢结构建筑少之又少，大学本科的钢结构学时比钢筋混凝土少得多，当国家基本建设需要钢结构时，一时间难免仓促上阵、鱼目混珠、泥沙俱下。许多设计工程师说不清高强度螺栓摩擦型连接与承压型连接的区别在哪里，以为是两种螺栓；说不清等强焊缝的条件是什么。钢结构设计关键在连接，只有连接可靠才能发挥钢构件的作用。因此，节点板、焊缝和螺栓是要设计人员亲自计算确定并绘制连接详图，不能推给厂家去"配合"出详图，厂家的工作是根据结构详图"拆分"成构件加工制作详图。

还有相当一部分设计人员"较真"钢结构的耐久和耐火性，总对此持怀疑和否定态度，摆出一副自以为是的架子，充当拦路虎。或装出一副不懂的伪君子，任你怎么解释，既不听也不信。我们认为钢结构只要除锈彻底、涂装合格，耐久性是有保证的。钢材在人类居住环境下（室内）不会发生腐蚀，只有在潮湿且不通风或在有害气体环境中才会发生腐蚀。考察一下美国上世纪 30 年代在纽约和芝加哥建造的高层钢结构建筑，至今仍在正常使用，未见报道这些钢结构建筑每隔几年要把人赶出来重新刷漆防腐，芝加哥市政府大楼的钢柱根本就没做防腐，矗立在大街上几十年（图 1）！我们在与日本钢结构专家交流防腐的问题时，他们感到吃惊——这不是问题呀！关于耐火问题是个管理问题，要求从技术上彻底防火那就不是建筑，而是一座炼钢炉！美国"9.11"事件人类罕遇的，各国都没有因为"9.11"而修改防火技术政策。一句话：按"规范"规定做，怀疑和否定"规范"也是违反规范的。"怀疑"可以通过交流解决，"否定"就不好办了，就会阻碍钢结构建筑的发展。

图 1 美国芝加哥市政府大楼的钢柱

3 关于工程监理

工程监理更缺钢结构专业技术人员，搞不清楚钢结构施工监管要点，只把材料复检作为重点。一般正规大厂的钢材质量是有保证的，材料复检重要但不是重点，重点应在连接上，按设计图纸要求该剖口的必须剖口、该熔透的必须熔透、该反面清根的必需清根、需要做焊接工艺评定的必须做实验进行评定，焊条（丝）和焊剂必须满足设计要求、角焊缝尺寸必须满足设计要求、焊缝质量检测重点在手工焊缝，特别是现场手工焊缝；高强度螺栓要检测、连接面摩擦系数必须检测，并要满足设计要求、大六角头螺栓扭紧必须检测。还有一个重点是钢结构耐久性保证：除锈必须彻底，必须用抛丸或喷砂除锈方法，达到 S2.5 级。防锈漆必须是富锌类，且必须检测，严禁带锈刷漆。钢构件必须在工厂制作完成后方能出厂。关于现场安装监管也要抓住重点，在此就不再啰嗦了。这几年参加钢结构金奖评选的现场检查，感到监理工作很薄弱，有些钢结构工程，钢材直接运到现场进行加工，焊缝工艺无法保证、焊缝质量令人担忧；带锈刷漆，而且防锈漆根本不防锈，安装的构件有返锈现象。社会上有人说钢结构易生锈不耐久，那是我们没做好呀，美国在 20 世纪 30 年代建造的纽约帝国大厦，现在不是仍然在使用吗？我国在 20 世纪 50 年代建造的南京长江大桥现在不是仍然在通车吗？钢结构只要除锈彻底、防锈漆质量好，耐久性是有保证的。

钢结构专业人才的缺乏是我们钢结构建筑得不到大力推广应用的内在原因。

4　市场与经济

钢结构的造价还是高的。我国国民经济处在发展时期，建设量大但钱不够用，钢结构建筑毕竟还是造价高，从而制约了钢结构建筑的全面发展。钢结构建筑体现了综合国力的增强，同样大小的地震，我国造成的死亡人数高得多，经济损失大得多，因为我们过去建筑标准低、房屋质量太差，经不起地震的摧毁。日本大地震和台湾大地震中表明钢结构结构建筑抗震性能好，可我们汶川地震过后的住宅重建中，几乎没有钢结构建筑，因为造价的原因，大量使用了国家明令禁用的实心黏土砖作为主要建筑材料，用砖混与钢结构造价相比，钢结构就自然退出了。现在有人提出政府的保障房建设应使用钢结构建筑，理由很多，也正确，但还是造价的原因，建筑量大但钱不够用呀，若要想扩大建筑用钢拉动内需，需要有扶植性政策来抵消一部分成本。现在各地政府都在要求搞建筑产业化，北京市规定钢结构建筑视同产业化，并对产业化率有具体要求，试看能否有钢结构建筑出现在民用建筑中。

另外，钢结构企业没有工程施工总承包资质，处于下游的分包地位，很难拿到工程，即使拿到了还得让利于总包，自己利润低，企业创新或技术创优动力不足。

5　钢结构建筑技术

要大力研究和开发钢结构建筑技术问题，解决钢结构与建筑部品配套问题，用户满意，市场才能接受。不要认为钢结构建筑只是主体结构采用钢构件这样简单，关键是墙体采用什么材料、怎样与钢结构安装，如何防水、防裂、防冷桥等。公共建筑大多采用幕墙，掩盖了这些矛盾，但在民用住宅中，这都是要很好解决的技术问题，而且这些是决定造价的关键问题。还有钢柱外露在墙角，不好使用等。想到这些就不能怨天忧人地说别人不接受钢结构，埋怨政府不支持钢结构，你自己准备好了吗？有几个钢结构企业敢承接政府的保障房建设？成天说喜欢龙，龙来了被吓跑，我们不要做现代的叶公。经调研，我们在钢结构配套产品和技术方面还很不完善，现有的也是质次价高，满足不了市场的要求。

6　寄语

中国钢产量今后每年不下 6 亿 t，大量钢材需要内需拉动消费，促进国内建筑用钢是一项长期的战略任务。钢结构企业应练好内功，提高技术、加强管理、降低成本，才能在钢结构建筑市场的大浪潮中具备较强的竞争优势。钢结构企业要做强、做大，产业链要齐全：要有自己的设计院、有自己的施工总承包资质，这是钢结构企业的发展方向。

装配式保温装饰一体化金属墙板的开发与应用

吴 桐 魏 勇

（宝钢建筑系统集成有限公司，上海 250002）

摘 要 本文介绍了装配式保温装饰一体金属墙板的生产工艺。采用该墙板，不仅可以提高低、多层钢结构住宅的质量与性能，而且实现了保温、装饰一体化，同时提高施工效率和精度，实现了外墙干作业，避免了湿作业带来的外墙开裂等质量通病，有效减轻施工对环境的污染。

关键词 金属外饰面；保温一体；装配式

1 前言

轻钢住宅在国内是一个全新的概念，它属于轻钢建筑范畴，指采用轻型钢结构、以长期居住为目的的永久性房屋建筑。轻型钢结构体系主要以冷弯型钢、热轧或焊接 H 型钢、T 形钢、焊接或无缝钢管及其组合构件等作为骨架，以特定的墙体系统作为围护结构。采用钢结构骨架使室内使用空间增大，房间隔断更加灵活，屋面造型丰富多彩。轻质板材的使用，在外装饰材料的类型和色彩方面能为建筑师提供更多的选择。轻型钢结构体系 70% 的材料可回收再利用，能真正体现绿色环保的概念。该种房屋体系适用于低层或多层的轻钢别墅、住宅公寓、办公、商业用房等。

2 钢结构住宅外墙的现状

钢结构墙体分为砌体墙、预制复合板墙体系统、轻钢龙骨墙体系统三大类，较为先进的是将外装饰预制复合墙体，此种墙体要根据每栋住宅的自身特点进行预制，每片墙体为单独预制，一般不能通用。如单体建筑较多，还要在施工现场设复合外墙置预制场地，这种墙体适用于多、高层钢结构住宅，而且单体要多，面积要大，否则单位面积的造价会很高（图1、图2）。

图1 墙体　　　　　　　　　　　　　图2 墙板

目前由于价格的原因一般常用的是外墙砌块或外墙水泥基挂板加装饰外墙保温方法。装饰保温多为 EPS 保温板（岩棉保温板）＋玻纤网格布＋聚合物砂浆打底、外墙墙腻子、外墙涂料粉刷。此种方法容易使墙体开裂，特别是在新疆等西北部则由于温差变化较大而带来的墙体脱落等现象（图3、图4）。目前国内的一些高档住宅使用了一些进口的外墙装饰挂板，如日本的日吉华挂板、松下挂板等，虽说是干作业，但由于单价较贵，而且抗冻融性满足不了我国广泛的气候需求，目前使用面不是很广。

图 3　外墙保温脱落 1　　　　　　　　　　　　　　　　图 4　外墙保温脱落 2

3　装配式多功能金属保温装饰一体外墙挂板

宝钢建筑系统集成有限公司自成立以来，在实践中逐步形成了一条钢结构住宅产业化的道路。从海宝试验房对外墙金属保温装饰一体板的试验取的成功后，于 2012 年 8 月在新疆人大公务员小区外墙进行了该新型墙板的应用尝试，积累了一定的经验。随着我国住宅产业化的不断推进，节能住宅建筑的不断加快，装配式外墙保温金属挂板作为无污染，可回收的绿色产品，必将成为住宅外墙装置的发展的趋势。

装配式多功能保温一体外墙金属挂板，改变了建筑砌体、水泥基挂板外贴面砖或做涂料的传统施工方法，避免了外墙开裂、冻融、脱落而引发的对人体伤害。同时解决了湿作业带来的施工现场的污染。由于金属外墙板的保温材料采用的是 B1 级 XPS 保温板或岩棉（玻璃棉）板，根据不同地区的要求，调节 XPS 或岩棉的厚度以达到良好的保温隔热效果，因此装配式多功能保温装饰一体外墙金属挂板比目前常用的砌体外墙外保温、内墙内保温更具有优势，经济效益和社会效益也更为明显（图5）。

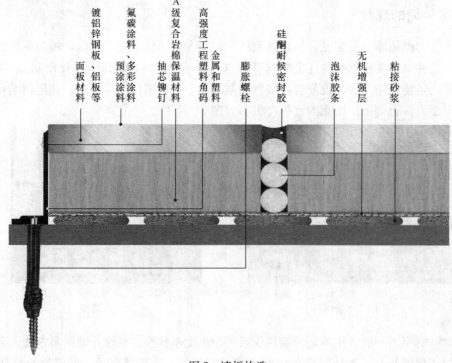

图 5　墙板构造

装配式多功能保温装饰一体金属外墙挂板，作为装饰保温的一体构件，通过专用断桥挂件与墙体材料根据建筑的层数采取铆粘连接或直接铆接。每块板之间放上 PE 棒，然后打上硅酮胶进行密封处理，已达到每块板由于温差的变化而自由伸缩，这种安装方法整体性能好，无干燥收缩率低 、板面平整尺寸精确高、拼接不易产生裂纹，同时外墙的抗渗性也得到了良好的保证（图6、图7）

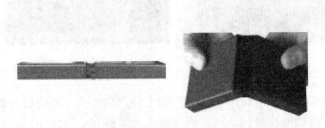

图6　墙板的安装　　　　　　　　　　图7　墙板饰面

4　外墙金属挂板的生产工艺

4.1　外墙金属板的生产

我们开发的装配式多功能保温装饰一体外墙金属挂板的生产样工艺是用宝钢生产的高品质镀铝锌板通过脱脂—水洗—钝化—初涂—烘干—精涂 1—烘干—多彩印花—精涂 2—烘干—在线检查—收卷，形成各种颜色，以满足各类建筑需求，见图8～图10。

图8　墙板生产　　　　　　图9　墙板油漆面1　　　　　图10　墙板油漆饰面2

当建筑外墙需要各种毛面石材效果时，需再进行一层臻岩涂层，以达到更逼真的仿石效果，将"臻"的概念充分的融入涂层，让臻岩涂层使用更加简单，逼真度更高，并产生手感。真正做到超越传统的仿石涂层。见图11～图13（图右下角为真实大理石）与右下角为真实大理石的比较图。而户外寿命远远超过普通涂层3～5 年的使用寿命，可达20～50 年。

图11　墙板石材饰面1　　　　图12　墙板石材饰面2　　　　图13　墙板石材饰面3

4.2　外墙一体挂板的加工

以每栋住宅的建筑图进行外墙装饰排版设计，根据门、窗、阴阳角、外墙体的装饰排版图，将卷板进行裁剪、折边，成不同的构件，根据建筑保温的需要复合上各种保温材料，形成了重量轻（XPS 系统面密度小于 $10kg/m^2$，复合岩棉板系统小于 $15kg/m^2$）便于搬运和操作的外墙装配构件运往现场，见

图 14～图 16。

图 14　保温材料

图 15　板材

图 16　复合墙板

切边的腐蚀往往是最难解决的问题，在镀锌钢板的使用中这个问题十分严重，由于切边没有镀层保护，切开后锈蚀往往从切边开始向内腐蚀，腐蚀速度极快。而镀铝锌板切面暴露在空气之中后，周围的铝层会立刻形成致密的氧化铝层，阻止腐蚀的进一步扩散。对于切面的保护都如此周到，更显示出镀铝锌板的优异性。

4.3　技术指标

金属复合保温系统的性能指标见表 1。

金属复合岩棉板性能指标　　　　　　表 1

试　验　项　目		性　能　指　标
颜色及外观		板面平整、色泽均匀、切口平直； 无明显翘曲、变形、裂纹等； 无影响使用的缺棱和掉角
单位面积质量（kg/m²）		≤30
抗冲击强度（J）	普通型（P 型）	≥3.0
	加强型（Q 型）	≥10.0
吸水量（g/m²），浸水 24h		≤500
耐冻融		表面无裂纹、空鼓、起泡、剥离现象
不透水性		试样防护层内侧无水渗透
拉伸粘结强度 （MPa）	原强度	≥0.1，破坏在复合岩棉板上
	耐水	≥0.1，破坏在复合岩棉板上
	耐温	≥0.1，破坏在复合岩棉板上
	耐冻融	≥0.1，破坏在复合岩棉板上
保温材料导热系数(25℃)［W/(m·K)］(岩棉条)		≤0.045
热阻［(m²·K)/W］(48mm 厚度的复合岩棉板)		≥0.75

注：48mm 厚度的复合岩棉板以 40mm 岩棉条为芯材。热工计算中：岩棉条厚度 40mm，导热系数 0.045W/(m·K)。

系统中金属面板采用折边的结构，采用拉铆钉的方式将工程塑料角码固定到金属这边上，通过简单的想象就可以理解到采用这种粘结砂浆＋机械锚固的方式进行的情况下，即使其中一种方式失效都可以继续保持系统的安全性。避免了冷桥的产生。采用的角码应符合表 2 的规定。

角码性能指标　　　　　　表 2

项　目	性能指标	试验方法
拉伸强度	≥160MPa	GB/T 1040
弯曲强度	≥200MPa	GB/T 9341
热变形温度	≥230℃	GB/T 1634.1
无缺口冲击强度	≥350kJ/m²	GB/T 1843

5 现场的安装

该系统最常见的是采用粘贴加锚固的方式进行安装，这种安装方式可以十分可靠的固定将保温板固定到墙面上。而且简单。纵向施工宜分层从下至上的施工顺序进行（以楼层为单位），为了保证每块板在四周墙面上都在同一水平线上，应首先以建筑楼层四周墙面的同一基准线为起点向上，向下两个方向粘贴的顺序。横向施工应遵守先阳角后阴角。先保证特殊结构（如门、窗的对称性和均匀性），再大面积施工。

第一步：基层处理

彻底清理原墙面上由于碰撞、冻害、盐析或侵蚀造成的损害，并进行修复；将墙面的缺损和孔洞进行填补密实；清除墙面上起鼓、开裂的部分，墙体表面凸起物应小于10mm；如有必要清洗油渍和污染的部分。

第二步：测量放线

检查墙面的平整度和垂直度，在建筑阴阳角及其他关键部位挂基准控制线，控制保温层施工的垂直度和平整度。

第三步：安装角码

将工程塑料角码用拉铆钉固定到保温板上，注意错位安装（图17）。

图 17 安装组件

第四步：墙面上安装棉复合保温板

如采用铆粘结合，粘结砂浆现用现配，最好在1小时内用完。在一体化保温板上涂粘结砂浆，采用推荐采用点粘法，涂点按梅花形布设，直径100mm，点间距200mm，涂胶面积不小于40%。涂抹完砂浆后，立即将板立起就位粘贴，粘贴时应从下往上粘贴，动作轻柔，均匀挤压，随时用托线板检查垂直平整度（图18）。

图 18 安装方法

第五步：贴美纹纸打密封

在板缝见填入泡沫条条，撕去部分保护膜，粘贴美纹纸后进行打胶操作，打胶须均匀，再用专业工具进行刮平操作，打胶完毕后可先行撕去美纹纸，以免粘贴时间过长造成难以清理情况。

第六步：清洁板面

撕去保护膜，清理部分污染板面，根据验收标准进行现场测试，保证板块安装妥帖。2012年10月在新疆乌鲁木齐骑马山公务员小区门卫及商铺整个墙面铺设保温装饰一体板（图19）。

图 19　试点工程

6　结束语

　　轻钢龙骨结构体系作为一种新型的结构体系，近几年来在我国得到很大的发展，本文介绍了保温装饰一体金属板的生产工艺并探讨了其施工方法，供设计和施工参考。相比传统砌体墙和水泥基条板，该墙体板材具有更好的保温隔热性能、质量轻、施工方便等优点，能更好地适应我国各种气候的需求，减少开裂、脱落等质量问题的发生，比较好地满足了钢结构住宅对墙体系统的要求。

第二部分

钢结构公共建筑

陕西钢结构抗震校舍简介

郝际平　　田炜烽

（西安建筑科技大学土木工程学院，西安　710055）

摘　要　陕西省在"5·12"特大地震后完成了 3 个钢结构抗震学校试点项目的建设，本文介绍了试点项目的结构设计和建设情况，并对设计中存在的一些技术问题展开讨论。通过造价结算发现，钢结构校舍建筑造价能基本和混凝土结构持平，具有广阔的推广空间。

关键词　钢结构；校舍；抗震设计；造价

1　项目背景

2008 年 5 月 12 日，我国四川省汶川县发生里氏 8.0 级强烈地震。近 7 万人罹难，2 万人失踪，数以万计的建筑坍塌，直接经济损失 8 千余亿元。大量学校、医院等人员密集的重要公共建筑也发生垮塌，损失极其严重。地震发生后，西安建筑科技大学郝际平教授向陕西省政府提交了近两万字的"地震灾区房屋建筑灾后重建建议书——钢结构房屋在地震灾区的应用"，该建议书得到省政府的高度重视。省政府多次召开专题会议研究钢结构建筑在我省校舍建筑中的应用事宜，决定首先在我省西安、汉中及宝鸡建设试点学校，并责成省建设厅、教育厅、财政厅负责该项目的落实。陕西省教育厅牵头在省内开展了三个钢结构校舍的试点建设工作，由西安建筑科技大学负责设计。三个试点学校分别为：汉中洋县书院初中城东校区，武功县普集镇中心小学，宝鸡渭滨区八鱼初中，共 6 个单体工程，总建筑面积约 3 万 m²。西安建筑科技大学于 2008 年 11 月完成了全部施工图的设计。截至目前，试点工程已全面完工并投入使用。

2　项目概况

2.1　洋县书院初中

洋县书院初中位于陕西省汉中市洋县，非采暖区，抗震设防烈度 6 度（0.05g），基本风压 0.3kPa，持力土层为粉质黏土。共包括教学楼和行政办公楼两个单体，均为 3 层，层高 3.9m，总建筑面积约 1.4 万 m²。

2.2　普集镇中心小学

普集镇中心小学位于陕西省宝鸡市武功县，采暖区，抗震设防烈度 7 度（0.15g），基本风压 0.35kPa，持力土层为黄土，具轻微湿陷性。共包括教学楼和报告厅两个单体，其中教学楼为 4 层，层高 3.9m，报告厅为 1 层，层高 5.4m，总建筑面积约 0.6 万 m²。

2.3　宝鸡八鱼中学

宝鸡八鱼中学位于陕西省宝鸡市，采暖区，抗震设防烈度 7 度（0.15g），基本风压 0.35kPa，持力土层为卵石层。共包括教学楼和宿舍食堂两个单体，均为 5 层，层高 3.9m，总建筑面积约 1 万 m²。

3　结构设计概况

3.1　结构形式

常见的钢结构体系按支撑条件可分为无支撑框架、支撑框架、钢板剪力墙框架等形式。按柱截面不同又可分为H形（十字形）钢框架、钢管（矩形钢管、圆钢管）框架、钢管混凝土框架等形式。

支撑框架由支撑承担大部分层间剪力，框架主要承担竖向荷载，力学性能较好，适用于高烈度地区且较为经济，但由于需要在柱间设置支撑，对建筑使用影响较大。钢板剪力墙结构抗震性能优越，在北美、日本等地区研究较早，早在 20 世纪 60 年代在北美就有工程应用，在校舍、医院等抗震要求高的多层建筑中应用较多。国内对钢板剪力墙结构的研究起步较晚，系统的研究于本世纪初才逐渐开展。目前在我国四川等地区也已有该体系的试点工程，但尚无较为成熟的设计方法。无支撑框架具有良好的抗震性能，应用广泛，在中低烈度地区应用较为经济，在高烈度地区较费钢材，但其结构布置灵活，对建筑使用影响小。

H 型钢柱加工方便，梁柱节点连接简单。但 H 型钢表面积大，防火涂料使用量大，弱轴方向惯性矩小，较适合和支撑配合使用。可适用于低烈度区。矩形钢管混凝土柱加工要求较高，梁柱节点连接相对复杂。当柱截面较大时，可采用内加劲，此时会影响混凝土的灌注；当柱截面较小时，可采用外加劲，此时加劲环外露将影响室内效果。矩形钢管混凝土柱表面积较小，防火涂料使用量少，内部混凝土可有效防止柱壁局部屈曲从而减小壁厚，与 H 型钢梁组成的框架结构较易满足"强柱弱梁"的抗震要求。可适用于较高烈度地区。

校舍建筑具有大开间、大开洞的建筑特点，柱间支撑难以布置。在综合对比分析后，三个试点均主要采用了无支撑框架的结构形式，个别单体采用了轻型门式钢架的结构形式。洋县书院初中位于 6 度区，地震力不大，且不起控制作用，采用 H 型钢框架（图 1）。普集镇中心小学和宝鸡八鱼中学位于 7度区，地震力较大，为了提高整体刚度和抗震性能，采用矩形钢管混凝土钢框架结构（图 2、图 3）。

图 1　洋县书院中学施工概况

图 2　普集镇中心小学施工概况

图 3　宝鸡八鱼中学施工概况

3.2　柱网形式

校舍建筑由于使用功能要求开间均较大，在 8～12m 左右。一般认为，钢框架在跨度较大时比较经济，因而通常在柱网布置时采用大柱网，即在开间位置布置钢柱，柱距即开间的布置形式。汶川地震的震害表明，小柱网结构由于有更多的冗余度，在罕遇地震时破坏较大柱网结构要轻。通过对洋县中学教学楼的试算发现，两种布置形式的用钢量基本持平，而小柱网有更多的安全储备，因此试点工程均采用小柱网。

3.3　基础形式

三个试点分别位于陕西关中地区和陕南地区，地质条件迥异。武功普集镇属较典型的黄土地貌，承载力较高但具轻微湿陷性；宝鸡八鱼中学原为河滩，持力土层为卵石层，具有很高的承载力；汉中洋县位于汉中平原，书院中学原为耕地，持力土层为粉质黏土，承载能力也较高。

钢结构具有自重轻的特点，在相同荷载条件下与混凝土结构相比可大大降低基础要求，三个试点的地质条件均较好，洋县书院中学为 3 层，采用独立基础，普集镇中心小学和宝鸡八鱼中学为 5 层，采用条形基础。

3.4　楼板形式

在洋县书院中学和普集镇中心小学采用了钢筋桁架模板现浇混凝土楼板系统，见图 4。该系统是将

运输　　　　　　　　　　堆放

铺设　　　　　　　　　　管线布置

图 4　钢筋桁架模板系统

楼板中钢筋在工厂加工成钢筋桁架，并将钢筋桁架与镀锌压型钢板焊接成一体的组合模板系统，具有以下特点：

（1）经济。钢筋桁架受力模式合理，选材经济，综合造价优势明显，通过调整桁架高度和钢筋直径可适用于跨度较大的楼板，并可设计为双向板。

（2）便捷。现场钢筋绑扎工作量可减少 $60\%\sim70\%$，现场钢筋绑扎量在 $2\sim3kg/m^2$ 之间，可有效缩短工期；桁架受力模式可以提供更大的楼承板刚度，可大大减少或无需用施工用临时支撑。

（3）安全。该体系的力学性能与传统现浇楼板基本相同，楼板抗裂性能好；耐火性能与传统现浇楼板相当，优于压型钢板组合楼板；设计时不考虑底模在使用阶段的受力，是安全储备，且不需考虑防腐问题。

（4）可靠。钢筋排列均匀，上下层钢筋间距及钢筋保护层厚度有可靠保证。楼板双向刚度相近，有利于建筑物抗震；栓钉焊接质量更容易保证。

该系统安全、可靠、施工便捷，造价较普通的钢筋混凝土楼板稍高，但低于压型钢板组合楼板。洋县书院中学和普集镇中心小学应用了该楼板，八鱼中学由于造价原因仍采用传统的现浇楼板。

3.5 围护材料

与钢结构配套较好的墙体材料是复合墙板，此类墙板质量轻、强度高、施工速度快，在钢结构建筑中使用能更好地发挥钢结构的抗震优势，但造价较高。本项目受经费制约，仍采用传统的加气混凝土砌块填充墙体，该墙体砌筑工艺简单、保温性能好且较为经济，但自重大，对钢框架性能影响较大。

结构设计信息汇总，见表1。

结构设计信息汇总　　　　　　　　表 1

项目	洋县书院中学		普集镇中心小学		宝鸡八鱼中学	
单项	教学楼	办公楼	教学楼	报告厅	教学楼	宿舍食堂
烈度	6 度（0.05g）		7 度（0.15g）		7 度（0.15g）	
结构形式	H 型钢框架	H 型钢框架	矩形钢管混凝土框架	门式钢架	矩形钢管混凝土框架	矩形钢管混凝土框架
柱距（m）	4.2	4.0	4.2	6.0	5.1	3.6
基础形式	独立基础	独立基础	条形基础	独立基础	条形基础	条形基础
楼板形式	钢筋桁架楼承板	钢筋桁架楼承板	钢筋桁架楼承板	无	现浇混凝土楼板	现浇混凝土楼板
围护墙体	加气混凝土砌块					

4 工程造价

三个试点学校属于灾后重建项目，由省教育厅统一规划和部署。工程造价限定为 1500 元/m^2，包括建安费、设计费、审图费和监理费等费用。表 2 列出了部分分项工程的工程造价结算情况。

工程造价结算表　　　　　　　　表 2

分项工程	洋县书院中学教学楼	普集镇中心小学教学楼	宝鸡八鱼中学教学楼	宝鸡八鱼中学食堂宿舍
用钢量（kg/m^2）	50.5	51.4	56.7	53.3
基础造价（元/m^2）	125	126	120	113
主体造价（元/m^2）	643	653	615	600
土建造价（元/m^2）	695	654	710	710
合计（元/m^2）	1463	1433	1445	1423

注：土建部分包括墙面、楼面、门窗、粉刷、保温和管线布置等分项。

试点工程的工程造价均控制在 1500 元/m² 以下，与混凝土框架结构基本持平。这说明在结构合理、设计精细和施工优良的前提下，钢结构造价能控制在较低的水平，钢结构建筑的推广和应用有广阔的空间。

5 取得的成果

三个试点工程现已全面完工并投入使用，得到了使用单位、上级领导和社会各界的广泛好评，认为钢结构学校造型美观、结构坚固耐用、造价经济，适合在校舍建筑中推广使用（图 5～图 8）。领导单位也表示可以继续推广钢结构抗震学校，并可将该结构形式推广到医院建筑。

图5 社会各界视察洋县书院中学

图6 洋县书院中学落成概貌

图7 普集镇中心小学落成概貌

图 8　宝鸡八鱼中学落成概貌

6　有待进一步解决的问题

6.1　钢楼梯的支撑效应

一般的，钢楼梯都是作为单独的构件校核计算，在通用的计算软件如 PKPM 中并不能考虑钢楼梯对整体结构的影响。事实上，钢楼梯在整体结构中相当于一个支撑，并且具有相当大的刚度，在地震作用时将会吸收一定的地震力，单独的校核计算有可能造成不安全，很多震害也表明楼梯在强震下破坏严重。楼梯是重要的逃生通道，一旦破坏后果极其严重，在设计时需要额外注意。试点工程在设计时采用了有限元软件 SAP2000 整体建模提取楼梯梁内力的方法考虑地震对楼梯梁的不利影响。该方法能较安全地对钢结构楼梯进行设计，但工作量大，不适合设计人员在一般结构设计时使用，因而简化的考虑方法需要进一步研究，通用的设计软件也需要进一步更新。

6.2　墙体对钢框架性能的影响

目前，在通用的设计方法中，墙体对钢框架的影响通过钢框架的周期折减系数来实现，一般可取 0.9。事实上，墙体与钢框架的相互作用相当复杂，一方面墙体可对钢框架的抗侧提供一定的刚度，另一方面墙体对钢框架的自振特性、地震响应和破坏特征均会产生影响，简单地用周期折减系数来考虑并不充分。墙与结构的相互作用，国内的研究主要针对混凝土结构，与钢结构的相互作用研究相对较少。学校建筑具有大开洞的特点，大开洞墙体对结构刚度的贡献多少，是否应该在框架分析中考虑以及如何考虑都需要进一步研究。

6.3　新型结构体系需要研究

校舍建筑普遍具有大开间、大开洞的建筑特点，传统的支撑框架结构难以实现，纯框架在高烈度区应用较为浪费。因而，对适用于校舍建筑的安全经济且抗震性能优越的新型结构体系展开研究意义深远。笔者正在对国家自然科学基金资助项目"半刚性钢框架内填钢板剪力墙结构体系"展开研究，该体系抗震性能优良，钢板墙布置灵活，可满足建筑使用和抗震性能的要求，研究取得成果后将对钢结构建筑的设计提供有益的参考。

7　前景和展望

该试点项目在各合作单位的精心配合下，起到了示范作用，取得了成功，为下一步大力推广奠定了坚实的基础。钢结构绿色环保，抗震性能优越，通过优良的设计及施工，造价能控制在较低的水平，它的推广应用具有广泛的空间和巨大的市场。

钢结构不仅适用于学校，还适用于医院等重要公共建筑。这类建筑物的破坏、倒塌后果尤为严重，不仅会造成大量人员伤亡，也不利于灾后救援工作和防疫工作的展开。因此，也希望钢结构能在这类公共建筑中得到推广，切实增强公共建筑的防灾能力，保障人民群众的生命财产安全。

世博会上海企业馆复杂空间钢结构设计研究

（总装备部工程设计研究总院，北京　100028）

提　要　世博会上海企业馆钢结构屋盖采用双向正交正放钢结构空间桁架体系，内设悬挂式剧场和展厅，通过复杂的技术手段和建筑变形，从视觉上传达上海企业联合馆的精神，是上海工业与工业精神的象征。系统介绍了上海世博会企业联合馆钢结构设计过程，进行了钢框架结构体系与钢框架-支撑结构体系的分析比较，对钢框架柱内力重分布和钢结构节点连接进行了优化设计。

关键词　空间桁架；钢框架；钢框架-支撑结构体系；巨型框架；挠度；结构优化

1　工程概况

上海世博会企业联合馆位于世博会企业馆展区，围绕"城市，升华梦想"的理念，大胆尝试新技术、运用新材料来展现新的城市生活视点，通过复杂的技术手段和建筑变形，从视觉上传达上海企业联合馆的精神，是上海工业与工业精神的象征（图1）。上海世博会上海企业联合馆建筑平面长约63m，宽约48m，建筑高度22.5m（图2）。

图1　上海世博会上海企业馆整体效果图

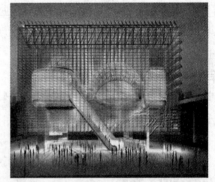
图2　上海世博会上海企业馆正立面效果图

企业联合馆一层除楼电梯、自动扶梯和消防控制室外全架空，为排队等候区域和出口集散区域，层高最小3.5m，最大6m。夹层为设备间，内设暖通、电控制室、安防控制室、集控中心、展览演出控制室及小型办公、更衣室、员工厕所等功能。二层为主要参观楼层，布置有展览、剧场、零售等功能。局部三层，设有VIP接待室，其余为屋顶咖啡区域。工程为临时展览建筑，使用时间为8个月。根据世博会业主要求，世博会结束后，场区上部建筑及地下工程包括桩基应全部清除，桩基应完全拔出，以利于该场区日后重新规划和建设。

2　场地工程地质条件

根据岩土工程勘察报告，拟建场地在70.30m深度范围内的地基土属第四纪沉积物，场地类别为Ⅳ

类，位于抗震设防烈度 7 度区，设计基本地震加速度为 0.10g，所属的设计地震分组为第一组，可不考虑场地地基土地震液化影响。拟建场地为稳定场地。

3　钢结构设计

3.1　结构体系

世博会企业联合馆建筑物跨度为 48m×63m，高度为 22.5m，工程所在地区地震基本烈度为 7 度，结构抗震设防分类为标准设防类。拟采用钢框架-支撑结构体系或钢框架结构体系，以满足结构抗侧刚度的要求。其中钢框架柱采用箱型柱，箱型柱断面尺寸分别为 450mm×450mm×18mm×18mm、450mm×450mm×24mm×24mm、450mm×450mm×40mm×40mm；层间设水平钢框架梁，箱型钢框架梁断面为 250mm×250mm×20mm×20mm；柱间斜支撑采用箱型断面 250mm×250mm×20mm×20mm。

主体结构楼（屋）盖结构方案采用可拆装全钢结构空间桁架体系，桁架高 3m，平面网格尺寸为 3m×3m，采用两向正交正放网架形式。其中主桁架上、下弦杆采用 HW250mm×250mm×9mm×14mm，次桁架上、下弦杆采用 HW250mm×175mm×7mm×11mm；斜腹杆采用等边角钢组合截面或 H 型钢，直腹杆采用等边角钢组合十字截面或 H 型钢。主桁架剖面图见图3。桁架利用桁架高度空间配置设备用房，双层空间桁架间设置悬挂式剧场和展厅（图4、图5）。剧场和展厅部分楼面和墙面采用 80mm 厚复合蜂窝板作为结构承重板。

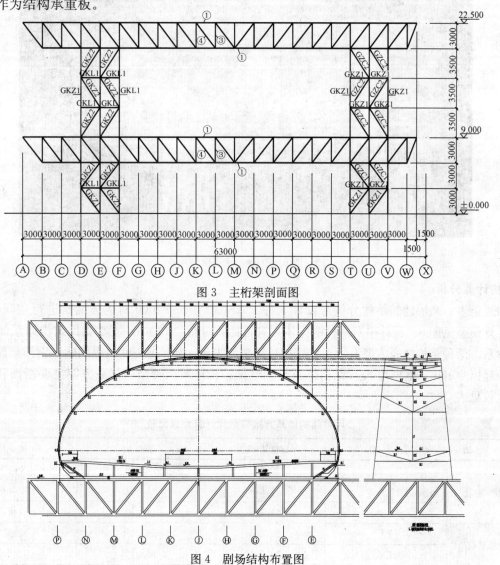

图 3　主桁架剖面图

图 4　剧场结构布置图

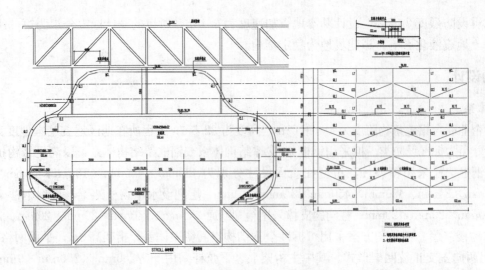

图 5 展厅结构布置图

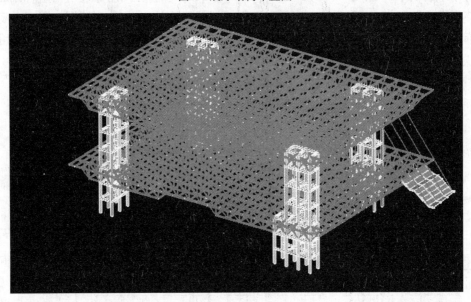

图 6 有限元计算模型

3.2 结构计算分析

采用复杂多、高层建筑结构分析与设计软件 PMSAP 与 SAP2000 对主体结构进行空间分析计算，有限元计算模型见图 6。设计中对两种结构体系进行比较分析：（1）钢框架-支撑结构体系；（2）钢框架结构体系。两种结构体系方案有限元计算比较结果见表 1。为解决挠度超限问题，钢桁架施工时，沿短向跨中起拱 50mm。钢框架-支撑结构体系与钢框架结构体系两种结构体系方案主要断面和用钢量技术经济比较见表 2。

两种结构体系方案有限元计算结果比较 表 1

结 构 体 系		钢框架-支撑	钢框架	备 注
自振周期	T1（s）	2.221	2.318	X 向平动
	T2（s）	1.618	1.731	X 向平动
	T3（s）	1.134	1.219	扭转
有效质量系数	EX	93.85%	94.22%	＞90%
	EY	90.85%	93.31%	＞90%

续表

结　构　体　系		钢框架-支撑	钢框架	备　注
楼层最大 水平位移	WX	17.562	34.042	
	WY	6.835	16.523	
	EX	9.222	15.498	
	EY	7.029	14.462	
楼层最大 层间位移角	WX	1/652	1/362	
	WY	1/1599	1/719	
	EX	1/1410	1/770	<1/300
	EY	1/1885	1/870	<1/300
理论挠度值	顶层桁架	106	109	允许值 90mm
	中间层桁架	124	128	

两种结构体系方案主要断面和用钢量比较　　　　　　表2

结构体系		钢框架-支撑	钢框架
结构主体 主要构件 断面	钢框架柱	□450×450×50×50	□450×450×60×60
		□450×450×24×24	□450×450×30×30
		□450×450×18×18	□450×450×18×18
	钢框架梁	□250×250×24×24	□300×300×24×24
	钢支撑	□200×200×14×14	□200×200×14×14
结构主体 钢材用量 （t）	钢框架柱	167.522	169.435
	钢框架梁	93.935	134.461
	钢支撑	31.836	0
	钢桁架	573.093	573.093
	主体总重	866	877

有限元计算分析结果表明：钢框架-支撑结构体系和纯钢框架结构体系均可以满足规范要求。与纯钢框架结构体系相比较，钢框架-支撑结构体系具有主体结构刚度大、变形小、钢框架箱型柱钢板厚度小、总用钢量低的特点，因此设计采用钢框架-支撑结构体系。

3.3　钢框架柱内力重分布

有限元计算结果显示：多点支撑的两向正交正放网架，其竖向力在主桁架交汇的钢框架柱（图8中GKZ1）处形成应力集中，而相邻柱分担的内力很小，在钢框架柱截面尺寸受限制的情况下，造成箱型断面钢框架柱板厚达50mm。

为避免主桁架交汇的钢框架柱应力集中，对钢框架-支撑结构体系方案布置进行了调整，将钢框架内角柱在与二层桁架处断开，形成虚柱（图8），造成竖向力向外侧柱GKZ2的转移（图7）。钢框架柱内力重分布后，箱型断面钢框架柱板厚由50mm减小为30mm，为施工提供了便利（图9）。

3.4　钢结构节点连接

工程连接节点设计中，综合考虑钢构件加工、运输、安装和世博会结束后快速拆除的因素，经过反复优化，拟采用如下连接方式：在同一个安装单元范围内的构件连接，采用工厂焊接的方式；安装单元间的工地拼接，采用高强螺栓连接（图10、图11）。工厂焊接和工地螺栓连接相结合的组合连接方法，吸取了工地螺栓连接和工厂焊接各自的优点，能够确保焊接质量，避免了工地焊接带来的焊缝质量隐患，可以缩短工期，同时有利于后期钢结构拆装和钢材的重复使用。

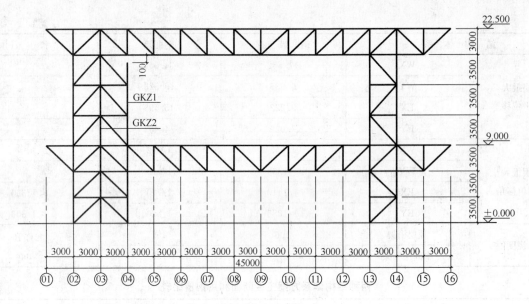

图7　主桁架方案调整

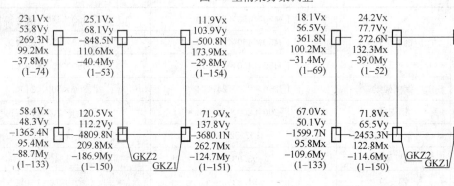

图8　底层柱内力标准组合（方案调整前）　　　　图9　底层柱内力标准组合（方案调整后）

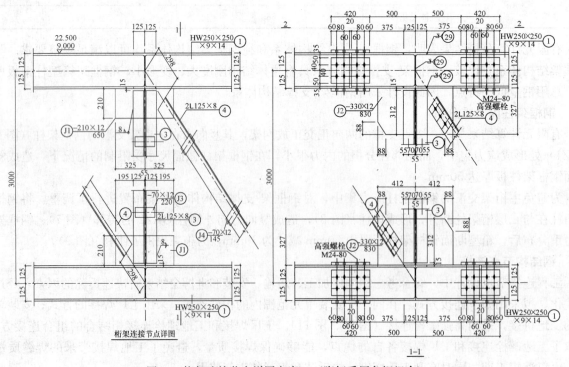

图10　桁架连接节点详图方案一（腹杆采用角钢组合）

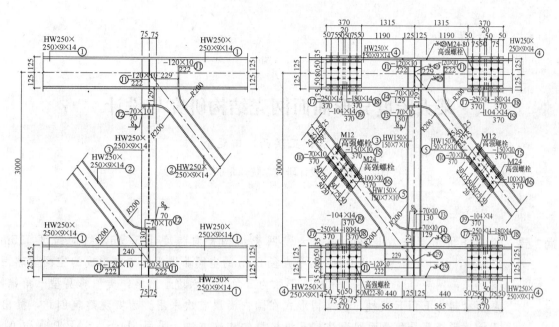

图 11　桁架连接节点详图方案二（腹杆采用 H 型钢）

4　结语

（1）世博会企业馆钢框架-支撑结构体系和纯钢框架结构体系有限元计算分析结果表明：与纯钢框架结构体系相比较，钢框架-支撑结构体系具有主体结构刚度大、变形小、钢框架箱型柱钢板厚度小、总用钢量低的特点。钢结构连接节点设计中采用工厂焊接和工地螺栓连接相结合的组合连接方法，综合考虑了钢构件加工、运输、和安装因素，在世博会结束后，有利于实现业主要求的拆装到异地重建的要求，建造一个绿色环保的建筑。

（2）对桁架典型连接节点进行了比较优化，与传统组合角钢连接节点相比较，优化后的 H 型钢连接节点采用圆弧节点板过渡，节点刚度大，节点板尺寸小，为夹层设备用房的使用提供了便利；同时连接节点造型简洁美观，很好地满足了对世博会企业馆严格的审美要求。

（3）多点支撑的两向正交正放网架，其竖向力在主桁架交汇的钢框架柱处形成应力集中，对钢框架柱布置方案进行合理调整有利于柱内力重分布和减少钢框架柱板厚。

参考文献
[1] 中华人民共和国国家标准.钢结构设计规范(GB 50017—2003)[S].北京：中国计划出版社，2003.
[2] 中华人民共和国行业标准.建筑钢结构焊接技术规程(JGJ 81—2002)[S].北京：中国建筑工业出版社，2002.

某大跨度异形曲面网壳结构研究与设计

贺虎成，王洪西，田廷全

（总装备部工程设计研究总院，北京　100028）

摘　要　天津华侨城生态欢乐岛水公园大馆网壳结构长向跨度 195.5m，短向跨度 115m，高 32.5m，是由一个直径 140m，两个直径 80m 的空间曲线旋转相交形成的空间"球面"双层网壳，网壳上弦为六边形网格，下弦为三角形和六边形网格，类似蜂窝型三角锥网格，屋面材料为 ETFE 气枕，该结构形式在国内尚属首次采用。为实现建筑创意，提出了基于六边形蜂窝异型曲面网壳结构三维模型的构建方法，采用 3D3S、SAP2000 和 ANSYS 等多种软件，对网壳结构进行了静力计算和线性、几何非线性稳定分析，解决了大跨度异型曲面网壳结构建模、计算与分析、设计难题，为中国的"伊甸园"工程信息化加工、制作、施工、管理提供了基础模型。

关键词　空间网壳结构；六边形蜂窝结构；静力计算；几何非线性分析；三维建模

天津华侨城生态欢乐岛项目是华侨城大型综合旅游项目，设计年游客量为 200 万人次，由美国 RP-VA 公司完成规划和概念设计。水公园大馆是其三大功能板块之一——生态水公园的主体建筑，建筑面积约 3 万 m²，该公园以水为媒，包含室内造浪池、室内滑道等亲水设备，融入了温泉 SPA 泡池、滑道、过山车、漂流河及辅助设备。大馆夏季开敞，冬季闭合，创新的混合式温泉水世界将满足北方市场一年四季的运营需求。

水公园大馆网壳外观由三个"半球"相贯而成（图 1），是由一个直径 140m，两个直径 80m 的空间曲线旋转相交形成的空间"球面"双层网壳，大球跨度 140m，两侧小球对称布置，跨度 80m，小球与大球落地圆心间距 57.75m，大球一侧平行于三个球心 25m 切割形成大门。结构长向跨度 195.5m，短向跨度 115m，高 32.5m，网壳上弦为六边形网格，下弦为三角形和六边形网格，类似蜂窝型三角锥网格，屋面材料为 ETFE 气枕，该结构形式在国内尚属首次采用。

图 1　水公园大馆网壳效果图

1　工程概况

水公园大馆位于天津市东丽区东丽湖温泉度假旅游区，建筑面积约 3 万 m²。由三个相贯的"球壳"组成，中间"大球壳"跨度 140m，最高点 32.5m，两侧"小球壳"跨度 80m，最高点 29m，内部无立柱支撑。大门跨度 105m，高度约 25m。球壳网格类似倒扣的蜂窝形型三角锥，球壳相贯处为空间扭曲桁架，大门处为矩形桁架结构。屋面材料为 ETFE 气枕膜材。建筑投影面积 17241m²，建筑物表面积 22952m²，大门洞面积 1963m²。

2　基本设计参数

工程设计基准期为 50 年，结构设计使用年限为 50 年。抗震设防类别为重点设防类（乙类），结构安全等级为一级。抗震设防烈度为 7 度，设计基本地震加速度值为 0.15g。设计地震分组为第二组。场地类别为 Ⅳ 类，软弱土，无液化。地下水主要为潜水，静止水位埋深 0.5～0.8m。场地标准冻深为 0.6m。

地基基础设计等级为乙级，采用钻孔灌注桩，建筑桩基设计等级为乙级。基本风压为 0.50kN/m²，基本雪压为 0.40kN/m²。

主体结构为空间双层钢网格结构，材质为 Q345，钢结构自重约 0.82kN/m²（按照投影面积计算，约 0.62kN/m²），屋面膜结构自重 0.2kN/m²（包括膜结构边框、ETFE 气枕膜等）。大球网壳下弦在网壳距地 25m 以上每个节点附加恒载 0.3kN。小球网壳下弦在网壳距地 20m 以上每个节点附加恒载 0.3kN。不上人屋面活载为 0.2kN/m²。钢结构网壳整体温差为升温 +15℃ 和降温 −40℃。

3　结构特点与结构模型

RPVA 公司设计人员对水公园大馆的建筑创意源自英国西南部的康沃尔郡的伊甸园工程。伊甸园工程[1,2]是英国的千年项目之一，是沿着一个深坑而建的延展型建筑。该建筑由两个巨大的钢结构网壳群组成（图 2），包含热带、温带、亚热带植物群的大型温室，耗资 1.25 亿英镑，2001 年建成以来被英国媒体称为世界第八大奇迹，每天吸引着数以千计的游客。伊甸园工程投影面积 22130 m²，最大的网壳直径 125m，高 55m。

图 2　英国伊甸园工程（Eden Project）

本工程与伊甸园工程相比，最大不同在于：伊甸园工程网壳是一个规则、完整的典型圆壳，也就是说，它是由圆弧绕指定轴旋转而成的，可以由球体分割得到。水公园大馆网壳表面由 RPVA 公司设计人提供的两根多段线（图 3、图 4），绕指定的圆心旋转相交而成，不能分割成正多面体。这就给本工程建模带来了极大的困难。建筑方案要求"大球壳"与"小球壳"落地圆心距离 57.5m，大、小球落地圆中心连线距离大门拱管桁架 45m。

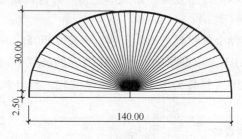

图 3　大壳轮廓线及尺寸

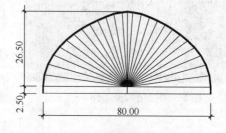

图 4　小壳轮廓线及尺寸

根据相关资料[1~3]，综合考虑结构跨度、屋面荷载和建筑空间要求，网壳厚度初步确定为：大壳厚度 2.8m，小壳厚度 2.0m。建模的关键在于如何在一个非规则球面外层壳面上划分六边形网格，内层壳面上划分六边形和三角形组合网格，形成一个类似蜂窝形三角锥网格的完美的力学结构（肥皂泡和蜂巢的结构原理）。大多数穹顶建筑网格实际上来源于"柏拉图"二十面体和十二面体。二十面体是由二十个形状相同的规则三角形面组成的。十二面体是由十二个形状相同的规则五边形面组成的。如果十二面体和二十面体相互对偶且共点，把多面体相邻面的中点连接起来，测地网就可以按规定的棋盘状法则绘制在球体表面。根据"测地线"规则，在球面网上的十二面体的夹角或顶点可以通过其中的相似五边形

127

识别出来，而且他们与二十面体表面中点一致。根据上述原理，对文献［2］的方法进行改进，先将多段线旋转的球壳均分为5等分，在1/5的壳体上，对于每一段多段线，找出其拟合的圆弧中心，然后在由多段线旋转成的"球面"上细分三角形面。省略部分小的三角形网格，在球面上就出现了六边形网格。以此为基础，再通过1/5的旋转对称，就形成了六边形的外壳网格。内层的网格通过外层网格偏移，并连接每个杆件的中点，就可以形成六边形-三角形相间的网格，依次连接外层、内层节点即形成了内、外层之间的斜腹杆（图5～图8）。

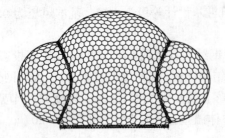

图5　网壳上弦平面俯视图

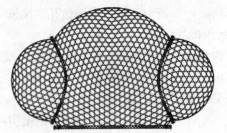

图6　网壳下弦平面俯视图

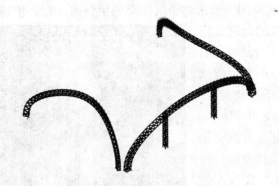

图7　网壳交线管桁架、大门管桁架侧视图

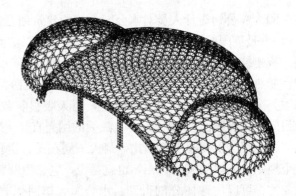

图8　网壳模型侧视图

图9　网壳结构施工图

由于结构轮廓线是多段拟合曲线，因此按照上述方法形成的网格节点坐标在1/5区域内没有规律性，导致整个结构不但外形复杂，而且节点多，杆件数量多，且坐标无规律（图9）。

杆件全部材料为Q345钢，密度7850kg/m³，弹性模量206GPa。根据结构特点，在网壳的高度方向分为4个区，每个区杆件外径相同，壁厚变化。具体截面尺寸见表1。

主要杆件规格　　　　　　　　　　　　　　　　　　　　表1

位　置	高度分区	上　弦	下　弦	腹　杆
大球	1区	φ180×8	φ180×12	φ102×6
	2区	φ180×8	φ180×10	φ95×6
	3区	φ180×8	φ180×10	φ95×5
	4区	φ180×8	φ180×8	φ95×5
小球	1区	φ140×6	φ140×7	φ95×5
	2区	φ140×6	φ140×7	φ89×5
	3区	φ140×5	φ140×5	φ89×4.5
	4区	φ140×5	φ140×5	φ89×4.5

续表

位　置	高度分区	上　弦	下　弦	腹　杆
大门拱		$\phi273\times20$	$\phi273\times20$	$\phi152\times10$
大门立柱		$\phi273\times20$	$\phi273\times20$	$\phi152\times10$
交线管桁架		$\phi351\times20$	$\phi351\times20$	$\phi152\times10$

4　计算结果与分析

4.1　计算简图

结构荷载按照前述取值，主要考虑了结构自重、膜结构重量、地震作用、风荷载、屋面活荷载等，共计算了 67 种工况。由于网壳结构本身为轻薄型结构，且屋面材料为气枕膜，根据规范要求，采用 ABS 材料制作了 $1:150$ 的大馆刚性测压模型，在北京大学力学与工程科学系空气动力实验室进行了风洞实验（图 10）。结果表明[4]，南门打开状态时的壳体内压要比规范[4]提供的封闭结构内压值（±0.20）高出很多，内压平均值可达 $+0.546$，和外表面的负压叠加后的整体负压平均值超过 -1.1，小壳体尖顶和南门前沿的局部负压值可达 -3.0 以上。

计算模型共有 4565 个节点，13552 个单元。网壳杆件为铰接，交线管桁架、大门管桁架及立柱杆件为刚接。

图 10　风洞实验中的网壳结构模型

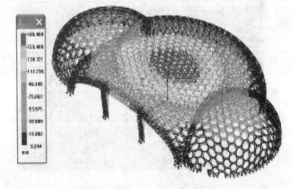

图 11　网壳整体变形图

4.2　静力计算

标准组合下，结构的整体变形见图 11，最大值为 -0.180m，位于"大球壳"中心顶部，结构位移值为短向跨度的 $0.18/115=1/638$，满足《空间网格结构技术规程》JGJ 7—2010 3.5.1 条不大于 $1/250$ 的要求。结构前 10 个单元的杆件应力比见表 2，最大值为 0.86，主要分布在大、小球交汇的交线管桁架及网壳上。

应力比最大的前 10 个单元　　　　　　表 2

序号	单元号	强度	绕 2 轴整体稳定	绕 3 轴整体稳定
1	13104	0.83	0.83	0.83
2	13141	0.83	0.83	0.83
3	13128	0.83	0.83	0.83
4	13113	0.82	0.82	0.82
5	12746	0.82	0.82	0.82
6	12705	0.81	0.81	0.81
7	13170	0.81	0.86	0.81
8	13362	0.80	0.80	0.80
9	13169	0.79	0.84	0.79
10	13361	0.76	0.76	0.76

4.3 稳定性计算

稳定性分析是网壳结构设计中的关键问题[7~9]，主要分为两个部分：特征值屈曲分析和非线性屈曲分析。特征值屈曲分析可获得结构的临界荷载和屈曲形状，并可为非线性屈曲分析提供可供参考的上限荷载值。特征矢量屈曲形状是最接近于实际屈曲模态的预测值，可以作为施加初始缺陷或扰动载荷的根据。水公园大馆网壳前三阶线性屈曲模态见图12～图14。

图 12　网壳一阶屈曲模态

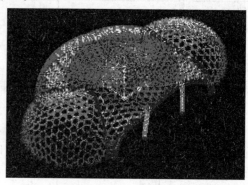

图 13　网壳二阶屈曲模态

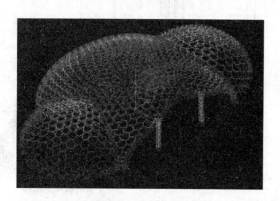

图 14　网壳三阶屈曲模态

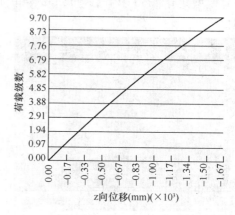

图 15　网壳一阶屈曲模态

网壳结构为缺陷敏感性结构，有初始几何缺陷结构的静力稳定承载力远小于完善结构。结构初始缺陷具有随机性，其大小及分布形式无法预测。研究表明，当初始几何缺陷按最低屈曲模态分布时，求得的稳定承载力是可能的最不利值。为此采用结构最低阶线性屈曲模态作为结构初始缺陷模态。

非线性屈曲分析是在考虑大变形的情况下的一种静力分析，水公园大馆网壳的几何非线性的荷载-位移全过程分析曲线见图15。

5　结论

本文给出了水公园大馆钢结构网壳基本设计参数，总结其结构特点，提出了"三球相贯"的大跨度异型空间曲面网壳的建模方法，实现了建筑创意。风洞实验结果表明，南门打开状态时的壳体的内压要比规范提供的封闭结构内压值高出很多，为大馆网壳结构风荷载确定提供了依据。结构静力计算和稳定性分析表明，水公园大馆网壳结构强度、稳定性均满足相关规范的设计要求。

参考文献

[1]　Alan C. Jones. Civil and Structure Design of the Eden Project[J]. International Symposium on Widespan Enclosures at the University of Bath, 26-28. April 2000.

[2]　Klaus Knebel, Jaime Sanchez-Alvarez, Stefan Zimmermann, et al. The Structure Making of the Eden Domes[D].

Space Feeling，MERO，2001.

[3]　中华人民共和国行业标准．空间网格结构技术规程(JGJ 7—2010)[S]．北京：中国建筑工业出版社，2010.

[4]　顾志福．天津华侨城生态欢乐岛水公园大馆风荷载风洞实验[R]．北京：北京大学，2011.

[5]　中华人民共和国国家标准．建筑结构荷载规范(GB 5009—2012)[S]．北京：中国建筑工业出版社，2012.

[6]　沈世钊，陈昕．网壳结构稳定性[M]．北京：科学出版社，1999.

[7]　沈祖炎，陈扬骥．网架与网壳[M]．上海：同济大学出版社，1996.

[8]　陈骥．钢结构稳定理论与设计[M]．北京：科学出版社，2003

[9]　尹德钰．网壳结构设计[M]．北京：中国建筑工业出版社，1996.

大跨度拱形钢管桁架结构设计研究

陈方明　王　芳　李龙春

（总装备部工程设计研究总院，北京　100028）

摘　要　"希夷之大理"彩虹桥采用大跨度空间钢管桁架结构体系，桥主体结构跨度 220m，结构总高度为 33.15m。系统地介绍了大理彩虹桥钢结构设计过程，进行了空间管桁架独立支撑结构体系和空间管桁架-拉索结构体系的分析比较。为减少空间拱结构造成的刚接支座水平推力，采取了在上部钢结构施工过程中对支座边界条件调整的处理方案，并以支座变形作为计算条件对主体结构重新进行有限元计算，结果表明，此时支座水平推力有了大幅减少。

关键词　空间管桁架；拉索结构；空间管节点；结构优化；有限元分析

1　工程概况

"希夷之大理"彩虹桥居于苍山洱海之间、大理古城之角，形成"一桥飞架南北，天堑变通途"的意境，形成大理古城新地标景象。彩虹桥与旋转天棚结合起来，通过水面的倒影，形成一个眼睛形象，通过灯光效果和视频效果渲染，形成一个魔幻的超现实的景象（图 1）。"希夷之大理"彩虹桥通过眼睛的空灵理念形成梦幻的视觉冲击力，同时彩虹桥也是舞台装置（水雾、视频、灯光等）的重要支撑结构。

彩虹桥主体结构外跨度 222m，内跨为 153m，内拱高度 30m，结构总体高度为 32.55m，为多装置集合支点：水幕管道、维亚吊装、灯光支架、视屏投影幕。彩虹桥附属设备包括检修马道、灯光桁架及吊杆基座。投影幕采用索膜结构张拉固定在大跨度钢桥结构主体上。

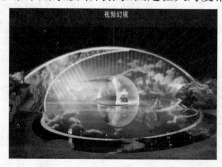

图 1　"希夷之大理"彩虹桥水雾视频迷雾效果图

2　场地工程地质条件

工程所处区域地处大理断陷盆地边缘地段，地形较平坦，属冲洪积台地地貌形态。拟建场地位于 8 度抗震设防烈度区，属强震区；场地地面相对高差 1.78m，未发现古河道、暗埋的塘浜等，建筑抗震地段属可进行建设的一般场地。土层主要物理力学指标见表 1。

3 钢结构设计

3.1 结构体系与布置

彩虹桥主体结构外跨度222m，内跨为153m，内拱高度30m，结构总体高度为32.55m，工程所在地区地震基本烈度为8度，结构抗震设防分类为标准设防类。拟采用大跨度空间钢管桁架结构体系。其

表1 土层主要物理力学指标

土层名称	层厚 (m)	w (%)	E_s (MPa)	f_{ak} (kPa)	q_{sik} (kPa)	q_{pk} (kPa)
①杂填土	0.5～1.6	27	7.8			
②1 粉质黏土	0.6～3.0	60	3.2	120	38	—
②2 粉土	0.8～7.9	29	20.4	160	42	—
②3 圆砾	0.9～13.6		32.3	320	135	3200
②4 粉土	0.5～9.5	24	10.5	200	62	1500
②5 粉质黏土	1.1～14.6		33.2	320	135	3000
②6 粉土	0.6～10.4	26	8.5	180	62	1500

中主立管断面尺寸为$\phi1020\times25$；主腹杆断面尺寸为$\phi500\times16$；次腹杆断面尺寸为$\phi402\times16$。彩虹桥结构布置平面图见图2，彩虹桥结构布置正立面图见图3，彩虹桥结构布置侧立面图见图4。

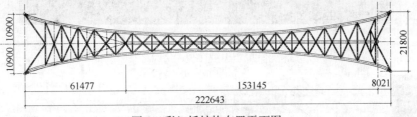

图2 彩虹桥结构布置平面图

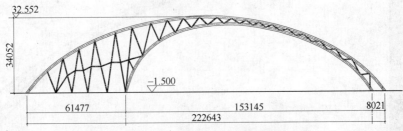

图3 彩虹桥结构布置正立面图

彩虹桥附属设备包括检修马道、灯光桁架及吊杆基座，采用斜钢拉杆与主体桁架连接的方式固定，斜钢拉杆断面尺寸为$\phi203\times6$。投影幕采用索膜结构张拉固定在大跨度钢桥结构主体上。彩虹桥检修马道布置剖面见图5。

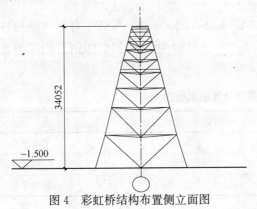

图4 彩虹桥结构布置侧立面图　　　　图5 检修马道与斜钢拉杆布置剖面图

3.2 荷载取值与组合布置

计算时考虑了结构恒载、活载、水平地震作用、温度作用等荷载，并考虑了活载的不利布置。

考虑到主体结构露天，桥面没有有效的保温隔热措施，在阳光直射下，构件温度变化大，因此设计计算中考虑了±30°温差。

3.3 结构方案比较分析

设计中对以下两种结构体系进行比较分析：

（1）空间拉索-管桁架结构体系，见图6。为平衡钢索拉力，另建5座钢结构固定塔，以固定5组钢索。钢结构固定塔有限元计算模型见图7。

（2）空间钢管桁架结构体系。为增强结构整体稳定性，减少变形，将桥体上表面宽扩大2m，钢管桁架高度增加1m。空间钢管桁架结构体系有限元计算模型见图8。

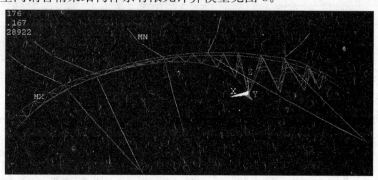

图6 空间拉索-管桁架结构体系 ANSYS 有限元计算模型

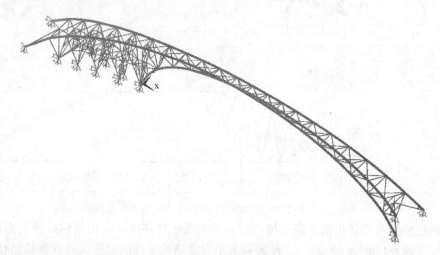

图7 钢固定塔　　　　　　图8 空间钢管桁架结构体系 ANSYS 有限元计算模型

采用复杂多、高层建筑结构分析与设计软件 PMSAP 与 SAP2000 及 ANSYS 对主体结构进行空间分析计算，两种结构体系方案有限元计算结果比较见表2。空间索-管桁架和空间钢管桁架两种结构体系方案主要断面和用钢量技术经济比较见表3。

两种结构体系方案有限元计算结果比较 表2

结构体系		空间索-管桁架结构体系	空间钢管桁架结构体系	备 注
自振周期	T1（s）	1.073	0.985681	Y向平动
	T2（s）	0.429	0.49722	扭转
	T3（s）	0.269	0.454896	X向平动

续表

结构体系		空间索-管桁架结构体系	空间钢管桁架结构体系	备　注
楼层最大 水平位移	WX	2.845	1.537	
	WY	169.560	154.138	
	EX	7.344	4.546	
	EY	27.985	24.214	

两种结构体系方案主要断面和用钢量比较　　　　　　　　　　表3

结构体系		空间索-管桁架	空间钢管桁架
结构主体主要构件断面	主立管	$\phi1020\times25$	$\phi1020\times25$
	主腹杆	$\phi500\times16$	$\phi500\times16$
	次腹杆	$\phi402\times16$	$\phi402\times16$
	拉索	$\phi40$、$\phi28$	
结构主体钢材用量 （t）	空间钢管桁架	945.382	983
	拉索	10.63	0
	固定塔	98	0
	主体总重	1054	983

　　有限元计算分析结果表明：空间索-管桁架和空间钢管桁架两种结构体系均可以满足规范要求。与空间索-管桁架结构体系相比较，空间钢管桁架结构体系具有总用钢量低、施工方便的特点。经与演艺创作组和业主反复协商，为提高场地利用率，决定将5组钢索和5座钢结构固定塔取消，彩虹桥主体结构采用空间管桁架独立支撑结构体系，同时从提高对观众视觉冲击角度考虑，导演要求主立管直径从1020mm改为1200mm。

4　基础设计与钢结构支座边界条件探讨

4.1　桩基设计

　　彩虹桥基础设计采用人工挖孔灌注桩。人工挖孔灌注桩桩端主要持力层为第②3圆砾层，桩长10m，桩直径1000mm。单桩竖向承载力特征值1800kN，单桩抗拔承载力特征值1000kN，单桩水平承载力特征值380kN。彩虹桥桩基平面布置，如图9所示。

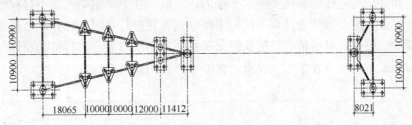

图9　彩虹桥桩基平面布置图

4.2　钢结构支座边界条件

　　彩虹桥人工挖孔灌注桩施工过程中，由于圆砾层中地下水渗透性强，孔内出水量大，施工单位未按设计要求做好排水措施，导致在人工挖孔至7.5m左右时出现大量流砂塌孔。

　　此时若采取重新组织施工排水方案以满足设计的10m桩长，或者采取补桩方案，不仅造价高，而且施工工期长。为此，根据现有成桩有效桩长竖向和水平方向承载力，进行桩基设计和上部钢结构支座边界条件调整，以缩短工期，节省投资，成为本工程桩基设计调整的难点。

（1）单桩竖向承载力问题。原设计桩长 10m，单桩竖向承载力特征值 1800kN。实际施工后现有成桩有效桩长 7.5m。本工程桩基数量由水平承载力控制，经核算，有效桩长 7.5m 桩竖向承载力已能满足要求。由于人工挖孔灌注桩底部的浮砂层在施工过程无法清理干净，对全部桩基均采用桩底高压后注浆法进行处理，以保证人工挖孔灌注桩的桩身承载力和减少沉降。

（2）单桩水平承载力问题。原设计桩长 10m，单桩水平承载力特征值 380kN。实际施工后现有成桩有效桩长 7.5m，单桩水平承载力已不能满足设计要求。

为减少空间拱结构造成的刚接支座水平推力，采取了在上部钢结构施工过程中对支座边界条件调整的处理方案：桥主体结构左侧部分支座采用固定连接节点，将右侧钢柱脚底板圆形地锚栓孔改为长圆形，上部钢结构安装后允许右侧支座在拱结构自重作用下水平移动 30mm。

以支座位移 30mm 作为计算条件，采用 SAP2000 对主体结构重新进行有限元计算，结果表明，此时支座水平推力有了大幅减少。现有桩数量和成桩有效桩长 7.5m 已能满足受力要求。

5 彩虹桥桩施工

（1）彩虹桥主体钢结构对空间索-管桁架和空间钢管桁架两种结构体系方案进行了比较，并采用 SAP2000 及 ANSYS 有限元软件分别进行了不同荷载工况下的受力分析。分析结果表明，空间索-管桁架和空间钢管桁架两种结构体系均可以满足结构承载力和正常使用要求，与空间索-管桁架结构体系相比较，空间钢管桁架结构体系具有总用钢量低、场地利用率高、施工方便的特点。同时为增强结构整体稳定性，减少变形，空间钢管桁架独立支撑结构比索-管桁架结构应采用更大的断面尺寸（图 10）。

图 10 彩虹桥桩施工现场

（2）为减少空间拱结构造成的刚接支座水平推力，采取了在上部钢结构施工过程中对支座边界条件调整的处理方案，并以支座变形作为计算条件对主体结构重新进行有限元计算，结果表明，此时支座水平推力有了大幅减少。根据现有成桩有效桩长竖向和水平方向承载力，进行桩基设计和上部钢结构支座边界条件调整，缩短了工期，节省了大量投资，保障了工程的顺利进行。

参考文献
[1] 中华人民共和国国家标准. 钢结构设计规范（GB 50017—2003）[S]. 北京：中国计划出版社，2003.
[2] 中华人民共和国行业标准. 建筑桩基技术规范（JGJ 94—2008）[S]. 北京：中国建筑工业出版社，2008.

钢结构建筑防火防腐一体化新技术的应用与研究

吴建华　孙绪东

（宝钢建筑系统集成有限公司，上海　200050）

摘　要　本文针对钢结构防火设计的重要性，探讨了钢结构的抗火极限及现有钢结构防火包覆的施工方法，介绍了宝钢新型的钢结构防火防腐一体化方法，并通过试验及有限元模拟验证了其可行性，最后提出了一些建议及想法。

关键词　钢结构；防火；防腐；一体化

1　前言

钢结构具有强度高、质量轻、弹塑性好、施工速度快等特点，因而在建筑工程中得到了广泛的应用。对于高层、大跨度建筑，尤其是超高层、超大跨度建筑，采用钢结构尤为理想，是不可多得的绿色环保材料。采用钢结构取代钢混或砖混结构已是现代建筑业发展的新方向。

然而钢结构也有着自身的缺陷，如耐火性差、耐腐蚀性差等，其中耐火问题显得尤为突出。因此，针对钢结构防火防腐问题的研究具有重要的指导意义。

2　钢结构的耐火极限

钢材的致命缺点是耐火性能差。在未进行防护处理的情况下，遇高温强度会迅速下降。试验表明，温度为400℃时，钢材的屈服强度降至常温时的一半，温度达到600℃时，钢材基本丧失全部强度和刚度。因此钢结构一旦发生火灾，在较短的时间内就能达到极限状态以致破坏[1]。表1为钢结构建筑防火设计规范规定的耐火极限。

钢构件的耐火极限（h）[2]　　　　　　　　　　　　　表1

耐火等级	高层民用建筑		一般工业与民用建筑					
	柱	梁	楼板与屋顶承重构件	支撑多层的柱	支撑单层的柱	梁	楼板	屋顶承重构件
1级	3.00	2.00	1.50	3.00	2.00	2.00	1.50	1.50
2级	2.50	1.50	1.00	2.50	2.00	1.50	1.00	0.50
3级	—	—	—	2.50	2.00	1.00	0.50	—

钢结构的防火保护的目的就是将钢结构的耐火极限提高到建筑防火设计规范规定的耐火极限，防止钢结构在火灾中迅速升温产生变形，造成建筑物部分或全部垮塌。

从表1可以看出，钢结构柱基本多是2h以上的耐火极限，如是承重柱的话耐火极限要求更高，为3h。而梁及楼板等一般为1.5h或2h。

3　现有各种钢结构防火处理方法

钢结构的防火保护是钢结构设计、施工、使用中必须要解决的重要问题，它涉及钢结构的耐久性、造价、维护费用、使用性能等方面。目前，钢结构防火措施主要有以下几种[3]：

137

3.1 外包层法

采用耐火、轻质的板材，如石膏板、硅酸钙板等，通过连接构件钢钉等将板材包封、固定在钢构件上，也可以浇筑混凝土外包等形式。

3.2 屏蔽法

即是把钢构件保藏在由耐火材料组成的墙体或吊顶内，钢结构屋盖系统常用这种保护方法。

3.3 水冷却法

是将空心的钢柱和钢梁连成管网，其内充满含抗冻剂、防锈剂的水溶液，通过泵或水受热时的温差作用，使水溶液循环流动，把热量带走，此种方法在民用钢结构建筑中较少用。

3.4 喷涂法

即将防火涂料喷涂于钢结构表面，这是目前最常用的方法。

3.5 使用耐火钢

在钢材的冶炼过程中添加一定量的微量元素来提高钢材本身的耐火性能。由于耐火钢价格较高，在实际工程中也较少使用。

我国在钢结构防火工程中常采用钢结构防火涂料保护法，这种方法施工简便、无需复杂的工具即可施工，质量轻，而且不受构件的几何形状和部位的限制。但是此方法主要适用于大型工业厂房、公共娱乐设施场所、体育馆、展览馆、候机厅等建筑，在钢结构住宅建筑中使用一般还需要后续的装饰处理。

4 现有钢结构的防火包覆

钢结构的建筑处理是与其建筑防火构造联系在一起的，目前国内外现有的钢结构住宅工程中常用的解决办法有防火板材包覆、防火涂料、砌块填塞等。图1为一些常用节点的防火处理方法（部分）[3]。

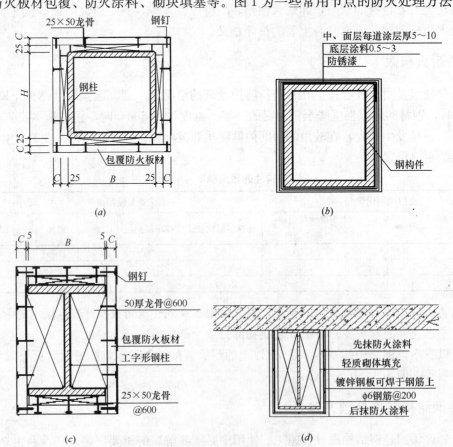

图1 钢结构常用节点防火处理方法

（a）板材包覆；（b）防火涂料；（c）板材包覆；（d）填塞砌块

5 宝钢钢结构防火防腐包覆一体化方法

由于目前钢结构大多先做防腐蚀处理，再采用喷防火涂料或防火板材包覆施工的方法，两者为分步施工，且防腐蚀涂料及防火涂料均有耐久性问题，存在一些不足之处。

采用防火涂料价格偏贵，且材料为有机化学物，存在使用耐久性问题。同时在二次装修时容易破损，增加了成本。如图 2 所示，在进行挂网抹灰时，由于涂料强度低，很容易破碎掉落，影响整体防火效果。

采用龙骨加板材包覆，造价偏高，同时包覆内部存在空腔，隔声效果较差，且装修时需避免重力敲碰，如图 3 所示。

图 2 喷涂防火涂料　　　　　　　　　　图 3 防火板包覆

宝钢建筑在现有的一些钢结构防火包覆方面的基础上，提出了采用无机粘结剂粘贴加气板材的包覆方法。图 4、图 5 为采用此方法包覆的钢柱示意图及实例。

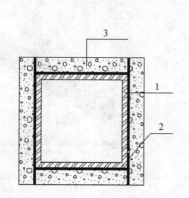 

图 4 新型包覆示意图　　　　　　　　　图 5 钢柱新型包覆实例

图 4 中，1 为需要包覆的钢柱，2 为粘贴用的特种无机胶粘剂，为公司新研发的产品，3 为加气片材，其本身组成为水泥、砂等无机材料，具有很好的防火性能。

6 抗火有限元模拟

针对新型包覆方法进行了相关有限元模拟，发现模拟的结果与实际试验结果基本吻合，很好地说明了这种构造方法的理论可行性。下列为有限元模拟结果。

图 7 为 3h 时刻构件截面温度分布，由防火保护外表面至钢管表面温度由 1100℃ 逐渐递减为 340℃。构件截面温度由沿构件厚度方向（即构件表面至钢管表面）由外至内取三个点（TEMP-1、TEMP-2、TEMP-3），如图 6 所示。

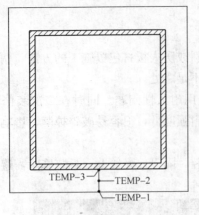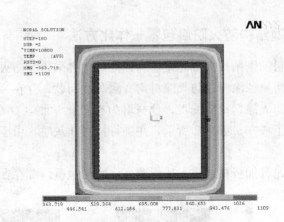

图6 构件截面温度点布置　　　　图7 3h时刻构件截面温度分布

TEMP-1 为包覆最外层的点，其温度变化基本同炉内温度变化，升温曲线与 ISO 834 标准升温曲线基本相同；TEMP-2 的升温趋势与 TEMP-1 基本相似，但是由于防火保护材料的隔热作用使得 TEMP-2 的升温过程与 TEMP-1 相比呈现滞后的特性。TEMP-3 为内钢柱表面的点，即片材最内部的点，其升温过程与 TEMP-2 相比再次呈现滞后的性质，但是更为明显的是 TEMP-3 的升温过程几乎呈较缓慢的线性增长，如图 8 所示，说明在一定厚度保护层下，钢材受热缓慢升温，幅度相对平稳。

在构件制作中，TEMP-3 为预埋热电偶的实际测温点，3h 实测温度为 373.3℃，而有限元模拟结果为 346.8℃，误差仅为 7%。图 9 为 3h 时刻构件内部钢柱的温度情况。由于钢柱两端未受火，温度明显低于其他地方。由图看出，受火与未受火相交处出现温度梯度均匀变化情况，主要由于传热导致的。

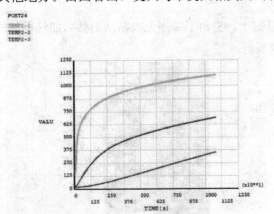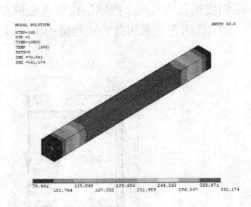

图8 截面各点的升温曲线　　　　图9 3h钢管温度分布

针对这种新开发的防火防腐一体化构造，在天津消防所进行了权威检测，结果证明钢结构采用此方法包覆完全能满足建筑规范要求的耐火极限。说明了这种防火构造方法是可行的、在今后工程中可以推广应用。

7 对钢结构防腐蚀的作用

目前钢结构的防腐蚀方法主要是涂防锈漆为主。但是防锈漆以有机化合物为主，对人体有毒害性，其耐老化（耐久性）也存在问题。新型包覆方法的材料均为无机材料，健康、安全，耐久性好。对防止钢材腐蚀具有一定的作用。

根据《人造气氛腐蚀试验 盐雾试验》GB/T 10125—1997（ISO 9227）标准，对新型包覆构造试样进行盐雾实验，验证其防腐蚀性能。表 2 为进行盐雾试验时，试验箱设定的基本参数表。

盐雾试验箱参数　　　　　　　　　　　　　　　　　　　　　表2

项　　目	试验条件	项　　目	试验条件
试验温度	(35±1)℃	pH 值	6.5～7.2
试验湿度	95%RH	喷雾方式	连续喷雾
NaCl 的质量分数	5%	盐雾沉降量	1～2mL/（80cm² · h）

图 10 和图 11 分别为试件制作和试件封装。从图 12 及图 13 可以看出，采用无机胶粘剂粘贴后，盐雾试验 2000h 及 3000h 的试样均有轻微的点蚀发生，但是从腐蚀效果看，只是在钢材表面出现腐蚀点，并未随着时间的延长腐蚀度加深。说明此种包覆方法起到很好的密封作用。

图 10　试件制作　　　　　　　　　　　　　　图 11　试件封装

图 12　2000h 后钢板腐蚀情况　　　　　　　　　图 13　3000h 后钢板腐蚀情况

新型包覆采用的胶粘剂及加气片材均为无机材料，特别是粘贴用的无机粘结剂，直接涂覆与钢材表面，起到密闭隔绝作用，阻止水汽及氧的进入。同时无机胶粘剂为强碱性材料，能够保护钢材，使钢材在表面形成一层钝化膜，进一步阻止钢材发生锈蚀，具有一定的防腐蚀功能。实验验证了其具有防腐蚀保护性能。

8　新型钢结构包覆方法的几大特点：

8.1　施工方便、无需二次装修

在钢框架安装完成后即可进行粘贴包覆，施工速度快。加气片材本身表面平整度好，无需抹灰等工序，直接批挂腻子、涂料即可完成，省工省时。

8.2　综合成本较低

与现有市场上的各种用于钢结构防火及维护的材料相比，加气片材的价格最低，同时自主研发的胶粘剂价格也低于同类市场产品，总体造价完全具有竞争力。

8.3　防火防腐隔音性能好

加气片材紧贴钢柱表面，无空腔存在，隔音性好。在现场施工完成后，即可在上面进行下一步的操作，整体强度很高，不存在脱落现象。防火效果满足建筑规范要求，同时还能起到一定的防腐蚀作用。

9　结语

宝钢建筑新型的防火防腐包覆方法将尽快地用于实际工程中已检验其实用性、低成本性以及便捷性。但在整个钢结构建筑的设计中还需进一步的优化细部设计，特别是复杂节点处如何快速施工以实现防火包覆尤为重要。目前主要有以下几点需要进一步研究的：

（1）片材的地域性——由于片材的产地主要集中在华东地区（江、浙、沪等地），故对于在华北、东北等地的其他项目来说是一个挑战。需要结合其他防火保护方法，综合进行考虑；

（2）节点处理——对于像梁柱连接处的节点处理，目前还没形成细部解决方案。由于连接处的螺栓突出以及一些连接件的存在，不能像梁柱平整处的那样直接粘贴，必须要具体部位具体的处理，这样增加了一部分工作量。后续将进一步优化处理；

（3）充分利用分析软件——在现有的分析软件（如 Ansys 等）的基础上进行防火包覆有限元分析，能够模拟不同材料、不同厚度、不同规格尺寸的钢结构的抗火性能，从中选出最优化的方案进行实际验证，这样既能优化方案、拓展了思路，又能节省实际中的人力、物力、财力；

（4）对钢结构的防腐蚀问题需做进一步的研究，主要针对不涂防锈漆的情况下，采用此包覆方法，研究钢结构的耐腐蚀性能能否满足建筑使用寿命年限。

参考文献

[1]　何春儒，李铁强．钢结构的防腐与防火，[J]．山西建筑，2004，30(22)：24-25.
[2]　王新钢，毛朝君．钢结构的防火保护盒新型水性厚型钢结构防火涂料的研究[J]．上海涂料，2008，46(4)：6-9.
[3]　巩伟平，高洪俊，何丽丽．钢结构防火设计的探讨[J]．山西建筑，2008，34(4)：109-110.

某特种工程钢-混凝土组合结构关键节点试验研究

陈方明　李龙春

（总装备部工程设计研究总院，北京　100028）

提　要　为了研究某钢-混凝土组合结构构筑物关键节点的受力性能和破坏机理，按照1∶2.5的缩尺比模拟实际工程节点进行了节点的低周反复加载试验。本文介绍了关键节点试验过程，分析了组合节点的强度、延性、骨架曲线和滞回性能，根据试验分析结果提出了组合结构节点设计建议。

关键词　钢-混凝土组合结构；拟静力试验；延性；滞回性能；骨架曲线

1　工程概况

拟建特种结构地下2层，地上24层，总高度为78.8m，采用钢-混凝土组合结构，结构体系为框架-核心筒结构：利用竖向电梯井道、电缆竖井和楼梯间布置钢筋混凝土核心筒体；框架部分柱采用矩形钢管混凝土柱、型钢混凝土组合柱和现浇钢筋混凝土柱相结合的形式，框架梁采用钢梁和现浇钢筋混凝土梁相结合的形式。矩形钢管混凝土柱断面尺寸为800mm×800mm，矩形钢管由厚度为30mm钢板组合而成；型钢混凝土组合柱断面尺寸为800mm×800mm；其余现浇钢筋混凝土柱断面尺寸为800mm×800mm；钢梁断面为400mm×500mm×22mm×22mm，钢材牌号为Q345D；其余框架梁为现浇钢筋混凝土框架梁，断面尺寸为400mm×650mm。钢材牌号为Q345D。

场区抗震设防烈度为7度，设计基本地震加速度值为0.15g，设计地震分组为第三组，地震反应谱特征周期为0.65s。

2　试件设计和制作

2.1　试件设计

为了研究组合结构关键节点的受力性能，按照1∶2.5的比例模拟实际工程节点进行了节点试件设计。试件为钢骨混凝土柱中节点，两侧所连接梁分别为不同的结构型式，一侧为钢筋混凝土梁，另一侧为钢-混凝土组合梁，混凝土梁纵向受力钢筋与钢骨上预焊的钢板焊接相连接，钢-混凝土组合梁的钢梁插入混凝土柱内，直接与钢骨焊接。节点B901-J1具体尺寸、构造和参数情况如图1所示。钢-混凝土组合结构关键节点试验现场如图2所示。

2.2　试件制作

节点试件的钢材均为Q345B，焊条采用E50型，图3为节点B901-J1浇筑混凝土前的试件。管内混凝土设计强度等级C40，混凝土楼板设计强度等级C35，板内钢筋为HPB335级。

3　试验概况

3.1　试验装置及加载方案

试验在清华大学结构工程与振动教育部重点实验室进行。试验采用自平衡刚架进行加载，装置如图

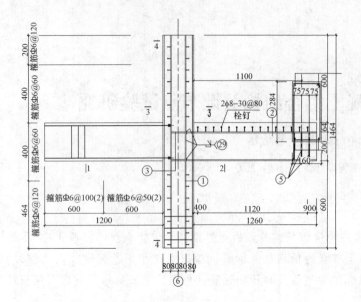
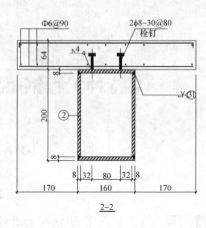

图1　组合节点简图及梁柱截面

图2　钢-混凝土组合结构关键节点试验现场图

图3　浇筑混凝土前的钢骨混凝土节点试件

4所示。图中1为自平衡刚架；2为水平支撑；3为铰支座；4为600kN液压千斤顶；5为5000kN液压千斤顶；6为节点试件；7为斜拉杆。试验加载过程采用荷载－变形双控制加载制度，具体加载程序如下：（1）在柱端施加竖向荷载，加载至轴力设计值；（2）分别在梁端施加反复荷载直至试件破坏。试件典型的加载制度如图5所示。

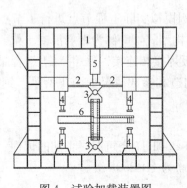

图4　试验加载装置图

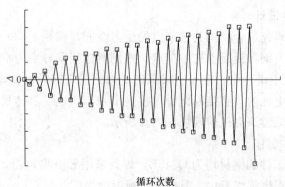

循环次数

图5　试件典型的加载制度

3.2　测点布置及量测方案

在试件上布置了应变片、力传感器、位移计、导杆引伸仪和倾角仪等测量装置，用以分析梁、柱和节点在受荷过程中的受力状态、滞回性能、变形能力和剪切受力机理。千斤顶、位移计、导杆引伸仪和倾角仪布置如图 6 所示。

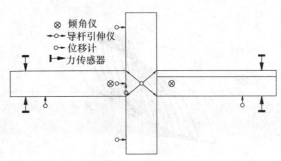

图 6 千斤顶、位移计、导杆引伸仪和倾角仪布置图

4 试验结果

4.1 试验过程及破坏特征

由于柱两侧梁刚度和承载力有较大差异，因此试验加载过程分两步进行，首先，以混凝土梁的荷载位移进行控制，同时对两端梁进行加载，混凝土梁破坏之后，对组合梁进行单独加载。轴力施加后，先按照混凝土梁的荷载-位移控制加载。正向加载第一循环（控制荷载为 20kN）中，混凝土未出现开裂，反向加载时，混凝土出现裂缝，最大裂缝宽度 0.5mm，反向加载中，混凝土梁屈服；正向加载第二循环（控制荷载为 25kN）中，混凝土开裂，最大裂缝宽度 0.8mm。此后用混凝土梁端测点位移控制加载，每级荷载位移增量为 2mm。经多个循环加载，荷载位移加至向下 28mm（向上 26mm）时，混凝土梁有较大的扭转。加载中，混凝土梁表现出较好的延性，增大位移时，荷载略有上升，未出现下降。当位移值较大时，梁端有较大的侧扭变形，认为混凝土梁破坏。混凝土梁整体变形如图 7 所示。

图 7 试验中混凝土梁破坏

图 8 节点整体破坏

混凝土梁破坏后，单独对钢-混凝土组合梁进行加载，正向加载至 137kN，反向加载至 202kN 时，组合梁变形曲线呈现屈服，重复该级荷载。下一级加载增大梁端位移进行，当向下加载至 153kN，梁端位移 23mm 时，钢骨与钢梁连接焊缝撕开，承载力忽然下降。此后继续反向加载，亦出现相同情形。钢骨混凝土柱与组合梁连接一侧，柱边混凝土大面积脱落。加载完成之后，凿开混凝土，看到梁柱连接焊缝明显开裂，见图 8。

4.2 梁端荷载-位移滞回曲线

试件的混凝土梁端荷载-位移滞回曲线如图 9 所示，试件的组合梁端荷载-位移滞回曲线如图 10 所示。钢筋混凝土梁节点因为其荷载较小，滞回曲线主要体现梁的受力性能，滞回曲线呈明显的梭形，且比较丰满，表现出良好的耗能能力，且延性较好；组合梁节点承载力高，但延性差，达到屈服荷载后，焊缝较早撕开。

4.3 骨架曲线

骨架曲线能够比较明确地反映结构的强度、变形等性能，试件的梁端荷载-位移骨架曲线如图 11、图 12 所示。由图可见：

骨架曲线均呈倒 S 形，说明节点试件在低周反复荷载作用下都经历了弹性、塑性和极限破坏三个受

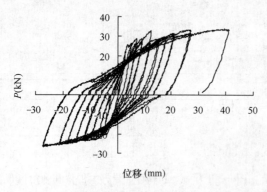

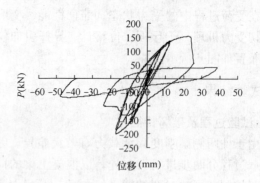

图 9　试件的混凝土梁端荷载-位移滞回曲线　　　　图 10　试件的组合梁端荷载-位移滞回曲线

力阶段，部分试件在焊缝破坏后承载力迅速下降，塑性没能得到充分发展；

　　组合梁节点的初始反向加载刚度大于其初始正向加载刚度，说明在刚度分析时需要考虑混凝土楼板的组合作用；

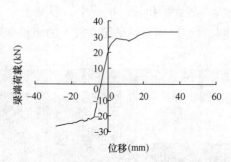

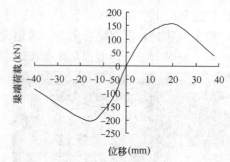

图 11　试件的混凝土梁端荷载-位移骨架曲线　　　　图 12　试件的组合梁端荷载-位移骨架曲线

4.4　屈服强度和极限强度

　　由试件梁端荷载-位移曲线的骨架线来确定试件的屈服荷载和极限强度如表 1 所示。

屈服强度和极限强度　　　　　　　　　　　　　　　　　　　　表 1

梁位置	加载方向	屈服状态		试验极限状态	
		P_y（kN）	Δ_y（m）	P_u（kN）	Δ_u（mm）
钢筋混凝土梁	＋	28.9	4.5	33.2	38.6
	－	20.2	7.6	26.7	28.5
钢-混凝土组合梁	＋	140.3	12.8	153.6	22.0
	－	187.4	11.9	202.3	17.2

4.5　延性系数

　　节点试件的位移延性系数如表 2 所示。从表中可以看出 B901-J1 混凝土梁部分节点由于节点强度较大，钢筋与钢骨之间的连接可靠，试件的平均位移延性系数较大；钢-混凝土混凝土梁部分节点试件的位移延性系数不高。这与焊缝的低周疲劳破坏和试件加工存在的焊接缺陷有关。在实际工程中应对主要受力焊缝进行探伤处理，确保焊接质量，从而保证节点能充分发挥其延性和承载力。

试件的位移延性系数　　　　　　　　　　　　　　　　　　　　表 2

梁位置	加载方向	屈服位移 Δ_y（mm）	极限位移 Δ_u（mm）	延性系数 Δ_u/Δ_y
钢筋混凝土梁	＋	4.5	38.6	8.58
	－	7.6	28.5	3.75

梁位置	加载方向	屈服位移 Δ_y（mm）	极限位移 Δ_u（mm）	延性系数 Δ_u/Δ_y
钢-混凝土组合梁	+	12.8	22.0	1.72
	—	11.9	17.2	1.45

5　结论

根据混凝土梁-型钢混凝土柱-钢梁组合节点低周反复荷载试验结果，可以得出如下结论：

（1）试验研究表明，工程采用的钢-混凝土组合结构节点设计满足了强柱弱梁、强节点弱构件的要求，节点和构件的承载力能满足使用要求；

（2）对于钢筋混凝土梁与钢骨混凝土柱的连接，该连接方式较为可靠，节点破坏方式为梁端塑性铰破坏，具有较好的延性和耗能滞回性能；

（3）试验中组合梁与钢骨混凝土的连接节点区剪切变形很小，在设计中做到了强柱弱梁、强节点弱构件，但是节点区焊缝导致节点的承载力得不到充分发挥。因此，组合节点实际工程设计中应当避免出现节点区焊缝的破坏模式，对主要受力焊缝进行探伤处理，确保钢材及焊接质量，从而保证关键节点能充分发挥其延性和承载力。

参考文献

[1]　某特种工程组合结构关键节点试验研究报告 [R]清华大学结构工程研究所，2007．
[2]　聂建国，刘明，叶列平．钢-混凝土组合结构[M]．北京：中国建筑工业出版社，2005．
[3]　姚振纲，刘祖华．建筑结构试验[M]．上海：同济大学出版社，1996．
[4]　型钢混凝土组合结构技术规程(JGJ 131—2001)[S]．北京：中国建筑工业出版社，2001．
[5]　中华人民共和国国家标准．钢结构设计规范(GB 50017—2003)[S]．北京：中国计划出版社，2003．
[6]　钟善桐．高层钢-混凝土组合结构[M]．广州：华南理工大学出版社，2002．

浅谈大型异形钢结构的安装技术

苏富华　朱宝才　郝正旺　宋玉雪　董　营

（济南莱钢钢结构有限公司，济南　250001）

摘　要　本文以济南西客站异形钢构件的安装为对象，利用 tekla 软件提取关键点对构件进行精确测量，减小了安装误差；将大型异形构件合理的分段安装，安装过程中以千斤顶进行精确对中，提高了构件的安装质量；同时，也避免了对大型吊装设备的采用，降低了工程成本，最终顺利解决了工程难题。

关键词　异形钢结构；空间双向扭曲；关键点测控

1　工程概况

济南市西客站东广场北综合体钢结构工程，酒樽钢结构总用钢量约 2500t，建筑高度 25.8m，底部最大宽度约为 20.4m，上部最大宽度为 31.7m。本工程设计为"礼乐广场"（图 1），既具有现代美感又不失复古神韵，以圣人孔子所倡导和推崇的礼乐文化为构思灵感和设计理念。

图 1　济南西客站礼乐广场效果图

酒樽钢结构主要分为中庭系统和幕墙柱系统。中庭系统为钢管桁架结构，管桁架屋面荷载由立于酒樽四角位置的束柱承担，每组束柱由八根直径 $\phi325\times14$ 的钢管朝对称的方向组装而成，樽屋面管桁架通过销轴连接幕墙柱，幕墙柱通过销轴连接底部支座；幕墙柱系统为空间双向扭曲框架结构，幕墙柱按箱型柱加工制作，分布在中庭系统四周，最大构件长度为 28m，最大截面尺寸为 □600×200×20×20，每只樽有 45 根幕墙柱，最大单件重量约 4.5t，幕墙柱横梁为箱形，最大截面尺寸 □600×200×24×24。考虑吊车起重性能及现场条件限制管束和幕墙柱均采用分两节加工制作。

2　工程安装难点分析

2.1　钢柱的安装精度控制是本工程的重点和难点

空间弯扭幕墙柱与中庭管束的测量定位、相对位置以及各个方向的角度，如果测量不够精确，很多构件就会出现对接错口而难以安装；樽屋面上部管桁架，所有主下弦杆必须准确坐落在下部管束发散所组成的六条直线上，腹杆有双向或单向倾斜，因此现场拼装时的定位以及高空对接过程的安装精度要求都非常高。

2.2　单榀构件超大超重，起重设备受空间及吨位限制是本工程安装的难点

酒樽中庭管束，最重达 25t，高度为 25.3m，管桁架部分有 1869 根杆件，单榀管桁架最重约 14t，

最大跨度 28m，整个管桁架体系达到了 855t，面对超大超重的构件吊装，选择何种吊装方案来解决此技术难题，既能满足吊车性能参数，又能在工期紧张的情况下保证质量完成施工任务是一个难点。空间弯扭幕墙柱长细比大，存在吊点布置难度高和吊装重心难以确定等因素，钢结构的施工平面部署要求高，酒樽结构的束柱、幕墙柱、管桁架采用整体吊装或者分段吊装，由此对构件的拼装位置布置难度非常大，既要满足吊车的允许吊装半径内拼装胎架的布置，又要和土建、幕墙、泛光照明等相关单位进行协调，以保证钢结构施工过程中对相关专业的施工影响降到最低。

2.3　超大体量的焊接工作量，焊接变形的控制也是本工程的安装难点

焊接工作量超大，空间弯扭幕墙柱高空对接时的焊接变形难以控制，其变化量积累起来对整个工程质量影响很大，因此防止构件焊接变形与矫正的措施及控制方法便成为关键的技术问题。

3　构件安装技术方案

3.1　整体空间关键点测控法

构件安装前，首先对基础进行复测，主要测量预埋螺栓的轴线、相对间距和标高尺寸，为制作酒樽钢构件提供现场实测数据，保证下一步管束、管桁架、幕墙柱的拼装和吊装顺利进行，准确控制测量精度是钢结构安装的重要环节。针对工程特点，采用整体空间关键点测控法，在与建筑信息模型相关联的深化图纸中测量关键点各个方向的位置尺寸，转化为三维坐标，并形成在平面内的投影。将空间定位转化为平面定位，实现主体结构的空间精确定位及组装；用校验合格的全站仪、经纬仪、水准仪和激光铅垂仪配合测量。测控时间分时段安排，选择上午 7 点至 9 点，下午 4 点至 6 点进行结构精调，其余时间进行粗校调整，避免阳光照射及温差对异形结构安装的影响，满足散件安装的高效率。

束柱安装时，按照 Tekla Structure 模型提取的三维坐标进行测量控制，第一次测量校正完成后对束柱进行加固，然后安装束柱最上端的横梁，将束柱连成整体，再对束柱进行二次测量校正，通过二次校正可以消除横梁安装对束柱顶点坐标的影响，从而保证束柱的安装精度（图 2）。

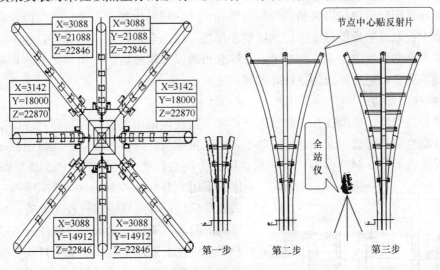

图 2　束柱安装顺序及关键点测量

空间弯扭幕墙柱安装时将钢柱上下层控制点三维坐标、直段垂直度、标高、侧向扭曲值作为主控项目，幕墙柱安装采用三层关键点定位法：最下层控制点位于基础轴网的交点，在预埋钢板上标记出幕墙柱脚中心定位尺寸线。中间层控制点取标高 20.462m 横梁中心所在的平面与幕墙柱外侧翼板中心线的交点（该处靠近双向扭曲幕墙柱段的中心），上层控制点位于幕墙柱顶端外侧翼板的中心点。在钢柱就位后，将测量控制点由地面测控基准点上引，测出柱扭曲面上关键点对轴线的偏差，控制在允许范围内，并尽可能地将偏差控制到最小，在幕墙横梁安装前调整完毕。通过三层关键点的方法，确定了幕墙

柱的安装位置，保证了幕墙柱之间横梁的安装就位，满足了幕墙柱龙骨生根处的尺寸偏差要求。

3.2 钢柱安装

3.2.1 樽管束柱的安装

樽管束柱的安装时，先安装整体焊接的下段柱，调整完毕后，将上段柱采用单根散装，散装的钢管柱在柱顶设置3块连接耳板，连接板上设置吊装孔和对接连接孔，钢管对接通过双夹板和螺栓固定柱上的连接耳板及缆风绳就位固定（图3）。

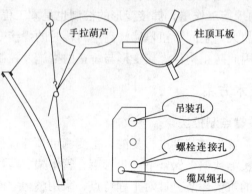

图3 管束耳板布置图

3.2.2 屋面管桁架的安装

束柱和屋面管桁架相贯连接，屋面管桁架，采取分片措施，在束柱正上方的做成28米六整片，束柱中间的管桁架从里侧向外做12m七整片，其余均为散件安装，这样既有利于现场高空拼装，减小误差，同时还满足了吊车的起重性能。根据模型计算分析，管桁架结构在吊装过程中产生变形，因此在吊装过程中，用全站仪对每榀管桁架的实际拼装尺寸和两侧的间距尺寸进行测量，精确控制管桁架的吊装到位。束柱顶端相贯切口给现场提供精确的切割展开尺寸，现场根据偏差确定切口位置。束柱相贯口切割之前，从模型中提取顶端最低点坐标提供给安装现场，作为全站仪矫正的参数，加工制作时在该点预先设置样冲眼作为全站仪反射片定位的参考点。综合采取以上措施后，现场拼接偏差和束柱顶端的偏差均符合设计及规范要求，能与屋顶桁架较好的相贯连接。

3.2.3 弯扭幕墙柱的安装

幕墙柱采取分段安装，幕墙柱在自由状态下，要求其柱顶偏轴线位移控制到允许偏差范围内；在钢梁安装时对钢柱垂直度进行监测。在钢梁安装中，应预留梁与柱焊接收缩量，同样钢柱标高控制时也应预留钢柱对接焊接收缩量。钢结构钢柱就位后，按照先调整标高、再调整扭转、最后调整垂直度的顺

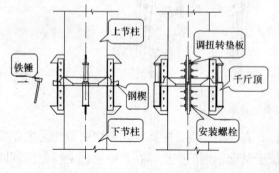

图4 千斤顶矫正示意图

序。采用绝对标高控制方法，利用吊车、钢楔、垫板、撬棍及千斤顶等工具将钢柱校正准确。标高调整时利用吊钩的起落、撬棍拨动调节上段柱与下段柱间隙直至符合要求，在上下连接耳板间隙中打入钢楔。扭转的调整是在上下连接耳板的不同侧面加垫板，再夹紧连接板即可达到校正扭转偏差的目的。钢柱的垂直度是通过千斤顶与钢楔进行校正，在钢柱偏斜的同侧锤击铁楔或微微顶升千斤顶，便可将垂直度校正至规范要求（图4）。

3.3 幕墙柱及管束的焊接

构件安装到位后，通过从模型中提取幕墙柱顶端最顶点坐标，采用全站仪从控制点上观测柱顶的反射片控制其空间位置。测出该点的坐标，与该点图纸上反应施工坐标进行比较，计算偏差，然后再用手拉葫芦、千斤顶等工具校正，各种变形所引起的残差在

两段立柱衔接处调整并消除。经检查无误后在进行构件的焊接。

安装构件经复测满足设计及验收规范之后可进行构件的焊接，以便形成空间稳定体系。焊接时采用 CO_2 气体保护焊，分层、分段、对称焊接等方式，把焊接变形控制在最小范围内。

3.4　工程质量检查

工程焊接完成后，根据《钢结构工程施工质量验收规范》GB 50205—2001 的要求对钢柱的轴线定位、标高情况进行复核，并对现场的焊缝外观及内在质量进行复查，其结果应符合规范要求的偏差范围之内。

4　结束语

本文济南西客站异形钢构件的安装为对象，利用 tekla 软件提取关键点对构件进行精确测量，减小了安装误差；将大型异形构件合理的分段安装，安装过程中以千斤顶进行精确对中，提高了构件的安装质量；同时，也避免了对大型吊装设备的采用，降低了工程成本，最终顺利解决了工程难题。

参考文献

[1] 中华人民共和国国家标准. 钢结构工程施工质量验收规范(GB 50205—2001). 北京：中国计划出版社，2001.
[2] 中华人民共和国行业标准. 建筑钢结构焊接技术规程(JGJ 81—2002). 北京：中国建筑工业出版社，2002.

浅谈济南西客站箱型空间弯扭构件制作技术

张 琦[1] 郝正旺[2] 纪华亭[1] 朱宝才[2] 宋玉雪[2]

(1. 山东莱钢建设有限公司钢结构事业部，青岛 266071
2. 济南莱钢钢结构有限公司，济南 250001)

摘 要 本文通过对箱型弯扭构件制作的重点、难点分析，介绍了箱型弯扭构件的三维建模、胎膜制作、构件的组装和焊接、质量检查，以及弯扭构件的质量保证措施，解决了空间箱型扭曲构件制作的难题，该技术为今后类似工程提供参考。

关键词 箱型弯扭构件；Tekla软件三维建模；胎膜制作；拼装与焊接；质量保证措施

1 工程概况

济南市西客站坐落在济南西部，东广场北综合体混凝土结构的B楼三个入口均设计为钢结构古代

图1 西客站酒"樽"的形状三维图

"酒樽"的形状（图1），"酒樽"俯视图为正方形，底部小，往上从中间开始逐渐加大，通过圆弧形过渡，有"把酒相迎四方客"的含义，展示山东重礼仪，豪迈、好客之情。

樽是广场的重要装饰兼做B楼的入口及大厅，投影边长为31.743m，设计高度为25.450m，三个樽幕墙柱系统总重约912t。每个樽由45根箱型弯扭幕墙柱组成，截面形式为□600×200，板厚主要为16mm、20mm、24mm、30mm、60mm，材质均为Q345B，单根钢柱最大重量约7000kg。

2 箱型弯扭构件制作重点、难点分析

（1）利用施工详图提供的坐标采用Tekla软件建三维线型模是制作弯扭构件的基础工作，是本工程能否顺利完成的重点和难点；

（2）胎膜制作质量是确保箱体弯扭成形质量的重点；

（3）弯扭板材加工成形质量的好坏，将直接影响到弯扭构件的整体质量，有利于消除构件焊接完成后将反弹变形降到最低，这是弯扭构件制作的难点。

3 弯扭构件各工序的制作工艺要点

3.1 Tekla软件三维建模

利用施工详图提供的坐标采用Tekla软件建三维线型模，并与原设计图中的数据作比较，确保Tekla软件深化设计图中坐标值正确性；按设计图纸输入零件的详细信息，软件自动生成零件图、展开

图及加工成形控制图，利用软件生成的展开图与施工详图提供的零件图再次叠合比较，减少零件的错误率；然后将软件自动生成的零件以 dxf 格式保存到零件库内，并按其材质及板厚进行分类，有利于材料的采购及零件在下料切割过程中利用率的控制。

3.2　零部件下料

对照深化图纸进行材料复核，确认无误后即可按照排版图进行套料切割。翼缘板下料，根据图纸上的尺寸，预留焊接收缩余量及切割余量，并注意接头的位置，避免在跨中位置接料以及短料接头；腹板的下料，要严格按照排版图选择合适的钢板，采用数控切割机进行。由于腹板切割缝全部为弧形，先在数控切割机上按照排版图进行设置，同时对数控程序随时调整其运行轨迹，确保下料尺寸的准确性。

图 2　长腹板对接施焊

为节省原材料，弧形长腹板可采用分段下料，再按 1∶1 地上放大样进行对接，其对接形式见图 2。

3.3　胎膜制作

利用 Tekla 软件进行空间建模，在空间里模拟了一套空间胎架的模型，定位胎架的每个横向支撑是以与幕墙柱接触处坐标为依据，用水准仪定位胎架的尺寸及标高，并在控制点处设置定位块，以备组装时检查。

胎膜制作时，在钢平台上画线，标出胎架定位点并架设高矮不等的胎架。由于胎架的精确与否直接决定了弯扭幕墙柱的外形尺寸。胎架过窄，整体投影的长宽比过大不稳定，所以胎膜制作时采取了两根箱型柱的胎架连起来同时并列组对的办法，增加了胎架刚度，提高施工的安全性。胎膜制作见图 3。

3.4　箱型弯扭构件的组装

胎架的定位尺寸检查无误后，即可在胎架上进行弯扭柱的组装。组装时，先铺放钢柱下盖板再组装侧板，借助千斤顶、捯链和卡具将翼板与胎架、翼板与腹板贴紧（图 4）。箱型柱内部对应横梁的上下翼板设有内隔板，隔板相对的两条边与柱腹板之间采用手工焊，另两条边与柱翼板之间采用电渣焊，隔板增加了柱的刚度，起到抑制焊接变形的作用。

图 3　胎膜制作

图 4　箱型构件组装图

组装的控制点是以弯扭墙柱与横向支撑水平定位点数据，该数据由深化设计人员及技术员具体提供，并根据确定的数据在胎架上标识记录。当幕墙柱在立体胎架上拼装完成后，解体成两节前，应由专职质检员对幕墙柱的外形尺寸按照控制点进行检查。确认所有偏差均满足设计及施工规范要求后，即可进行下道工序施工。

3.5　构件焊接

3.5.1　主焊缝焊接

根据设计要求，幕墙柱连接横梁的节点区 4 条纵缝为二级焊缝，采取加衬板的坡口熔透焊。为了保证弯扭构件外形尺寸，有效的控制焊接变形，先在胎架上用气体保护焊打一遍底，确保箱型弯扭构件的整体性后吊装到其他平台上焊接。施焊时沿主拱从中间向两端多人对称按500/500间断焊接（图5），以便减小构件的焊接内应力，防止过大的焊接变形。对焊缝质量及外观，按照规范进行超声波探伤及相关检查，合格后才能进行下一步施工。

(a)　　　　　　　　　　　　　　　　　(b)

图5　箱型构件主焊缝焊接

(a) 多人分段焊接过程中；(b) 分段焊接节点图

3.5.2　内隔板电渣焊接

图6　电渣焊接过程中

在隔板处预留焊孔，选用规格 $\phi 10 \times 3.0$、400mm 长的熔化嘴、焊材为 H10Mn2＋HJ431。连接好各部分接线及铜引弧块，然后调整好焊丝、熔嘴与焊道边缘相距 2～3mm。焊接顶部 100mm 收尾时加入少量焊剂，并减少焊接电流，将焊缝引到熄弧套筒上收弧。最后切割引弧及熄弧部分，用砂轮打磨平整。电渣焊接见图6。

3.6　构件质量检查

由于构件形状特殊，不方便进行几何尺寸检查，将焊接完成的弯扭柱再吊回到原有立体拼装胎架上进行复核，根据拼装时焊接的定位挡板位置来复核幕墙柱外观尺寸。由于在焊接时采取的顺序及方法措施恰当，基本能够满足要求。对于局部地方偏差超标的，借助大型油泵及火焰矫正的方法进行矫正，确保产品质量。

4　箱型弯扭构件质量控制

4.1　质量标准

（1）弯扭构件各焊缝焊接技术按《建筑钢结构焊接技术规程》JGJ 81—2002 要求执行。

（2）弯扭构件在出厂前应检查各部位几何尺寸，其允许偏差执行《钢结构工程施工质量验收规范》GB 50205—2001 技术标准，其主要技术指标按表1执行。

箱型弯扭柱几何尺寸允许偏差　　　　　　　　　　　　　　　表1

序号	项　目	允许偏差（mm）	检验方法
1	箱体截面高度	+2.0	用钢尺检查
2	箱体截面宽度	+1.0	用钢尺检查
3	箱型截面连接处对角线差	3.0	用钢尺检查
4	箱体身板垂直度	H (b) /150，且≤5.0	用钢尺和直角尺检查
5	隔板位置偏移	1.0	用钢尺检查

4.2　质量保证措施

（1）内隔板挡板与两翼板贴合的边缘应进行铣边处理，使之与两翼板的接触面间隙控制在 0.8mm 以内，下翼板与其相邻挡板应进行连续围焊；同时隔板与挡板另一侧应用 CO_2 气体保护焊进行通长满焊，以免电渣焊熔池泄漏。

（2）提高板材的平直度和构件的组装精度，选择正确的焊接工艺，可有效地控制箱型钢骨的各种焊接变形。

1）弯曲变形，主要靠箱型钢骨的四道主焊缝的焊接顺序、焊接工艺参数，以及电渣焊的施焊方法进行控制；箱型件焊接完成后应放在胎膜支架上，防止箱体释放应力或由于自身的重力导致箱体产生弯曲变形。

2）扭曲变形，主要靠箱型钢骨的四道主焊缝的焊接方向进行控制，并使电弧的指向或对中准确，使焊缝角变形和翼腹板纵向变形值沿构件长度方向一致。

（3）为防止箱型弯扭构件内力反弹，在箱体组装前对板材进行弯扭卷制（图7）。弯扭板材加工成形质量的好坏，将直接影响到弯扭构件的整体质量。为此，

图7　腹板弯扭卷制

必须对加工成型后的板材进行严格检查，弯扭板材加工成型质量的检验，通常可采用全站仪、靠板以及传统的样箱检验等方法。

5　结语

通过对济南西客站箱型弯扭幕墙柱制作实例分析，以周密的施工工艺，对下料、组装、焊接、质量检查等各个细节进行质量控制，解决了箱型空间弯扭构件制作及质量检查的难题，该技术为今后类似工程提供参考。

参考文献
[1]　中华人民共和国国家标准. 钢结构工程施工质量验收规范（GB 50205—2001）. 北京：中国计划出版社，2001.
[2]　中华人民共和国行业标准. 建筑钢结构焊接技术规程（JGJ 81—2002）. 北京：中国建筑工业出版社，2002.

门式刚架的合理跨度和最优柱距

闵　婷

（新疆钢铁设计院有限责任公司，乌鲁木齐　830022）

摘　要　对门式刚架轻型房屋钢结构来说，不合理的建筑尺寸往往会导致用钢量的上升和成本的增加，本文针对不同建筑尺寸和布局、不同荷载门式刚架体系做了分析，研究了门式刚架的跨度和柱距对结构用钢量的影响，得出了门式刚架的合理跨度和最优柱距建议。

关键词　门式刚架；跨度；柱距；用钢量

近几年来，随着我国彩色钢板产量的增加和焊接 H 型钢的出现，门式刚架轻钢房屋发展迅速，门式刚架从设计、加工制作到安装已形成一体化，并且已经形成较为成熟的标准《门式刚架轻型房屋钢结构技术规程》CECS102：2002[1]。刚架的跨度、柱距、柱高、坡度都会影响到设计用钢量，本文从设计用钢量的角度谈谈门式刚架的合理跨度和最优柱距问题。

1　门式刚架的合理跨度

门式刚架结构设计时，刚架的跨度和柱距是影响设计用钢量的重要因素。结合实际工程，采用 PK-PM-STS 钢结构计算软件，建立了若干种计算模型。其中，跨度分别为 6m、12m、15m、18m、21m、24m、27m，柱高 6m，柱距为 3m、6m、9m、12m、15m、18m，屋面坡度 1/10，按不同的排列进行组合。根据计算结构进行对比，从而分析得出跨度和柱距对结构的影响规律，以实现刚架结构的最有选型，达到结构用钢量最为经济的目的。

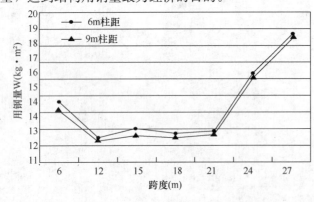

图1　门式刚架用钢量与跨度关系

门式刚架的跨度宜采用 9～36m，不同的生产工艺流程和使用功能在很大程度上决定着厂房的跨度选择。应在满足生产工艺和使用功能的基础上，确定合理的跨度以取得优良的经济指标。

经过计算发现，在各种荷载条件完全相同时（恒载 $0.3kN/m^2$、活载 $0.5kN/m^2$，雪荷载 $0.8kN/m^2$，风压 $0.6kN/m^2$），柱高 6m，坡度 1/10，无吊车，跨度 6～27m，门式刚架用钢量与跨度的关系见图 1。对于小跨度刚架，6m 刚架单位用钢量比 12m 刚架大很多，所以建造小跨度刚架不是经济的；中跨度刚架基本上随着跨度的增大用钢量增大，只是 24m 刚架用钢量有较高的增大，这是因为其初选截面较大，优化搜索空间相对较小造成的。总体而言，中小跨度刚架中，12m、18m 都是优化结果较为显著的刚架。当跨度超过 18m 时，宜采用多跨刚架，中间设置摇摆柱，其用钢量较单跨刚架节约 16%。

一般情况下，当柱高、荷载一定时，适当加大刚架跨度，刚架用钢量增加不太明显，但能节省空间，基础造价低，综合效益较为客观。由于刚架用钢量指标随着跨度的增大而增大。因此，在工艺要求允许的情况下，应尽量选用 12m～18m 跨度的门式刚架更为经济，不宜盲目追求大跨度。

2　刚架最优间距的确定

厂房结构设计中首先要解决的问题是如何配合工艺要求进行柱网的平面布置。习惯将柱距模数定为 3m（常用 3m、6m、9m、12m 等）。从综合经济分析的角度来看，合理的柱距（模数）对设计影响较大，主要是因为：

（1）对门式刚架轻型钢结构而言，任何一种设计，其设计用钢量的多少是评价设计优劣的一项重要指标。而设计用钢量和柱距的大小是密切相关的。

（2）用轻质屋面材料代替传统的预制钢筋混凝土屋面板，并采用轻型墙体材料，改变了传统工业厂房"肥梁、胖柱、重盖、深基"的做法。设计中可采用由预制钢筋混凝土限制的传统柱距模数，或采用新的模数化柱距，以降低用钢量指标。

（3）厂房的实际用钢量及费用还与钢材的供应情况、构件标准化程度等密切相关。有时因材料替代及非标准构件的采用而造成的额外耗钢量还相当可观。当然，离开了柱距模数，构件的标准化是无从谈起的。

结合实际工程，经过计算发现，在各种荷载条件完全相同时（恒载 $0.3kN/m^2$、活载 $0.5kN/m^2$，雪荷载 $0.8\ kN/m^2$，风压 $0.6\ kN/m^2$），柱高 6m，坡度 1/10，吊车吨位 5t，跨度 18m，门式刚架用钢量与柱距的关系见图 2。

随着柱距的增大，作为整个厂房结构"用钢量大户"的刚架，其用钢比例是逐渐下降的，并且随着柱距的增加，下降幅度逐渐趋于平缓。其他各项的用钢量均随着柱距的增加而增加，并且增幅较大，特别是吊车梁。

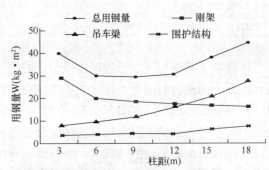

图 2　用钢量随柱距变化的规律

综合各项用钢量表明，对此特定的厂房而言，其由设计用钢量确定的最优柱距在 6～8m。

3　结语

在门式刚架设计中若能结合工程特点和条件，采用经济柱距和跨度，可以节约钢材 3％～20％，降低费用 2％～10％，具有较高的经济效益，也有利于促进我国钢结构的技术进步和工程普及。

参考文献

[1]　中国工程建设标准化协会标准. 门式刚架轻型房屋钢结构技术规程（CECS102：2002）. 北京：中国计划出版社，2003.

[2]　陈章洪. 建筑结构选型手册[M]. 北京：中国建筑工业出版社. 2000.

[3]　王元清，王春光. 门式刚架轻钢结构工业厂房最优柱距研究[J]. 工业建筑. 1999：49-51

[4]　任兴平. 门式刚架轻钢房屋的优化设计[J]. 钢结构，2000：7-10

钢与混凝土组合梁在大面积堆载下的承载力对比分析

罗建新

（新疆钢铁设计院有限责任公司，乌鲁木齐 830022）

摘　要　钢与混凝土组合梁，除了能充分利用钢材和混凝土两种材料的受力性能外，还具有节约钢材、增大刚度、降低梁高和造价以及抗震性能好等优点。通过与纯钢结构框架在大面积堆载作用下的对比分析，大幅度地节省了工程造价，取得良好的经济效益。

关键词　钢与混凝土组合梁；抗剪连接件

1　引言

由混凝土翼板与钢梁通过连接件组成的钢与混凝土组合梁（以下简称组合梁），除了能充分利用钢材和混凝土两种材料的受力性能外，还具有节约钢材、增大刚度、降低梁高和造价以及抗震性能好等优点，《钢结构设计规范》GB 50017—2003 中对其计算和设计方法作了规定，相关的条文是针对不直接承受动力荷载的一般简支组合梁及连续组合梁而确定的。下面笔者通过具体工程对比纯钢结构与钢与混凝土组合梁在大面积堆载的荷载下，组合梁的常用设计方法及在投资造价方面的优越性。

本工程属改造工程，八钢物流公司为增加仓储库房利用率，在原有库房内部增设一层平台，平台面积约 3500m²，平台下净空 2.8m，设计堆载标准值 10kN/m²，考虑施工进度，要求采用钢结构。设计考虑了纯钢结构和组合结构两种结构形式。

2　纯钢结构

2.1　结构布置

框架主次梁、板均采用纯钢结构时，需加密梁格布置，并在钢板下设加劲肋，将平板部分和加劲肋部分分开考虑，见图 1，并按要求计算在均布荷载作用下的弯矩、强度、挠度。

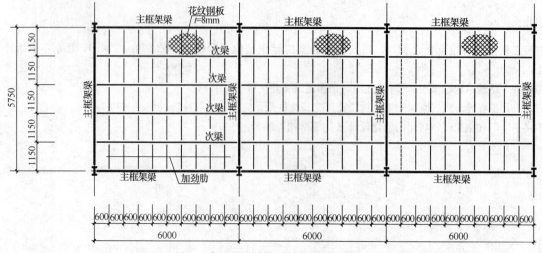

图 1　采用纯钢结构时结构平面布置图

2.2 平板计算

在计算平板时，将加劲肋视为平板的支承点，本例中平板的宽度 b 与加劲肋的间距 a 之比 $b/a=$ 1150/600≤2，宜按四边简支的双向板计算，见《钢结构设计手册》（上册）式（12-1）～式（12-3）计算，此处计算过程从略，根据计算取板厚 $t=6.56$mm。由板挠度控制，实际选用时取 $t=8$mm。

2.3 加劲肋计算

有肋铺板的加劲肋按两端简支的 T 形截面（用扁钢作加劲肋）梁计算其强度和挠度，截面中包括加劲肋每侧各 15 倍平板厚度在内，作用于加劲肋荷载应取两加劲肋之间范围的总荷载。加劲肋计算跨度为图示中的 $A+B$，加劲肋计算公式见《钢结构设计手册》（上册）式（12-4）～式（12-4），计算从略，经计算加劲肋做法见图 2。

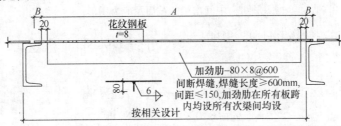

图 2 花纹钢板加劲肋做法

3 组合结构

框架主、次梁均按钢与混凝土组合梁考虑。如图 3 所示中间次梁的截面及部分尺寸符号。

图 3 采用组合楼盖时结构平面布置图

3.1 组合梁的布置

根据《钢结构设计规范》11.5.1 条规定，组合梁截面高度不宜超过钢梁截面高度的 2.5 倍；混凝土托板高度 h_{c2} 不宜超过翼板高度 h_{c1} 的 1.5 倍；板托的顶面宽度不宜小于钢梁上翼缘宽度与 $1.5h_{c2}$ 之和。根据设计经验，混凝土翼板厚度 $h_{c1}=100$mm，$h_{c2}=150$mm，梁高 h 宜取跨度的 1/15，取 $h_s=250$mm。本例中翼板的有效宽度 $b_e=1616$mm。中间次梁的截面及应用图形，如图 4 所示。

本工程施工时对组合梁设临时竖向支撑点，经验算在施工阶段，由钢梁承受翼板和托板未结硬的混凝土重量、钢梁自重及施工活荷载。钢梁截面抗弯强度、抗剪强度、梁的整体稳定性及挠度均满足设计要求。此处钢梁在施工阶段的验算从略。

3.2 在使用阶段组合梁（次梁）的计算

（1）荷载标准值

水磨石面层　　　　　　　3.0×0.65＝1.95kN/m

钢筋混凝土翼板　　　　　3.0×2.5＝7.5kN/m

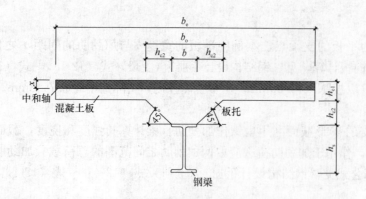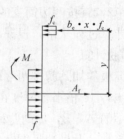

图 4   中间次梁的截面及应力图形

混凝土板托自重 $\dfrac{(116+416)\times150}{2}\times25\times10^{-6}=1.0\text{kN/m}$

钢梁自重 $=0.3\text{kN/m}$

合计永久荷载 $g_k=10.75\text{kN/m}$

楼面活荷载 $q_k=3.0\times10=30\text{kN/m}$

荷载设计值 $p=1.2g_k+1.4q_k=54.9\text{kN/m}$

弯矩设计值 $M=1/8pl^2=0.125\times54.9\times5.75^2=226.89\text{kN}\cdot\text{m}$

剪力设计值 $V=1/2pl=0.5\times54.9\times5.75=157.83\text{kN}$

（2）抗弯强度

塑性中和轴位置判定：

$$b_eh_{c1}f_c=1616\times100\times9.6\times10^{-3}=1536\text{kN}>A\cdot f=4851\times215\times10^{-3}=1042.97\text{kN}$$

塑性中和轴位于翼板范围内，应力图形如图 4 所示

翼板内混凝土受压区高度

$$x=\frac{A\cdot f}{b_ef_c}=\frac{1042.97}{15.36}=67.9\text{mm}$$

截面抵抗力矩：$b_eh_{c1}f_cx=A_y=1042.97\times(500-0.5\times67.9-0.5\times250)$

$$=355.7\text{kN}\cdot\text{m}>226.64\text{kN}\cdot\text{m}$$

（3）抗剪强度

根据《钢结构设计规范》[1]11.2.3 条规定，组合梁截面上的全部剪力，假定仅由钢梁腹板承受，应按规范公式 9.2.2 进行计算。考虑到次梁组合梁中的钢梁与主梁组合梁中的钢梁同位连接，次梁钢梁的上翼缘需局部切除。今假设切角高度为 40mm，剩下的腹板高度为 210mm，截面能承受的剪力为

$$h_wt_wf_v=210\times8\times125\times10^{-3}=210\text{kN}>V=157.83\text{kN}$$

（4）抗剪连接件设计

因塑性中和轴在使用阶段位于翼板内，组合梁上最大弯矩点至零弯矩点（梁端）区段内混凝土翼板与钢梁交界面的纵向剪力 V_s 取 Af 和 $b_eh_{c1}f_c$ 中的较小者。

$$V_s=Af=4851\times215\times10^{-3}=1042.97\text{kN}$$

1 个 $\phi19$ 圆柱头焊钉（栓钉）连接件的承载力设计值

$$N_V^C=0.43A_s\sqrt{Ef}\leqslant0.7A_s\gamma f$$

$$=0.43\times283.38\times\sqrt{30000\times9.6}=65.39\text{kN}$$

半跨范围内所需抗剪连接件总数为

$$n=V_s/N_V^C=1042.97/65.39=15.94$$

采用 16 个 $\phi19$ 圆柱头焊钉（栓钉）连接件，分成 8 对在半跨内均匀配置（双列配置），沿跨度方向其平

均间距为359mm，栓钉长度80mm。满足规范第11.5.4条的构造规定：①栓钉连接件钉头下表面或槽钢连接件上翼缘下表面应高出翼缘板底部钢筋顶面30mm；②连接件沿梁跨度方向的最大间距不应大于混凝土翼板厚度的4倍，且不应大于400mm；③连接件的外侧边缘与钢梁翼缘板边缘的距离不应小于20mm；④连接件的外侧边缘至混凝土翼缘板边缘的距离不应小于100mm；⑤连接件的顶面混凝土保护层的厚度不应小于15mm。

在本组合梁设计中，抗剪连接件的作用如下：①抵抗混凝土板与钢梁叠合面上的纵向剪力，使二者不能自由滑移；②抵抗使混凝土板与钢梁具有分离趋势的"掀起力"。栓钉连接件刚度小，作用在接触面上的剪切力会使连接件变形，当混凝土板和钢梁之间产生一定滑移时，抗剪强度不会降低。利用该点性质可以使组合梁内的剪力发生重分布，减少抗剪连接件的使用数量，使抗剪连接件分段均匀布置。栓钉连接件制造工艺简单，不需要大型轧制设备，适合工业化生产，便于现场焊接，目前应用最为广泛。

以上为本工程采用不同形式楼承板的具体计算，限于篇幅，未列出主框架梁及柱的计算过程。

4　造价分析比较

计算结果通过PKPM软件复核并统计工程量，通过计算对比，本工程的主次梁及楼承板的具体材料消耗量如表1所示。

表1　单位面积工程量

分项\\结构形式	主次梁（kg/m²）	楼板（kg/m²）	钢筋（kg/m²）	混凝土（m³/m²）	加劲肋（kg/m²）	抗剪连接件（栓钉）（kg/m²）	合计（元/m²）
纯钢结构	64.3	62.4	—	—	4.16	—	1047
钢与混凝土组合梁	11.3	—	14.8	0.1	—	1.72	256

注：钢结构按8000元/t估价，混凝土按300元/m³估价，钢筋按3500元/t估价。

通过工程预算结果，对比两种主次梁及楼承板的工程造价，由于本工程控制荷载为楼面活荷载，楼面恒载对柱、基础的影响较小。仅对两种结构形式的主次梁及楼承板造价进行对比，组合楼盖的造价仅为纯钢结构的25％左右，从整个工程来说组合楼盖造价较纯钢结构降低约30％，投资造价方面的优越性明显。另外组合楼盖在工业项目日常使用及维护中更加方便。通过对比，最终选择组合楼盖方案。从施工的难易程度及工程质量的角度来说，纯钢结构工厂化程度较高，施工时不需设置临时支撑，施工质量容易检验。本工程组合楼盖施工时，经计算，在梁跨度中点需设置一临时竖向支承点，现浇混凝土部分需要支模，施工周期较长但在可控范围内，栓钉与钢梁的焊接及混凝土的浇筑需严格控制质量。

5　结语

钢与混凝土组合梁考虑了钢梁与混凝土板的共同作用，增大楼板平面内的刚度，抗震性能好，同时降低了梁高和造价，提高了结构的空间利用率。目前使用轻骨料混凝土通过抗剪连接件连接形成整体共同工作的受弯构件，相比传统钢筋混凝土，自重能大幅度减轻，已被被日益广泛地应用到建筑业的各个领域。

参考文献

[1] 中华人民共和国国家标准. 钢结构设计规范（GB 50017—2003）. 北京：中国计划出版社，2003.

[2] 《钢结构设计手册》编辑委员会. 钢结构设计手册（上册），第三版. 北京：中国建筑工业出版社，2004.

[3] 夏志斌，姚谏. 钢结构设计方法与例题[M]. 北京：中国建筑工业出版社，2005.

[4] 朱聘儒. 钢-混凝土组合梁设计原理[M]. 北京：中国建筑工业出版社，2006.

合肥滨湖国际会展中心复杂空间钢结构施工与监测

王静峰[1]　邢文彬[1]　陈安英[1]　方　继[2]

(1. 合肥工业大学土木与水利工程学院，合肥　230009；

2. 中铁四局集团钢结构有限公司，合肥　230022)

摘　要　合肥滨湖会展中心登录大厅是华东地区最复杂的钢结构工程之一，为大跨度异形双曲面拱桁架空间网格钢结构。本文介绍了该钢结构工程的施工技术难点和施工方法，确定采用分段吊装和高空散装相结合的施工方法；利用有限元软件 MIDAS 进行了施工全过程仿真模拟，同时对施工安装和卸载进行了应力和变形监测，并将实测数据与计算结果进行比较，为结构安全施工提供了理论依据和实测评价。研究成果可为类似工程应用提供参考。

关键词　空间结构；管桁架；施工技术；数值仿真；监测

1　引言

合肥滨湖国际会展中心总建筑面积约 33.28 万 m^2，将成为亚洲展览面积最大、配套设施最齐全的会展中心之一。登录大厅是合肥滨湖会展中心的标志性建筑，也是华东地区最复杂的钢结构工程之一，为大跨度异形双曲面拱桁架空间网格钢结构，其建筑面积为 10400 m^2，重约 3000t，最大跨度为 75m，屋面高程为 10.285～28.965m。主体结构包括由 4 榀倒四角锥状格构柱和 48 榀幕墙柱（平面桁架柱）构成的结构承重体系，由 2 榀主拱桁架梁、11 榀纵向桁架梁、4 榀横向桁架梁、1 榀环形桁架梁、56 片单层曲面网格梁和 138 榀悬挑梁构成的异型双曲面屋盖结构，见图 1。主拱桁架梁、纵横桁架梁和环形桁架梁的截面均为倒三角形圆钢管桁架。

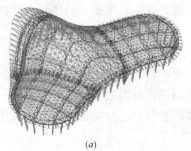
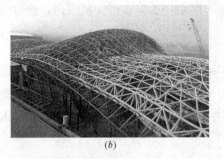

(a)　　　　　　　　　　　　(b)

图 1　合肥滨湖国际会展中心登录大厅钢结构
(a) 计算模型；(b) 现场照片

大跨度钢结构造型越来越新颖，跨度也越来越大，结构体系越来越复杂，施工也越来越难。目前，大跨度钢结构常用的安装方法有高空散装法[1]、分段吊装安装法[2]、滑移安装法[3]、整体提升法[4]等。滨湖国际会展中心登录大厅钢结构造型新颖、结构复杂，构件重量大、规格多，采用了分段吊装和高空散装相结合的施工方法。

2　钢结构施工技术难点

合肥滨湖国际会展中心登录大厅钢结构施工主要包括工厂制作、现场焊接、高空吊装、拼接、卸载成型等多个阶段，其施工技术难点可以归纳如下：

（1）工程工期紧，现场作业条件差

本工程施工包括种类繁多的弯管工厂制作、现场异形构件拼装，并且涉及与基础预应力梁施工协同作业，施工作业面狭小；钢屋盖安装需设置临时支架，吊机行走路径受限。

（2）杆件种类繁多，节点受力复杂，加工制作难度大

登录大厅主桁架梁为异形三角管桁架，具有管径大、管壁厚、线形复杂等特点。弯管种类繁多，钢管弯制从 $\phi219\times12\sim\phi611\times30$ 有 15 种规格，曲率变化大。结构存在多根杆件空间交汇现象，相贯线切割从 $\phi11\times48\sim\phi611\times30$ 有 25 种规格，共有 5000 根。结构造型特别，没有一根相同的相贯杆件，加工制作难度大。桁架梁之间的单层网格梁为双曲面，每个网格区域大小均不相同，网格梁种类多。

（3）构件体型大，单体重量重，有限空间内构件翻身、吊装难度大

本工程构件体型大，吊装单体重量重，其中由 4 根 $\Phi611\times30$ 主管组成的倒锥形格构柱，外形尺寸超大，重达 60 多吨，见图 2。主拱桁架梁分三段起吊，最大起吊重量为 58t，见图 3。吊装单元线形复杂，重心位置难以确定，翻身时吊点的选择难度较大，吊装构件翻身过程中的稳定性控制难度大。

图 2　倒锥形拱脚柱　　　　　　　图 3　主拱桁架梁

（4）焊接工作量大，焊接难度大

本工程为全焊接钢结构，焊缝总长度约 80000m，钢板厚度从 8～36mm 不等，焊接位置涉及平焊、横焊、立焊和仰焊，且焊接工作跨越整个夏季和冬季。焊接工作量大，多为高空作业，部分焊接杆件管径大、管壁厚度大，焊接质量对整个结构安全至关重要。

（5）安装精度控制难，施工质量要求特别高

施工过程中结构受到自重和温度变化影响均会产生变形，复杂结构的安装精度受现场环境、温度变化等多方面的影响，安装精度难以控制。

（6）预应力基础梁与上部钢结构施工协调控制技术复杂

登录大厅为大跨度拱结构，在结构自重和施工荷载共同作用下，拱脚处产生较大水平推力，通过布置四根预应力基础梁平衡上部钢结构作用在桩基础顶部的水平推力，形成自平衡受力体系，见图 4。预应力基础梁与上部结构之间的相互作用对结构受力影响较大，预应力拉索张拉过程中，必须与上部钢结构的安装、卸载以及屋面施工协同作业，分次张拉，防止预应力少张或过张，造成对桩基础或结构本身的破坏。

（7）结构高空拼装后，卸载控制技术要求特别高

整个屋盖主要构件拼装到位后要拆除临时布置的承重支撑胎架，完成施工过程临时结构受力体系向

(a) (b)

图 4 抗震支座和预应力基础梁

(a) 抗震支座；(b) 预应力基础梁

使用阶段结构受力体系转换。本工程卸载点多、卸载过程复杂，共有 45 个卸载点，由于支撑位置影响，卸载时仍有部分幕墙柱尚未安装。

（8）施工监测技术要求高

本工程施工全过程包括结构安装和卸载两个主要施工阶段。由于结构复杂，安装精度要求高，施工安全对结构受力和变形具有较大的影响，所以对施工监测技术要求高。

3 钢结构安装与卸载控制

3.1 施工顺序

根据结构的受力特点，依照先主后次、先核心区后两翼区的原则进行安装作业。将四根格构柱之间的区域作为核心区，剩余部分就是两翼区，部分安装过程见图 5。

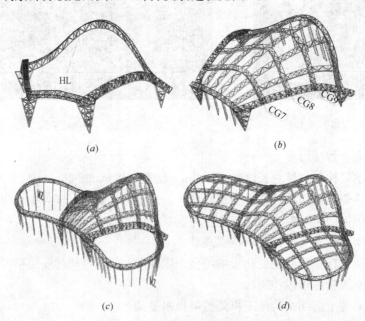

(a) (b)

(c) (d)

图 5 安装过程

(a) 安装核心区格构柱、主拱梁、环梁；(b) 安装核心区次拱梁；

(c) 安装两翼区幕墙柱、环梁；(d) 安装两翼区次拱梁

3.2 倒锥形格构柱安装

登录大厅有 4 根倒锥形格构柱，每根格构柱由 1 根 $\phi850\times30$ 的主管、4 根 $\phi611\times30$ 和若干钢管组成树状外观，柱底与抗震支座焊接，柱顶与环梁相贯连接。

考虑到锥形拱脚柱自重大，外形不规则，承重支架采用圆管框梁支撑体系。地基采用压实处理，并采用压密注浆的方法对地基进行改良，下垫钢板，增加受力面积，防止局部受力造成支架下沉。立柱的吊升采用旋转法进行。吊机边升钩、边旋转，使柱身绕柱脚而旋转，当立柱由水平转为直立后，将立柱吊离地面，然后吊至安装位置正上方，缓慢松钩，使得钢柱落至抗震支座上方。钢立柱就位后，通过调整吊装高度，确保柱底板下表面水平。

3.3　拱桁架梁安装

由于登录大厅拱桁架梁跨度大，外形不规则，自重大，拱桁架梁断点位置必须考虑结构的安全性能，避开构件的节点位置。同时，分段桁架的长度和重量必须满足汽车运输的要求，环梁分20段安装，主拱桁架梁和次拱桁架梁最多分14段安装。拱桁架梁均为异型构件，杆件种类多，安装角度大。通过计算机模拟，得到复杂构件的重心位置，通过设置钢丝绳的长度来调整构件起吊状态。为确保精确对位，吊装时可借用一台吊车，辅助调整。桁架梁中心及吊点设置见图6，现场吊装照片见图7。

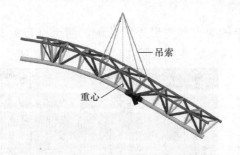

图6　桁架重心及吊点设置

图7　桁架梁安装照片

3.4　卸载控制

卸载将遵循使支撑内力安全快速地传递给永久结构，并保证结构及支架在卸载过程中变形和受力合理的原则。依据卸载顺序，利用大型有限元软件MIDAS全过程仿真模拟计算，以确保卸载时主体结构和支撑系统安全。

本工程共设置了45组支撑点（图8），其中4组支撑点为拱脚柱支撑，剩余41组支撑点为承重脚手架。支撑卸载顺序是由两翼区向核心区推进，两翼区是由外侧向内侧、核心区是由中心向外侧展开。

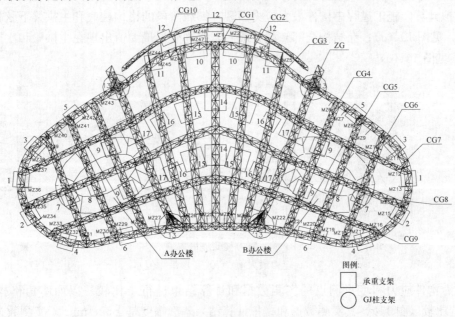

图8　支架布置示意图

卸载过程共分五个阶段进行，每个阶段按工序对称同步进行卸载；在进行下个阶段卸载前，必须把上一阶段工作全部完成。通过计算机模拟分析，在两翼支撑架拆除过程中（第一阶段）结构位移变化在2mm 以内，变化极小，不影响幕墙柱安装。

(1) 第一阶段：卸载 1～6 号承重支架；

(2) 第二阶段：卸载 7～9 号承重支架；

(3) 第三阶段：卸载登录大厅主入口处 10～12 号承重支架；

(4) 第四阶段：卸载 13～15 号承重支架，两侧同步、对称卸载；

(5) 第五阶段：卸载主拱 16 号承重支架和 GJ 柱 17 号支撑架，首先卸载主拱 16 号承重支架，然后卸载 GJ 柱 17 号支撑架，每一小工序两侧四个位置同步、对称卸载。

4 钢结构施工监测

4.1 监测点布置

利用智能弦式数码应变计和瑞士徕卡全站仪对结构应力和变形进行监测，测试点布置如图 9 所示。在核心区共布置了 48 个应力测点和 28 个变形测点，两翼区共布置了 12 个应力测点和 18 个变形测点。

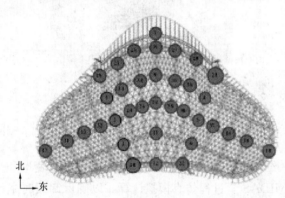

图 9　桁架梁应力和变形测点

4.2 监测数据分析

为了更好地了解施工阶段钢结构关键部位的受力和变形情况，利用有限元计算分析软件 MIDAS 对施工全过程模拟计算。施工过程中构件最大应力出现在卸载阶段的格构柱底和主拱梁下弦杆上，其值为 93.94N/mm^2，见图 10 (a)；在结构全部卸载完成后，结构变形最大值出现在主拱梁和次拱梁上，其值为 28.17mm，见图 10 (b)。

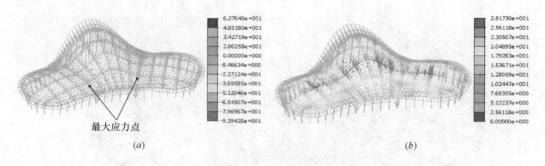

图 10　应力和变形最大值
(a) 应力最大值；(b) 变形最大值

对主要受力构件应力和变形测点的实测数据和计算结果进行了比较。以西南角格构柱应力测点 GJ13 为例进行比较（图 11），其实测数据和模拟计算结果差额幅度是 $\pm 5 \text{N/mm}^2$，实测数据的最大应力为 -52N/mm^2，满足规范要求。

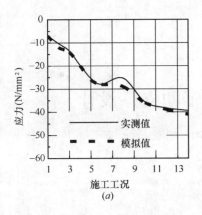
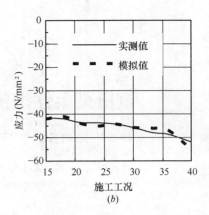

图 11　西南角 GJ 柱脚测点 GJ13 的应力变化趋势

(a) 安装阶段；(b) 卸载阶段

以核心区次拱梁跨中测点为例，对其变形的实测值与计算值进行对比，见图 12。在整个施工阶段内计算值均比实测值大，呈线性增大趋势，跨中挠度实测最大值均为 18mm，计算最大值为 24mm。

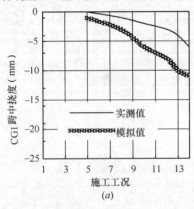
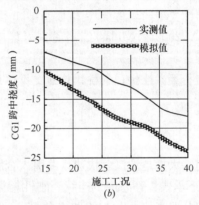

图 12　核心区次拱桁架跨中挠度变化趋势

(a) 安装阶段；(b) 卸载阶段

5　结论

合肥滨湖国际会展中心登录大厅钢结构工程在 2011 年顺利竣工，现已承接多项全国会展活动。由于结构造型新颖、受力复杂、施工场地特殊，通过多次方案评审和科学论证，最终采用分段吊装与高空散拼相结合的施工方法。合肥工业大学钢结构与组合结构研究所承担了该项目的科研和咨询工作，利用有限元软件 MIDAS 进行了施工全过程仿真模拟，同时对施工安装和卸载进行了应力和变形监测，并将实测数据与计算结果进行比较，为结构安全施工提供了理论依据和实测评价。研究成果可为类似工程应用提供参考。

参考文献

[1]　焦安亮，陈泽君. 某综合体育馆的高空散装法施工[J]. 施工技术，2007，36(10)：32-37

[2]　赵秋华，董根德，刘春. 石家庄机场 T2 航站楼钢结构施工技术[J]. 钢结构，2012，27(2)：58-63

[3]　鲍广鉴，郭彦林，李国荣等. 广州新白云国际机场航站楼钢结构整体曲线滑移施工技术[J]. 建筑结构学报，2002，23(5)：90-96

[4]　贺洪伟，王庆礼，王彦超. 大跨重型高空钢结构连廊逆向液压同步整体提升施工技术[J]. 施工技术，2012，41：95-98

钢桁梁柔性拱桥的辅助支撑设计

王静峰[1,2]　　胡益磊[1]　　邢文彬[1]　　陈馨怡[2]　　蒋　志[1]

(1. 合肥工业大学土木与水利工程学院，合肥　230009；

2. 合肥工业大学建筑设计研究院，合肥　230009)

摘　要　合肥南淝河特大桥为国内最大跨度的钢桁梁柔性拱钢桥，首创采用"钢桁梁带拱顶推、柔性拱合龙"等施工新技术，其辅助支撑体系设计研究是其关键技术之一。本文主要介绍了课题组在钢桁梁柔性拱南淝河特大桥辅助支撑体系的设计体会，着重说明了拼装支架、辅助墩支架、墩旁支架和桩基础工程等，提出了合理的构造措施；通过有限元分析软件 SAP2000 和 Midas/Civil 分别对辅助支撑体系结构进行详细分析与计算，确保在复杂施工荷载、特殊施工环境下结构的安全受力要求。

关键词　钢桁梁柔性拱；钢桥；辅助支撑体系；基础工程；连接构造

1　引言

合肥南淝河特大桥是沪汉蓉快速铁路引入合肥枢纽南环线的重点控制工程，为（114.75 m＋229.5 m＋114.75m）下承式、等高度、连续、刚性桁梁柔性拱桥，在里程 DK452＋295.6～ DK452＋416.1 处跨越合宁高速公路高架桥，与线路夹角 27°。铁路桥面采用参与主桁共同受力的正交异性板整体桥面，钢桁梁采用带竖杆 N 形三角桁架，节间长度 12.75m，边跨 9 个节间，主跨 18 个节间；桁高 15.0m，斜腹杆倾角 40.36°；柔性拱肋采用圆曲线，矢高 45m，矢跨比为 1/4.5，梁端距支座中心距为 1m，全长 461m，其主跨跨度 229.5m 在同类型桥梁中居于首位。

该钢桥跨越车流量非常大的合宁高速公路，为确保高速公路的行车安全，通过科学研究和专家评审，首次采用"钢桁梁带拱顶推、柔性拱拱脚合龙"的施工新技术。该技术需要设置巨大的辅助支撑体系，包括拼装支架（1#～6#支架）、辅助墩支架（7#、8#支架）、墩旁支架（9#～10#支架）和桩基础工程，总体布置见图1。

目前大跨度钢桥施工普遍采用的辅助支架结构形式有满堂脚手架、混凝土结构、管桁架结构及

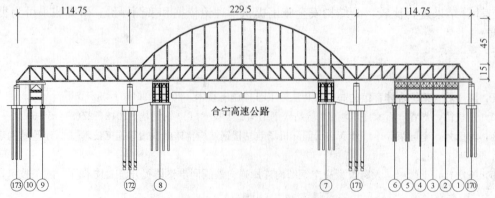

图 1　南淝河特大桥的辅助支撑体系布置

组合结构等。辅助支架的强度、刚度、稳定性直接影响桥梁施工的质量及安全性。桥梁施工采用何种临时支架，要综合考虑现场地形条件、支架高度、成本等因素。以安全、经济、适用及可回收利用原则，本桥辅助支撑体系的支架均采用管桁架结构，具有强度高，刚度大，稳定性好，安装和拆卸方便，可回收利用等诸多优点，同时在钢支架上安装操作平台形式灵活多样，易满足顶推滑移施工需要。

2 辅助支撑体系设计

2.1 拼装支架设计

根据施工方案，在边跨（170#墩和171#墩之间）设置 6 个钢桁梁节间的拼装支架，其主要功能有：（1）作为拼装平台实现工厂化作业，提高拼装效率和质量；（2）拼装支架上设有电液集中控制系统，为钢桁梁带拱顶推滑移提供动力；（3）导梁到达 171#墩之前，拼装支架可以减小钢桁梁的最大悬臂长度，使其满足抗倾覆承载力要求；（4）拼装支架上设有竖向起顶和横向纠偏装置，可对钢桁梁进行竖向起顶操作和线形调整。

拼装支架采用管桁架结构，共 6 个节间，每个节间长度为 12.75m，总长度为 76.5m，宽度为 15m，其节间长度和宽度均与钢桁梁相同，总高度为 22.5m。拼装支架由钢管立柱、纵向桁架、横向桁架、撑杆、滑道梁、机电液设备平台及拼装平台组成。根据桥梁顶推施工过程中对拼装支架产生的荷载大小和位置不同，拼装支架钢管立柱直径分为两种类型。1#墩～4#墩钢管立柱直径为 600mm，5#墩、6#墩钢管立柱直径为 1000mm。滑道梁采用箱型截面，截面最大宽度为 1960mm，其中 1#墩～170#墩、5#墩～6#墩之间滑道梁的截面高度为 1800mm，1#墩～5#墩之间滑道梁的截面高度为 1300mm。拼装支架的杆件截面信息见表 1 和图 2。

拼装支架的杆件截面信息   表 1

编号	截面尺寸（mm）	编号	截面尺寸（mm）	编号	截面尺寸（mm）
HL	□1960×1800×30	LZ1	○600×20	LZ2	○1000×30
CG1	○457×14	CG2	○500×12	CG3	○325×10

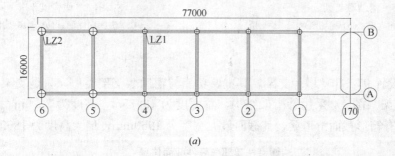

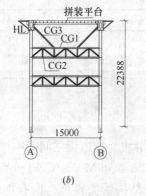

图 2 拼装支架

(a) 拼装支架平面图；(b) 拼装支架横向立面；(c) 拼装支架照片

2.2 辅助墩支架设计

钢桁梁柔性拱南淝河特大桥小角度与合宁高速公路斜交，跨越长度达 229.5m，需在主跨（171#墩和 172#墩之间）设置两座辅助墩支架，其主要功能有：（1）在顶推施工过程中钢桁梁的最大悬臂长度由 229.5m 减小为 153m，减小钢桁梁支座处的最大负弯矩和导梁前段最大挠度；（2）辅助墩支架上设有电液集中控制系统，为钢桁梁带拱顶推滑移提供强大动力；（3）辅助墩支架上设有竖向起顶和横向纠偏装置，可对钢桁梁进行竖向起顶操作及线形调整。

辅助墩支架的杆件截面信息 表 2

编号	截面尺寸（mm）	编号	截面尺寸（mm）	编号	截面尺寸（mm）
HL	□1960×1800×30	CG1	○500×12	CG2	○600×20
LZ	○1000×30	XFG	○406×10	ZFG	○325×10

7#和 8#辅助墩支架均为管桁架结构，由格构式钢管立柱、纵向桁架、横向桁架、撑杆、滑道梁及机电液设备平台组成。格构式钢管立柱均采用直径为 1m 的钢管混凝土立柱组成，杆件截面尺寸见表 2。为避免辅助墩与高速公路发生干涉，其上部钢支架横断面设计成"V"字形，辅助墩支架见图 3。滑道梁采用箱形截面，截面最大宽度为 2.57m，最大高度为 2m。

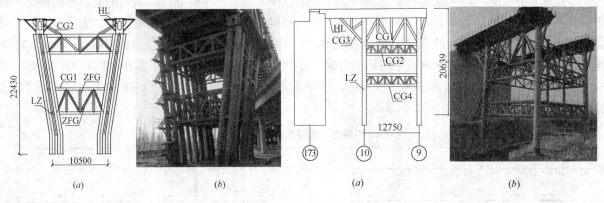

图 3 辅助墩支架
(a) 横桥向立面；(b) 现场照片

图 4 墩旁支架
(a) 纵桥向立面；(b) 现场照片

2.3 墩旁支架设计

在 173#墩附近设置 9#~10#墩旁支架，其主要功能与辅助墩支架类似，只是支架上未设置电液集中控制系统。墩旁支架（图 4）采用管桁架结构，总宽度为 13.75m，高度为 20.6m，杆件截面尺寸见表 3。墩旁支架上设有箱形截面滑道梁，其截面最大宽度为 1960mm，最大高度为 1800mm。

墩旁托架部分杆件截面信息 表 3

编号	截面尺寸（mm）	编号	截面尺寸（mm）	编号	截面尺寸（mm）
HL1	□3000×1800×30	lz	○1000×30	cg1	○500×12
cg2	○325×10	cg3	○406×10	cg4	○457×16
fg1	○219×8	fg2	○273×12		

3 辅助支撑体系的结构计算

在顶推施工过程中，辅助支撑体系受到上部钢桥的重力、滑块与滑道梁之间的摩擦力、水平千斤顶的顶推力和竖向千斤顶的顶力等。本工程采用有限元程序 SAP2000 和 Midas/Civil 分别对拼装支架、辅助墩支架、墩旁支架进行结构计算，考虑不同施工工况作用下结构受力性能。所有构件均采用 Q345B 钢材，桥面板采用板单元，支架杆件采用梁单元。由于本桥节点全部为焊接整体节点，节点重量比较大，所以在计算模型中对桥的重量乘以 1.45 的放大系数，确保模型重量与实际工程相符。顶推过程中垫块均为滑动垫块，因此不约束顺桥向（即 X 方向），考虑侧向风力作用而约束 Y、Z 方向，计算模型见图 5。

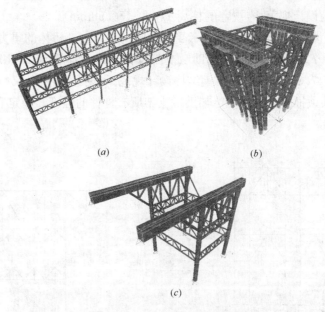

(a)　　　　　　(b)

(c)

图 5　辅助支撑体系的计算模型
(a) 拼装支架；(b) 辅助墩支架；(c) 墩旁支架

3.1　拼装支架计算

拼装支架按两种施工工况进行计算：

工况 1：各水平千斤顶正常运行，钢桥匀速向前顶推。此时拼装支架受到的竖向力为上部桥体重力（$G_1 \sim G_7$），水平力为滑块与滑道梁之间的摩擦力（f）及水平千斤顶的顶推力（N），计算简图见图 6。计算表明，拼装支架杆件的最大应力为 218.3MPa，小于设计容许应力 295MPa；最大变形值为 20.13mm，小于《钢结构设计规范》[3] 规定的柱高 1/400（53.89mm）。

工况 2：水平千斤顶没有运行。此时拼装支架受到的竖向力为上部桥体的重力（$G_1 \sim G_7$），水平力为滑块与滑道梁之间的摩擦力（f）。计算表明，拼装支架杆件的最大应力 215.4 MPa，小于设计容许应力 295MPa；最大变形值为 19.56mm，小于《钢结构设计规范》[3] 规定的柱高 1/400（53.89mm）。

因此，在钢桁梁带拱顶推施工过程中，拼装支架的所有杆件强度、稳定和变形均满足《钢结构设计规范》[3] 要求。

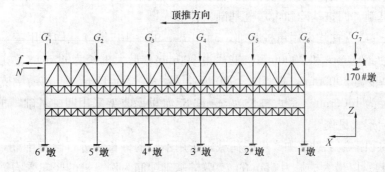

图 6　拼装支架的计算简图

3.2　辅助墩支架计算

辅助墩支架按两种施工工况进行计算：

工况1：各水平千斤顶正常运行，钢桥匀速向前顶推。此时，辅助墩受到的竖向力为上部桥体的重力（G），而水平力为滑块与滑道梁之间的摩擦力（f）与水平千斤顶的顶推力（N）的合力，见图7。计算表明，辅助墩支架杆件的最大应力为210MPa，小于设计容许应力295MPa；最大变形值为23.79mm，小于《钢结构设计规范》[3]规定的柱高1/400（50.58mm）。

工况2：水平千斤顶没有运行。此时辅助墩受到的竖向力为上部桥体的重力（G），而水平力为滑块与滑道梁之间的摩擦力（f）。计算表明，辅助墩支架杆件的最大应力为213MPa，小于设计容许应力295MPa；最大变形值为47.56mm，小于《钢结构设计规范》[3]规定的柱高1/400（50.58mm）。

因此，在钢桁梁带拱顶推施工过程中，辅助墩支架所有杆件的强度、稳定和变形均满足《钢结构设计规范》[3]要求。

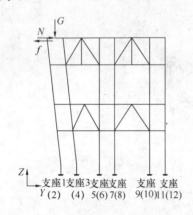

图7　辅助墩支架的计算简图

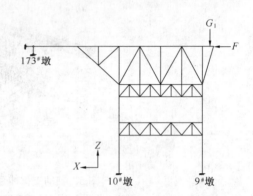

图8　墩旁支架的计算简图

3.3　墩旁支架计算

墩旁支架上没有设置水平千斤顶装置，受到的竖向力为上部桥体的重力（G），而水平力为滑块与滑道梁之间的摩擦力（f），见图8。计算表明，墩旁支架杆件的最大应力为194.7MPa，小于设计容许应力295MPa；最大变形值为7.8mm，小于《钢结构设计规范》[3]规定的柱高1/400（50.58mm）。

因此，在钢桁梁带拱顶推施工过程中，墩旁支架所有杆件的强度、稳定和变形均满足《钢结构设计规范》[3]要求。

4　桩基础设计与计算

4.1　桩基础设计

根据钢桁梁带拱顶推产生的最大内力值、辅助支撑的支架柱布置形式，辅助支撑体系的基础工程分为单桩基础、三桩基础、四桩基础和十六桩基础4种形式。

拼装支架的1#～4#立柱均采用单桩基础，5#、6#、9#～10#墩立柱均采用三桩基础。单桩基础承台宽度和高度分别为2200mm和2000mm，桩径为900mm，最大桩长为40m。三桩基础承台最大边长为5400mm，承台高度为3000mm，桩径为1000mm，最大桩长为45m。7#辅助墩支架采用十六根钢筋混凝土灌注桩，桩径为1500mm、最大桩长为55m；8#辅助墩支架采用四桩基础，桩径为1500mm、桩深为55m，基础承台形式见图9。

根据钢桁梁带拱顶推施工过程中产生的荷载，选用不同的桩长和进行合理配筋，桩的配筋见图10，现场施工照片见图11。以最大桩长为55m的7#墩桩基础配筋为例。桩的竖向受力筋（编号①）和桩基加强筋（编号②）均采用直径为25mm的HRB335级钢筋，桩基加强筋设在主筋内侧，每2m一道，自身搭接部分采用双面焊。箍筋采用直径为10mm的HRB235级钢筋，定位钢筋（编号⑤）每隔2m设一组，每组4根均匀设于桩基加强筋四周。桩的配筋信息见表4。

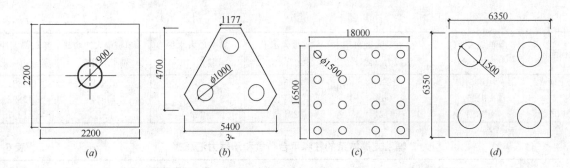

图9　承台类型

(a) 单桩承台；(b) 三桩承台；(c) 十六桩承台；(d) 四桩承台

7# 墩的桩配筋信息　　　　　　　　　　　　　　　　　　　　　　　　　　　　表4

编号	钢筋直径（mm）	单根长度（m）	根数	共长（m）
①	25	56.04	35	1961.22
②	25	4.35	28	121.80
③	10	1298.60	1	1298.60
④	10	49.86	1	49.86
⑤	20	0.53	112	59.36

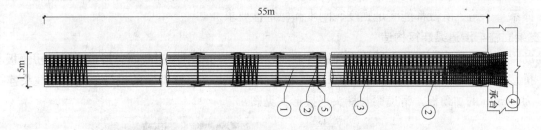

图10　7# 墩的桩基础配筋

图11　桩基础施工

4.2　桩基础计算

通过对辅助支撑体系在"钢桁梁带拱顶推"施工过程中的结构计算，得出支架立柱承受的最大内力，将其作为桩基础承载力的设计依据。根据《建筑桩基技术规范》[4]，分别计算了桩基的竖向承载力、水平承载力、抗拔承载力、柱抗冲切承载力、承台受剪承载力及承台抗冲切承载力，计算结果见表5、表6。

辅助支撑体系的单桩荷载和承载力汇总表　　　　　　　　　　　　　　　　　　表5

工程部位	单桩最大竖向荷载（kN）	单桩最大竖向承载力（kN）	单桩最大水平荷载（kN）	单桩最大水平承载力（kN）	单桩最大冲切荷载（kN）	单桩最大冲切承载力（kN）
1#-4# 墩	339	521	339	434		
5#-6# 墩	4765	7255	222	306	6671	11064

续表

工程部位	单桩最大竖向荷载（kN）	单桩最大竖向承载力（kN）	单桩最大水平荷载（kN）	单桩最大水平承载力（kN）	单桩最大冲切荷载（kN）	单桩最大冲切承载力（kN）
7#墩	10654	12956	125	335	12967	43892
8#墩	9195	10627	125	202	10924	43892
9#-10#墩	3383	4121	231	363	1901	11397

辅助支撑体系的柱和承台荷载和承载力汇总表　　表6

工程部位	柱最大冲切荷载（kN）	柱最大冲切承载力（kN）	承台最大受剪荷载（kN）	承台最大受剪承载力（kN）
5#、6#墩	14105	47184	12718	16929
7#墩	33996	63657	21560	28626
8#墩	32596	57544	18214	52777
9#、10#墩	11155	47184	9346	16296

5　辅助支撑体系构造措施

辅助支撑体系不仅需要受力合理的结构体系，而且对关键传力部位须有可靠的构造措施，以确保辅助支撑体系整个施工阶段都能满足强度、刚度和稳定性要求。

5.1　支架立柱与滑道梁连接构造

辅助支撑体系所有支架的立柱均为圆钢管截面，滑道梁均采用箱型截面。滑道梁通过拼接板与立柱连接，拼接板边长为1600mm，板厚为40mm。根据"强节点、弱杆件"的设计原则，在柱头连接处焊接板厚为30mm的加劲板，滑道梁与柱头连接形式见图12。

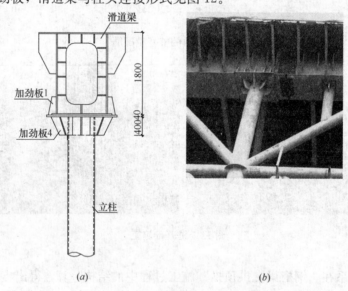

图12　支架立柱与滑道梁连接构造
(a) 柱头结构示意图；(b) 柱头照片

5.2　支架立柱与基础承台连接构造

拼装支架1#～4#墩的钢立柱的柱脚预埋深度为1.2m，立柱底端设置直径为450mm的圆钢板作为底板；拼装支架5#～6#墩、辅助墩支架和墩旁托架钢立柱柱脚预埋深度为2m，立柱底端设置直径为500mm的圆钢板作为底板，立柱底板沿四周布置加劲板。柱脚底板至承台标高上方1m范围内灌注C30混凝土。预埋范围内的钢立柱沿圆管截面两轴的每侧（90度扇面）分别布置抗剪圆柱头栓钉。立柱与基础连接构造见图 13。

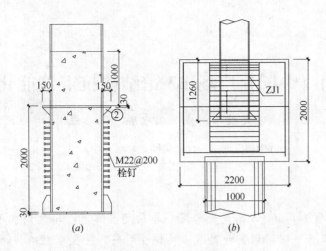

图 13　支架立柱与基础连接构造

(a) 柱脚灌混凝土示意图；(b) 柱脚承台配筋示意图

6　结论

根据钢桁梁柔性拱南淝河特大桥的"钢桁梁带拱顶推、柔性拱合龙"施工特点，为了安全可靠、经济合理、加快施工进度，并利用可回收利用的新理念，该工程选用了大型钢结构辅助支撑体系。结合桥梁跨越高速公路施工的特殊地理环境，分别对辅助支撑体系中的拼装支架、辅助墩支架、墩旁支架及桩基础工程进行了创新设计，提出了合理的构造措施。通过有限元分析软件 SAP2000 和 Midas/Civil 分别对辅助支撑体系结构进行详细分析与计算，确保了在各种施工工况下结构满足强度、变形和稳定性要求。南淝河钢桁梁柔性拱特大桥顺利完成顶推滑移、上墩、合龙、就位等多项关键施工步骤，实践证明该辅助支撑体系设计是科学合理可行的，在实际工程中获得良好地应用，为其他桥梁工程的应用提供了参考依据。

参考文献

[1] 中铁第四勘察设计院集团有限公司. 合肥南环线铁路枢纽南淝河特大桥设计施工图[Z]. 2009.

[2] 合肥工业大学建筑设计研究院. 合肥南环线工程南淝河特大桥、经开区特大桥架设钢结构设计施工图[Z]. 2010

[3] 中华人民共和国国家标准. 钢结构设计规范(GB 50017—2003)[S]. 北京：中国计划出版社. 2003.

[4] 中华人民共和国行业标准. 建筑桩基技术规范(JGJ 94—2008)[S]. 北京：中国建筑工业出版社. 2008.

[5] 中华人民共和国行业标准. 铁路钢桥制造规范[S]. (TB10212.2009). 北京：中国铁道出版社，2009.

[6] 中华人民共和国行业标准. 铁路桥梁钢结构设计规范. (TB10002.2.2005)[S]. 北京：中国铁道出版社，2005.

[7] 姚发海. 大跨长联钢桁梁顶推关键技术[J]. 桥梁建设. 2011，2，1-4.

[8] 王静峰等. 合肥南环线工程经开区特大桥、南淝河特大桥柔性拱架设关键技术[M]. 合肥工业大学. 2011.

大成功（中国）广场 B3 馆结构抗震性能化分析

丁大益 刘威 田永胜 王 磊

（中国五洲工程设计集团，北京 100053）

摘 要 大成功（中国）广场 B3 馆是大跨度、单层超高建筑，单跨最大跨度 67.2 米，结构单层最大高度 67 米。采用钢管桁架够格梁和柱组成的巨型框架结构。本文介绍了该钢结构工程的结构抗震性能化设计方法，通过分析得出在 8 度设防烈度下的单层超高建筑的结构特性，可为类似工程应用提供参考。

关键词 单层超高结构；巨型框架；钢管桁架；抗震分析；性能目标

1 引言

根据中冶地勘岩土工程总公司所做的《成功（中国）大广场二期详勘岩土工程勘察报告》（ZYDK-2006-GK037），本场地的抗震设防烈度为 8 度，设计基本地震加速度值为 0.20g，属设计地震第一组，场地类别 III 类，场地饱和粉土及砂土为非液化场地。

成功（中国）大广场 B3 楼主体为一个单层钢管桁架结构，见图 1。结构由矩形、四边形钢管格构柱，矩形、三角形、异形钢管桁架梁，平面桁架抗风柱，铝合金金属夹芯板屋面及围护墙组。在主体钢结构形成的大空间内部还有一些一到五层的钢筋混凝土框架结构，除个别柱共用基础外，上部结构各自独立。

由于主体结构高度较高，迎风面大（单根钢管格构柱最大迎风面积达 2200m² 以上），柱底荷载为风荷载控制组合，弯矩远大于竖向力，所以采用混凝土灌注桩基础。

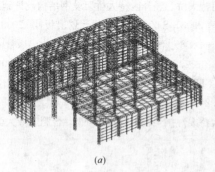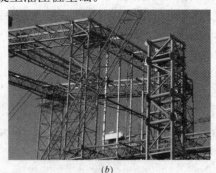

(a)　　　　　　　　(b)

图 1 成功（中国）大广场 B3 楼钢结构

(a) 计算模型；(b) 现场照片

2 结构体系

结构体系为格构柱和桁架梁组成的三跨单层钢结构巨型框架。纵向长 210m，柱距多为 33.6m，横向跨度为 67.2～33.6m＋42m＋50.4m，三跨的高度分别为 67m、31.9m 和 23.62m。西侧边柱列成折线形塑造结构斜面造型。

格构柱由圆钢管柱肢和缀材组成，因结构承受较大的风荷载，因此采用了四肢柱以满足结构承受正反两个方向风荷载的需要。在保证柱肢受力合理的情况下，兼顾了施工方便的原则，钢管相贯焊接成型，满足了外露结构美观需要，且用钢量较为节省。

巨型框架梁由桁架组成，采用四管立体桁架，与柱肢的连接较为简洁。

为加强结构的纵向刚度，沿结构屋面纵向设置了三道通长纵向立体桁架，纵向桁架也将巨型框架分成若干受力区间，可以采用平面构件实现小区间的结构整体受力，视觉上也更为轻巧。西侧一跨单层层高较大，布置了一道环向联系桁架，加强了结构的纵向刚度，同时保证了结构的整体性。

抗风柱之间每隔 4m 设一道钢绞线垂直支撑，以减小抗风柱弦杆的平面外计算长度。

抗风柱柱肢与基础和主结构的连接为铰接。巨型框架柱与基础的连接为刚性连接。

3 抗震性能化设计目标

合理的建筑布置在结构抗震设计中是至关重要重要的，结构的平面及竖向布置应尽可能简洁、对称。震害表明，简单、对称的建筑，在地震发生时较不容易破坏。"规则"包含了对建筑的外形尺寸、抗侧力构件布置、质量分布，直至承载力分布等诸多因素的综合要求。规则的建筑结构体现在体型（平面和立面的形状）简单，抗侧力体系的刚度和承载力上下变化连续、均匀，平面布置基本对称。即在平面、竖向图形或抗侧力体系上，没有明显的、实质的不连续（突变）。

为满足特定的建筑功能需要，造成了结构的平面或竖向不规则，则必须做结构的抗震性能化分析设计，以基于性能的设计方法来证明结构在地震作用下的性能。基于性能的设计方法是通过复杂的非线性分析软件对结构进行分析，以证明结构可以达到预定的性能目标。对各结构构件会进行充分研究以对结构的整体性能得出定性的结论。最终达到小震（多遇地震）时的结构杆件强度和稳定应力值合理，并有足够的储备，变形满足控制指标；中震（基本烈度地震）时结构主要受力构件仍然处于弹性阶段（不屈服）；大震（罕遇地震）时结构变形满足控制目标。

成功广场项目结构平面规则，具有良好的整体性。竖向剖面高差较大，侧向刚度变化比较均匀。但整体结构的三跨组成、结构外形比较复杂。

结构的抗震分析采用两阶段：多遇地震下的弹性分析和罕遇地震下的弹塑性分析。

关于不规则建筑，《建筑抗震设计规范》GB 50011—2010[1] 表 3.4.3-1 和表 3.4.3-2 中对钢筋混凝土和钢结构多层和高层建筑作了规定。本项目属于抗震规范、混凝土和钢结构高层规程暂未列入的特殊形式的大型公共建筑，按照抗震设防超限设计。

4 结构抗震性能化分析

4.1 荷载取值

（1）恒荷载

屋、墙面为夹心彩钢板，荷载取值为 0.3kN/m²。墙面局部带形窗，荷载取值为 1.0kN/m²。屋面悬挂荷载，取值为 0.5kN/m²。

（2）雪荷载（活荷载）

屋面活载：0.3kN/m²＜雪荷载，活载与雪载不同时组合，故合并计入雪荷载。基本雪压 S_0＝0.45kN/m²（规范 100 年重现期），考虑高低屋面积雪分布系数。屋面雨水荷载分析，100 年一遇，天沟积水深 100mm，计 1.4 超载系数，屋面雨水荷载为 0.30 kN/m²＜0.45kN/m²（雪荷载），屋面雨水荷载不另计，但需加强管理。

（3）风荷载

基本风压 W_0＝0.5kN/m²（100 年重现期），B 类地貌。风压体型系数 μ_s 采用风洞试验报告数据。

风振系数 β_z 取 1.5。由于本结构自振周期较长，结构刚度较差，在风荷载作用下可能引起较大的风振效应，其风振计算根据以往相似跨度工程的分析结果，将风振系数取为平均值 1.5。各向风荷载另外考虑屋面向下的正风压工况，风压为 $0.2kN/m^2$，反映竖向风振不利影响。

（4）温度作用

根据气象资料，年平均温度为 12.7℃，极端最高温度为 39.8℃，极端最低温度为 −27.3℃。假设结构合拢温度 10℃，考虑建筑外保温作用，对结构模型进行整体升温 20℃，降温 20℃ 的温度应力分析。

（5）地震作用

建筑抗震设防分类：乙类。本地区抗震设防烈度：8 度（0.2g）。场地类别：Ⅲ类。设计地震分组：第一组。钢结构阻尼比：弹性分析 0.02，弹塑性分析 0.05。8 度多遇地震，水平地震影响系数最大值 $\alpha_{max} = 0.16$，设计特征周期 $T_g = 0.45s$；罕遇地震屈服承载力复核，水平地震影响系数最大值 $\alpha_{max} = 0.90$，设计特征周期 $T_g = 0.50s$。

4.2 结构设计控制标准

设计使用年限：50 年。建筑结构安全等级：一级。结构重要性系数 1.1。钢结构最不利工况组合下 $\sigma_{max} \leqslant 0.9f_y$。

（1）变形指标

屋面梁（桁架）挠度控制为结构空间跨度的 1/350。次梁（桁架）挠度控制为结构空间跨度的 1/250。地震作用下，钢结构柱顶侧移控制值为柱高 H 的 1/300；风荷载作用下，柱顶侧移控制值为柱高 H 的 1/180。檩条挠度控制值为跨度 1/200。

（2）动力特性指标

体系基本振型的自振频率控制宜 ＞0.40Hz。

（3）应力指标

关键杆件在任何承载力极限状态荷载效应组合下的最大设计应力不大于 $0.95f$（f 为钢材设计强度），压杆稳定性按 b 类截面设计。

4.3 分析计算

分析软件采用 Midas/Gen V7.1.2[2]，SAP2000 做校核。结构自振模态见图 2。

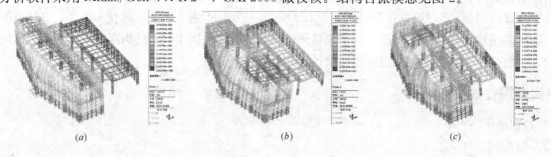

(a) (b) (c)

图 2 结构模态

(a) 振型 1 纵向平动（$T=2.150s$）；(b) 振型 2 横向平动（$T=1.590s$）；(c) 振型 3 扭转（$T=1.570s$）

4.4 温度分析

由于主框架变形较难释放，温度荷载对主框架内力及支座反力的影响较大，对檩条及纵向体系影响较小。经分析，升温、降温工况计算杆件内力值相同，符号相反，温度应力在构件设计中不是控制工况。

4.5 钢结构抗震性能分析

采用三水准、两阶段的分析方法，达到设定的抗震性能目标。

弹性反应谱分析，双向水平地震作用的扭转效应，可按下列公式确定：

$$S_{EK} = \max \left(\sqrt{S_x^2 + (0.85S_y)^2}, \sqrt{S_y^2 + (0.85S_x)^2} \right)$$

弹性时程分析，地震波选用：按照《建筑抗震设计规范》GB 50011—2010，采用时程分析法时，应按建筑场地类别和设计地震分组选用不少于二组实际强震记录和一组人工模拟的加速度时程曲线，其平均地震影响系数曲线与振型分解反应谱法所采用的地震影响系数曲线在统计意义上相符。

"在统计意义上相符"：（1）平均地震影响系数曲线与振型分解反应谱所用的地震影响系数曲线相比，在各个周期点上相差不大于20%；（2）计算结果的平均底部剪力一般不会小于振型分解反应谱法计算结果的80%；（3）每条地震波输入的计算结果不会小于60%。

弹塑性分析采用 Pushover 方法。

（1）小震（多遇地震）弹性分析

小震（多遇地震）作用下的内力和变形分析是本规范对结构地震反应、截面承载力验算和变形验算最基本的要求。按《建筑抗震设计规范》GB 50011—2010 第1.0.1条的规定，建筑物当遭受低于本地区抗震设防烈度的多遇地震影响时，一般不受损坏或不需修理可继续使用。与此相应，结构在多遇地震作用下的反应分析的方法，截面抗震验算（按照国家标准《建筑结构可靠度设计统一标准》GB 50068—2010[3]的基本要求），以及层间弹性位移的验算，都是以线弹性理论为基础。因此当建筑结构进行多遇地震作用下的内力和变形分析时，可假定结构与构件处于弹性工作状态。

1）结构位移

反应谱法结构最大位移，见表1。

反应谱法结构最大位移（Midas/Gen） 表1

	柱顶位移		主桁架挠度		纵向桁架挠度	
	最大值（mm）	U/H	最大值（mm）	U/L	最大值（mm）	U/L
X 方向为主	70.3	1/876				
Y 方向为主	77.7	1/790				
Z 方向为主			10	1/4750	9.5	1/3168

2）杆件应力

选取恒载、活载和地震力参与荷载组合，计算结构主要杆件的稳定及强度应力，见表2。

结构主要杆件应力 表2

构件名称、规格	荷载组合工况	轴力（kN）	弯矩（kN.m）	剪力（kN）	最大应力比
P 500×20	1.2DL+0.6LR−1.3Ex（RS）	−2209	74	−28	0.23
P 450×16	1.2DL+0.6LR−1.3Ez（RS）	−1371	89	−25	0.31
P 351×12	1.2DL+0.6LR−1.3Ez（RS）	−1546	81	33	0.61
P 245×8	1.2DL+0.6LR−1.3Ez（RS）	−1165	3	4	0.79
P 219×8	1.2DL+0.6LR−1.3Ez（RS）	−562	8	−4	0.48

3）基底反力

小震基底剪（反）力，见表3。

小震基底剪（反）力（Midas/Gen） 表3

	X 方向基底总剪力（kN）	Y 方向基底总剪力（kN）	Z 方向总基底反力（kN）	剪重比
X 方向为主	3402	415	515	3402/72660=4.7%
Y 方向为主	461	2789	347	2789/72660=3.8%
Z 方向为主	296	166	3894	3894/72660=5.4%

（2）中震（基本烈度地震）弹性反应谱分析

《建筑抗震设计规范》GB 50011—2010 中对中震设计的内容涉及很少，仅在总则中提到"小震不坏、中震可修、大震不倒"的抗震设防目标，但没有给出中震设计的判断标准和设计要求，我国目前的抗震设计是以小震为设计基础的，中震和大震则是通过地震力的调整系数和各种抗震构造措施来保证的，但随着复杂结构、超高超限结构越来越多，对中震的设计要求也越来越多，目前工程界对于结构的中震设计有两种方法，第一种按照中震弹性设计，第二种是按照中震不屈服设计。本工程按照第二种方法分析计算，满足中震（基本烈度地震）时结构主要受力构件仍然处于弹性阶段（不屈服）的设计目标。

阻尼比取 0.02，水平地震影响系数最大值 $\alpha_{max}=0.45$，设计特征周期 $T_g=0.45s$。

地震效应组合分项系数取 1.0，按照钢材的屈服强度校核结构所有的杆件应力。

选取恒载、活载和地震力参与荷载组合，计算中震（基本烈度地震）作用下结构主要杆件的稳定及强度应力，见表4，最大应力比均小于1.0，满足设计目标。

结构主要杆件应力   表4

构件名称、规格	荷载组合工况	轴力 （kN）	弯矩 （kN·m）	剪力 （kN）	最大应力比
P 500×20	1.2DL+0.6LR+1.03Ex (RS)	−3398	110	43	0.33
P 450×16	1.2DL+0.6LR+1.03Ex (RS)	−2690	169	−42	0.42
P 351×12	1.2DL+0.6LR+1.03Ex (RS)	−2113	159	67	0.66
P 245×8	1.2DL+0.6LR+1.03Ez (RS)	−1392	9	4	0.86
P 219×8	1.2DL+0.6LR+1.03Ey (RS)	1	77	44	0.63

（3）大震（罕遇地震）弹性分析

当建筑物遭受高于本地区抗震设防烈度的预估的罕遇地震影响时，不致倒塌或发生危及生命的严重破坏，这是《建筑抗震设计规范》GB 50011—2010 的基本要求。特别是建筑物的体型和抗侧力系统复杂时，将在结构的薄弱部位发生应力集中和弹塑性变形集中，严重时会导致重大的破坏甚至有倒塌的危险。

采用大震（罕遇地震）弹性分析可以判定结构在大震时是否会发生过大的变形，是否有垮塌的危险。如计算出的变形过大，则需要调整结构的侧向刚度分配，使得结构的抗侧力系统更加合理。弹性大震计算同时也为大震弹塑性分析提供分析基础。

1) 反应谱结果

反应谱分析阻尼比取 0.05，水平地震影响系数最大值 $\alpha_{max}=0.90$，设计特征周期 $T_g=0.45s$。大震反应谱法位移，见表5。

大震反应谱法位移 （Midas/Gen）   表5

	柱顶位移		主桁架挠度		纵向桁架挠度	
	最大值（mm）	U/H	最大值（mm）	U/L	最大值（mm）	U/L
X 方向为主	372	1/167				
Y 方向为主	355	1/175				
Z 方向为主			61	1/779	57	1/528

2) 时程分析结果

阻尼比取 0.05。大震时程分析位移计算结果，见表6。

大震时程分析位移计算结果　　表6

时程分析法（El Centro）最大位移 Midas/Gen					
柱顶位移		主桁架挠度		纵向桁架挠度	
最大值（mm）	U/H	最大值（mm）	U/L	最大值（mm）	U/L
X 方向为主　314	1/197				
Y 方向为主　351	1/177				
Z 方向为主		40	1/1188	50	1/602

时程分析法（Taft）最大位移 Midas/Gen					
柱顶位移		主桁架挠度		纵向桁架挠度	
最大值（mm）	U/H	最大值（mm）	U/L	最大值（mm）	U/L
X 方向为主　345	1/180				
Y 方向为主　377	1/164				
Z 方向为主		49.1	1/992	68	1/443

时程分析法（场地）最大位移 Midas/Gen					
柱顶位移		主桁架挠度		纵向桁架挠度	
最大值（mm）	U/H	最大值（mm）	U/L	最大值（mm）	U/L
X 方向为主　252	1/246				
Y 方向为主　371	1/167				
Z 方向为主		56	1/870	75	1/402

（4）静力弹塑性分析

《建筑抗震设计规范》GB 50011—2010 推荐了二种非线性分析方法：静力的非线性分析（推覆分析）和动力的非线性分析（弹塑性时程分析）。因本工程体型、抗侧力体系等比较规则，实际分析计算采用静力非线性（弹塑性时程分析）。

静力的非线性分析是：沿结构高度施加按一定形式分布的模拟地震作用的等效侧力，并从小到大逐步增加侧力的强度，使结构由弹性工作状态逐步进入弹塑性工作状态，最终达到并超过规定的弹塑性位移。

静力非线性分析是一种简化的非线性地震反应分析技术。这种方法适用于地震反应主要由基本振型决定的结构。本工程结构虽周期较长，抗侧刚度较弱，但从前述分析上看，高振型的影响并不是很显著。非线性静力分析方法中所假设的水平作用力的竖向分布可以近似反应结构非线性地震反应过程中振型的影响。因此，本结构的抗震性能评价主要以非线性静力分析的结果为依据。

图 3 为 y 方向 Pushover 曲线，图 4 为 y 方向 pushover 分析中，结构塑性铰的发展情况。计算以第一振型作为荷载模式，采用主节点控制，控制节点取模态分析中，第一振型的最大位移点。塑性铰定义柱铰为轴力铰，分布在框架柱的弦杆和腹杆上，梁铰为弯矩铰，分布在框架梁和纵向桁架的弦杆上。从图中可见，随监测位移的不断增加，基底剪力绝对值不断增加，直到达到最大值后，西侧柱脚处出现塑性铰，由于第一批铰的出现产生一次突然下降，

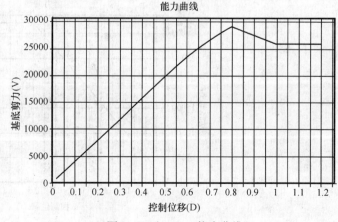

图 3　Pushover-y 能力曲线

并在此之后由于结构其他构件的塑性铰相继出现，基底剪力不断下降。从塑性铰的分布可见，塑性铰集中分布在柱肢的柱脚处和梁柱节点处。因此在结构布置上适当加强结构间的支撑和联系，以提高结构的整体刚度，保证结构空间的整体受力，减小柱肢的负担以延缓结构塑性铰的出现，对于提高结构的整体抗震性能是十分必要的。

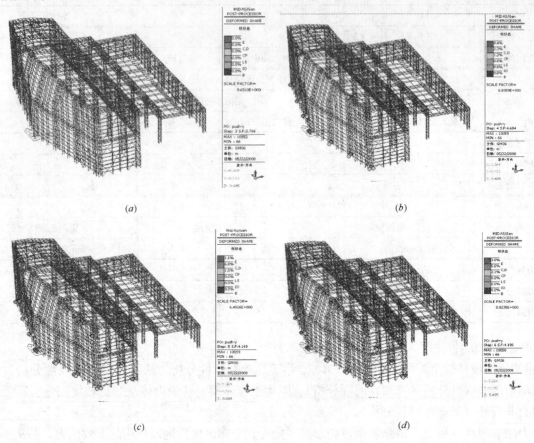

图 4　Pushover-y 结构塑性发展

(a) $u_y=0.6$m；(b) $u_y=0.8$m；(c) $u_y=1.0$m；(d) $u_y=1.2$m

　　图 5 为 x 方向 Pushover 曲线，图 6 为 x 方向 pushover 分析中，结构塑性铰的发展情况。计算以第二振型作为荷载模式，采用主节点控制，控制节点取模态分析中第二振型的最大位移点。塑性铰定义柱铰为轴力铰，分布在框架柱的弦杆和腹杆上，梁铰为弯矩铰，分布在框架梁和纵向桁架的弦杆上。

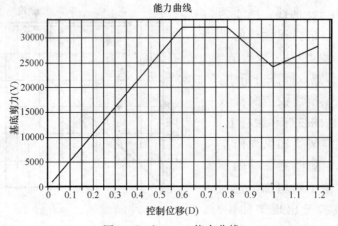

图 5　Pushover-x 能力曲线

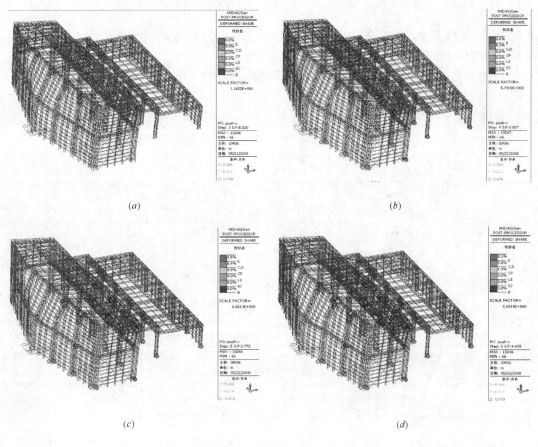

图 6　Pushover-x 结构塑性发展

(*a*) u_x＝0.6m；(*b*) u_x＝0.8m；(*c*) u_x＝1.0m；(*d*) u_x＝1.2m

5　结论

(1) 由弹性时程分析得出每条时程曲线计算所得的结构底部剪力不小于振型分解反应谱法计算结果的 65％，多条时程曲线计算所得的结构底部剪力的平均值不小于振型分解反应谱法计算结果的 80％。总体而言，时程分析的计算结果与反应谱分析的结果基本吻合，符合《建筑抗震设计规范》GB 50011—2010 的有关要求；

(2) 由中震反应谱分析，得知结构主要受力构件在中震作用下的稳定和强度应力均小于钢材的屈服强度，满足结构仍然处于弹性阶段（不屈服）的设计目标；

(3) 根据非线性地震反应分析所得结果与反应谱分析结果对比基底剪力判定结构地震反应程度－小震和大震，对结构进行抗震性能评价，可得出以下结论：

1) 结构可满足小震（多遇地震）作用下不出现结构性破坏的要求。非线性静力分析的结果显示，与结构杆件开始受压屈曲对应的基底剪力值大于小震（多遇地震）下的弹性基底剪力值。这表明结构在小震（多遇地震）作用下的抗震性能优于《建筑抗震设计规范》GB 50011—2010 规定的最低要求；

2) 在罕遇地震作用下，结构的抗震性能满足防倒塌的抗震设计目标。结构整体和结构各个构件的最大弹塑性变形都远小于相应的可接受最大弹塑性变形限值。非线性静力推覆分析的结果都表明，在罕遇地震作用下，结构整体和各个结构构件仍具有明显的强度和变形能力安全储备。表明结构的抗震性能优于《建筑抗震设计规范》GB 50011—2010 规定的防倒塌的最低要求。

参考文献

[1] 中华人民共和国国家标准. 建筑抗震设计规范(GB 50011—2010)[S]. 北京：中国建筑工业出版社，2010.

[2] Midas/Gen用户手册[M]. 北京迈达斯技术有限公司，2008.

[3] 中华人民共和国国家标准. 建筑结构可靠度设计统一标准(GB 50068—2001)[S]. 北京：中国建筑工业出版社，2001.

合肥新桥国际机场航站楼结构设计与节点研究简介

丁大益[1]　郑　岩[1]　马冬霞[1]　王元清[2]　蒋湘闽[1]　王　健[1]　刘　威[1]　邵庆良[1]

(1. 中国五洲工程设计集团，北京　100053；

2. 清华大学土木工程安全与耐久教育部重点实验室，北京　100073)

摘　要　合肥新桥国际机场航站楼总建筑面积约 12.5 万 m³，3 层，局部 4 层。结构沿纵向由伸缩缝分为 5 个分区，分区长约 120～190m。1、5 区采用钢结构；2、3、4 区下部采用钢筋混凝土框架结构，上部采用钢框架结构，钢框架柱采用箱型截面，柱到檐口弯曲成梁，再通过转换节点转换成为倒三角形立体桁架。结合工程项目背景，介绍了该工程结构设计中的关键技术问题，包括结构体系选择和转换节点性能研究等。工程所采用的结构体系及节点连接构造对于其他大型公共建筑具有很好的借鉴作用。

关键词　结构体系；大跨度钢结构；转换节点

1　工程概况

合肥新桥国际机场项目是安徽省"十一五"规划中重点工作之一。定位为国际定期航班机场和国内干线机场，是安徽省的中心机场，共设有 19 个近机位、8 个远机位。机场位于合肥市肥西县高刘镇，距合肥市中心 31.8km。航站楼本期建设可满足设计目标 2020 年，年旅客吞吐量 1100 万人次，高峰小时旅客量 4031 人，货邮吞吐量 15 万 t 的需求。航站楼位于基地北侧，总建筑面积约 125000m²。铝镁合金复合保温板屋面，墙体采用框架式和单层索网式幕墙或部分金属、石材幕墙。合肥新桥国际机场航站区鸟瞰图如图 1 所示。

图 1　航站楼鸟瞰图

2　结构体系与分析

合肥新桥国际机场航站楼形状为不规则的扇形面，柱网的布置、结构体系的选择等将直接影响建筑功能和结构性能，十分重要。

合肥新桥国际机场航站楼长 860m，宽 161m，地上 3 层（局部 4 层），局部地下一层，属于超长建筑。为解决混凝土结构温度影响，沿航站楼纵向设置 4 道伸缩缝，分别为 1、2、3、4、5 段，将整个结

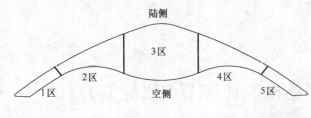

图 2　航站楼结构分区示意图

构划分为 5 个温度区段，最大区段的长度约为 190m。每段的基本轴网尺寸分别为 11m×18m、15m×18m 和 18m×18m。分区示意见图 2。

1、5 区采用钢管混凝土柱和钢梁构成的钢框架结构，2、3、4 区下部（二层以下）采用钢筋混凝土框架，上部采用钢框架结构。

2、3、4 区混凝土结构的每个区域设置数道膨胀加强带，即采用掺膨胀剂配置的补偿收缩混凝土，以控制混凝土裂缝。膨胀加强带的间距 30～35m，位置位于柱间偏离柱轴线三分之一柱距处。

航站楼 2、3、4 区一、二层采用钢筋混凝土柱和预应力混凝土梁组成的框架结构体系，楼板采用现浇钢筋混凝土井字楼盖。屋盖体系为大跨钢结构，与下部混凝土结构固接或直接固结于基础上，中部由最多 3 根室内钢柱支撑，形成横向平面钢框架。跨度大的部分采用立体桁架，在两侧转换为箱形截面柱；跨度小的部分直接采用箱形梁柱形式。为保证结构纵向刚度，沿纵向设置联系桁架、水平支撑，并设置了必要的柱间支撑。

3 区最大跨度榀为 41m＋54m＋36m＋27m，纵向结构柱距为 18m，结构布置图见图 3。

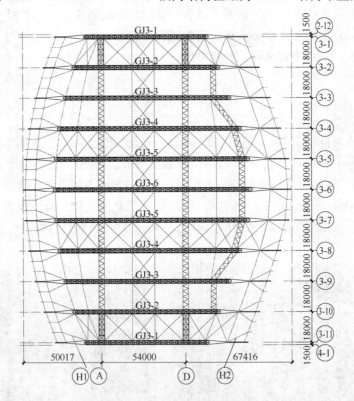

图 3　3 区结构平面布置图

2 区最大跨度 56.8m，纵向结构柱距 11～15m 不等，总长约 190m。2 段与 4 段基本对称。2 区结构布置图见图 4。

航站楼 1、5 区由于建筑形式的需要，选用钢结构。地上三层，一层结构外露，无封闭外墙，顶层为大跨钢结构，采用箱形梁柱门式框架形式。箱形柱柱脚刚接，最大跨度 36m，纵向结构柱距约 11m，各跨不等，总长 120 多米。5 区与 1 区基本对称。

航站楼钢结构部分不设缝，对应下部伸缩缝处，结构构件连接采用抗震滑动支座处理。

以 3 区为例简要介绍分析结果。

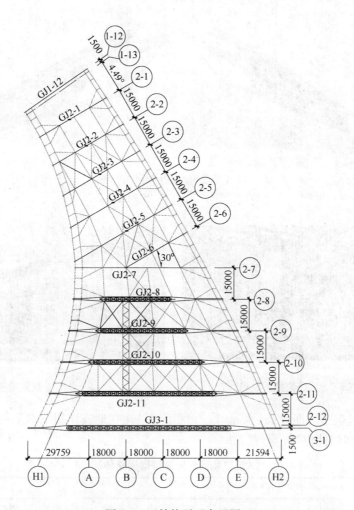

图4　2区结构平面布置图

（1）结构分析

航站楼3区结构体系与2、4区相同，但框架平面柱网较规则，主要柱距为18.0m×18.0m和18.0m×9.0m，框架柱为圆形柱，截面直径为φ1000、φ1200、φ1600，其中A、D、F轴混凝土框柱在7.9m标高和13.9m标高与上部钢柱连接，均采用埋入式连接。框架梁截面尺寸为（800～1400）mm×1000mm、

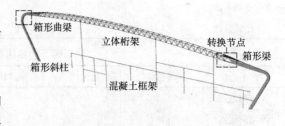

图5　3区刚架结构构件组成示意图

1200mm×1100mm、1400mm×1100mm。在H～H1轴之间采用压型钢板组合楼板，其余楼板均采用钢筋混凝土楼板，板厚120mm。

上部钢框架的最大跨度为41m＋54m＋36m＋27m，混凝土结构柱网为18m×18m。单榀结构布置见图5。

屋面立体桁架和箱型钢梁间转换节点做法同2、4区。转换节点示意见图6。施工现场照片见图7、图8。

箱形柱最大截面为B1400×400×25×80，箱形梁最大截面为B（2400～1400）×400×25×30，主桁架上弦采用B400×350×16×16，下弦采用P299×16（支座处为满足建筑需要采用P350×22高强钢Q420B），腹杆采用P168×10和P159×8。屋面箱型梁和立体桁架采用转换节点连接，见图13。楼面梁最大截面为B1000×340×16×30，钢管柱截面为P1200×20。柱间支撑采用1860MPa级钢缆索φ7×19，柔性拉索采用高强度镀锌钢绞线D15.2。

图 6 转换节点

(a) 陆侧转换节点；(b) 空侧转换节点

图 7 3 区陆侧施工现场　　　　　　　　　图 8 3 区空侧施工现场

3 区结构的前 6 阶振型周期特征，见表 1。3 区下部结构在地震作用下水平位移，见表 2。3 区结构罕遇地震作用下水平弹塑性位移，见表 3。

3 区结构的前 6 阶振型周期特征　　　　　　　　　　　　　　表 1

振型	1	2	3	4	5
周期（s）	0.6159	0.6053	0.5449	0.2760	0.2568
平动系数	0.98	0.96	0.13	0.18	1.00
扭转系数	0.02	0.04	0.87	0.82	0.00

3 区下部结构在地震作用下水平位移　　　　　　　　　　　　表 2

水平力	层间位移角	最大位移与平均位移比	水平力	层间位移角	最大位移与平均位移比
X 方向地震	1/1403	1.14	Y 方向地震	1/1442	1.07
X 双向地震	1/1397	1.14	Y 双向地震	1/1392	1.07

3 区结构罕遇地震作用下水平弹塑性位移　　　　　　　　　　表 3

水 平 力	层间位移角
X 向地震	1/187
Y 向地震	1/191

3 区结构有限元模型见图 9，整体有限元模型见图 10。各杆件应力比均控制在设计性态目标内。

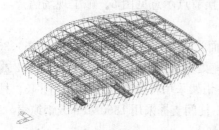
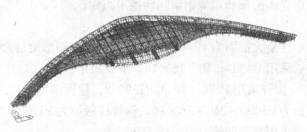

图 9 3 区结构有限元模型　　　　　　　　　图 10 整体结构有限元模型

分析结构在设防烈度地震（中震）作用下，是否满足"中震不屈服"的性能目标，对钢结构构件进行抗震设计，结构主要构件的应力比计算结果见表4。分析结果表明，除支撑和系杆外，按小震乙类计算的应力比普遍比中震不屈服要高。支撑和系杆按中震不屈服控制并已作修正。

中震下主要杆件应力比　　　　表4

杆件类别	规　　格	应力比
桁架	B300×300×12×12	0.642
	P273×16	0.713
	P245×16	0.553
	P140×10	0.594
	P127×8	0.736
箱型钢梁、柱	B1200×400×25×50	0.633
	B（1200~1000）×400×25×45	0.529
	B（1200~1000）×400×30×60	0.608
	B1000×340×16×30	0.412
	B 650×250×16 ×16	0.693
钢柱	P1000×25	0.511
H 型钢梁	HN 500×200×10/16	0.497
	HN 446×199×8/12	0.540
	HN 450×200×9/14	0.596

结构计算采用复合阻尼比，混凝土结构阻尼比为0.05，钢结构阻尼比为0.035。设计特征周期 $T_g = 0.35s$。

（2）抗震构造措施

建筑物的自振周期控制在合理的范围，保证建筑物有足够延性。

在构件设计中，做到强柱弱梁、强剪弱弯、强节点弱构件。在地震作用下节点的承载力应大于相连构件的承载力[2]。

轴压比控制在0.80以内，对个别轴压比大于0.80且小于0.90的框架柱沿柱全高采用井字复合箍且箍筋肢距不大于200mm、间距不大于100mm、直径不小于12mm。所有短柱均沿柱全长箍筋加密。

非承重墙按规范要求设置构造柱及圈梁，并与主体可靠拉结，保证结构整体性。

3　转换节点研究

航站楼2、3、4区屋面结构采用了含转换节点的形式。转换节点由渐变箱形梁、立体桁架杆件与弧形渐变段组成。渐变箱形梁段截面高度由1.4m渐变至2.6m左右，箱形梁内部按照设计构造要求设置4~5道纵向加劲肋。弧形渐变段长度在12m左右，用于桁架上弦杆向箱形梁的过渡。立体桁架下弦杆与斜腹杆焊接在箱形梁端部的圆弧形盖板上。

转换节点按其在刚架中所处的位置、箱形梁与立体桁架腹杆的连接形式等，见图5所示。

通过试验研究、数值模拟计算、参数分析和设计方法拟合，总结出转换节点构件的承载性能、稳定问题的设计方法，主要结论如下[1]：

（1）通过两个转换节点构件的试验研究，得到了转换节点构件在压弯荷载下的承载能力和破坏形态。有限元模型较精确地模拟了转换节点构件的承载能力，从分析结果可以看出，转换节点构件对初始缺陷不敏感；

（2）陆侧转换节点构件，下弦杆受拉，荷载较大时会发生弦杆与箱形构件连接处焊缝的受拉开裂，破坏为脆性，设计时重点要求保证焊接质量，避免此类破坏的发生；空侧转换节点构件，下弦杆受压，荷载较大时会发生下弦杆屈曲破坏，构件的整个失效过程延性很好。且在实际工程中此类构件有桁架式檩条作为面外支撑，不易发生面外位移。

（3）在转换节点构件中，下弦杆端部，上弦杆与矩形管连接节点，以及立体桁架多管相贯节点处的应力水平均较高，设计时局部增加短加劲肋，避免局部应力集中。另外对于轴压过大的斜杆做局部加强处理。

4　结论

通过以上分析可以得出：

（1）结构具有良好的刚度，各种变形指标满足规范要求；

（2）结构构件设计满足预设的性态设计目标，并且有合理的强度储备；

（3）充分考虑了温度对结构的影响，满足温度作用下结构各项指标安全合理；

（4）通过转换节点的研究，实现了立体桁架到箱型截面的转化，使得结构更加安全、合理。

参考文献

[1]　丁大益，王元清，刘莉媛等. 合肥新桥国际机场航站楼转换节点受力性能试验研究[J]. 建筑结构学报 2011，32（12）：108-117；

[2]　中华人民共和国国家标准. 建筑抗震设计规范（GB 50011—2010）[S]. 北京. 中国建筑工业出版社，2010.

邹城国际会展中心结构温度应力计算探讨

刘 威 丁大益 田永胜 张 盟

（中国五洲工程设计集团，北京 100053）

摘 要 超长钢结构中的温度应力若无法通过构造措施有效地释放，会对结构产生较大的影响。本文综述了以往相关研究成果，采用计算软件 MIDAS/Gen 对邹城国际会展中心的整体结构进行了温度作用工况下的分析，进而讨论了温度应力的影响。本文可为类似结构的设计分析提供参考。

关键词 超长钢结构温度应力；MIDAS 计算软件

钢结构相对于混凝土结构而言，对温度作用更为敏感。而钢结构又由于其自身的材料特点在一些体型复杂的结构中尤其适用。这使得温度应力在钢结构中的分布情况更为复杂，应对策略也相对灵活多样。

邹城国际会展中心项目，结构长度方向 264m，结构宽度方向 120m，远超过规范温度设缝的要求。但此结构又具有一定的特殊性，即结构具有大面积的中庭，通长的楼面梁范围较小，因此温度对楼面结构影响的区域较小；屋面结构虽然整体性较强，但由于屋面为主次梁结构，支座较少，且为轻型屋面，温度效应带来的附加应力相对要小得多。通常的双柱设缝做法对于此结构而言会破坏整个结构体系的受力，且难以实现。有必要通过有限元计算对结构温度应力的分布进行分析探讨。

本文综述了以往对于超长钢结构温度应力的研究情况，通过对邹城国际会展中心整体模型在温度作用下的有限元分析，得出了相关的结论，可以为相关的设计和课题研究提供参考。

1 工程概况

邹城国际会展中心，建筑面积约 54000m²，主体为钢管柱（部分钢管混凝土柱）和钢梁、钢桁架梁组成的框架结构体系，地上两层，局部四层（夹层），整体结构布置如图 1 所示。屋面结构由截面高度为 600mm、400mm 和 200mm 的焊接 H 型钢梁和少量 600mm 高的钢箱梁组成 3m×3m 网格的主次梁结构，使用了钢缆索与钢柱作为屋面结构的支点，主梁跨度 24m，次梁跨度 18m。基础形式为柱下独立基础。钢管混凝土柱采用埋入式柱脚，其余钢柱均采用外露式柱脚。结构设计的使用年限为 50 年，抗震设防烈度为 6 度，抗震设防分类为丙类。

二层两个主展厅的面积分别为 90m×48m，承重结构布置为 18m×24m 柱网的钢管混凝土柱和桁架梁承重，并布置 3m 间距的桁架次梁。主桁架与柱的连接节点力较大，采用高强螺栓十字形连接虽然从受力方面更为可靠，但就施工安装方面而言则十分困难，近乎无法实现。考虑到桁架受力较为对称，采用平面销轴节点。桁架的销轴节点模型见图 2。

图 1 整体结构布置图

图 2 桁架的销轴节点模型

2　钢结构温度应力研究综述

《钢结构设计规范》GB 50017—2003 第 8.1.5 条规定了单层房屋和露天结构的温度区段长度，即在此间距内一般情况可不考虑温度应力和温度变形的影响。

在超长钢结构厂房中，通常采用可滑动螺栓（长圆孔的高强螺栓连接）连接释放温度应力的构造做法在厂房纵向中部设置温度应力释放区，以减小温度应力的影响[1]。

对于直接外露的大空间钢结构，太阳直射于结构表面，温差效应使高次超静定结构中产生过大的温度应力和变形，严重影响到结构的使用和安全性。陈建稳等[2]采用有限元软件对一大尺寸钢结构模型进行分析，得到了温度场分布规律和节点随时间推移的变化规律。研究表明，辐射吸收系数和构件倾角对温度场的影响明显。在空间钢结构设计、研究中应充分考虑涂层的辐射吸收率和构件布置方位的影响。温度应力的最值基本分布在端部，固接位置处，在夏季温度条件下钢拱的安全性值得深入考虑。

为解决大跨度空间网格结构由于温度变化而产生的温度应力，陈志华[3]提出了一种可释放温度应力的结构体系——"可呼吸结构"，分析了其承担不同类型荷载时的工作原理，并研究了实现此结构体系采用的板铰节点[4]。

对于特殊的大体型钢结构，则从施工阶段和合拢阶段采取措施控释温度变形。例如鸟巢，为减小搭建时的温度变形，预留了 4 条 1cm 的钢缝使结构可以伸缩呼吸，随着钢结构施工的逐渐完成才将钢缝焊接起来。设计采取了分块合拢，并最终确定了总体合拢温度严格控制在 19±4℃。

3　温度应力分析

本结构的屋面为主次梁结构，主梁的跨度为 24m，次梁的跨度为 18m。二层楼面采用的 24 米大跨度钢桁架结构。结构体系决定难以设置温度应力释放区。但此大跨度的主次结构也意味着结构的约束点较少，与文献［3］的结构有相似之处，即结构的布置规则有序，温度变形比较均匀。其差异在于文献［3］在支座处采用了板铰节点的做法，而本结构屋面为梁柱节点，二层楼面采用销轴节点，此两者均无法实现温度应力的释放。综上所述，我们保持屋面结构的连续，进行整体结构温度作用的计算。

因本结构为采暖房屋，且为多层。对于室内结构构件，考虑到建筑物自身的保温材料应用和室内空调采暖等因素，室内实际温度的变化范围较小，但在本项目设计中，施加了 ±10℃ 的系统温差进行温度应力试算分析。对于室外结构构件，即伸出屋面的柱和拉索，施加了 ±20℃ 的单元温差以模拟温度对结构的影响。计算结果如下：从图 3～图 5 可见，温度对屋面构件的应力和变形影响均较小，不成为构件计算的控制工况，原因是屋面的约束构件较少，且作为曲面更易释放温度变形带来的附加应力。从图 6、图 7 可见，温度对楼面构件的应力影响较屋面构件要大，原因是楼面构件的约束较多，因此产生的附加轴力较大。但在本结构计算中，楼面杆件的应力比不大于 1.0。可见，本结构在考虑温度的工况下是安全的，但同时在钢结构施工中应控制合拢温度与使用温度尽量接近，对结构是十分有利的。

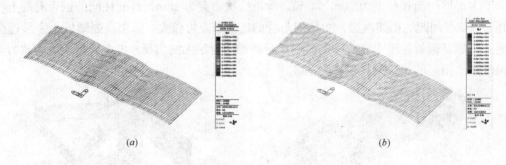

(a)　　　　　　　　　　　　　　(b)

图 3　屋面构件的附加轴力

(a) 升温工况屋面构件的附加轴力；(b) 降温工况屋面构件的附加轴力

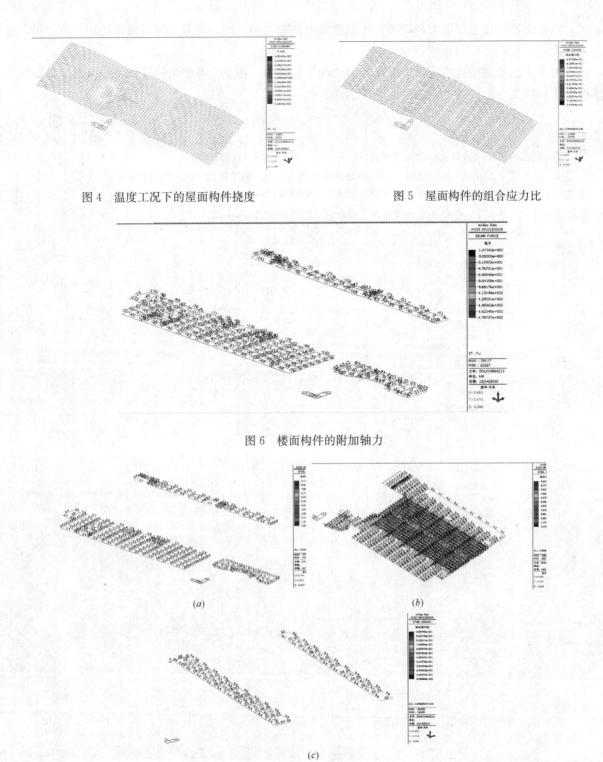

图 4 温度工况下的屋面构件挠度　　　　图 5 屋面构件的组合应力比

图 6 楼面构件的附加轴力

(a)　　　　　　　　　(b)

(c)

图 7 楼面构件的组合应力比

(a) 一层夹层构件的组合应力比；(b) 二层构件的组合应力比；(c) 二层夹层构件的组合应力比

4 结论

（1）对于超长钢结构，首先考虑设置温度应力释放区域，通过设置可滑动螺栓等构造措施在保证传力的基础上，将温度应力合理释放；

（2）对于无法通过温度应力释放区释放温度应力的超长钢结构，可考虑尽量减少结构约束位置，通过支座处理使结构温度应力合理释放；

（3）对于无法通过构造措施释放温度应力的超长钢结构，在充分考虑结构外保温的基础上，对结构整体模型进行温度应力计算，保证结构的安全性。

参考文献

[1] 马卫华. 钢结构温度应力释放构造做法研究. 山西建筑. 2011, 37(9)：31-32.

[2] 陈建稳，侯红青，樊祜壮. 日照条件下空间钢结构温度效应研究. 钢结构. 2011, 26(12)：1-5.

[3] 陈志华，闫翔宇. 天津博物馆的可呼吸钢结构体系. 工业建筑. 2005, 35(12)：72-74.

[4] 陈志华，李阳，王小盾. 钢结构板铰支座. 工业建筑. 2004, 34(5)：57-58.

凤凰国际传媒中心数字化钢结构测量监理控制

余学飞

（北京建工京精大房工程建设监理公司，北京　100044）

摘　要　凤凰国际传媒中心非线形数学设计理念，独具匠心的外形和多曲弯扭、舒展流畅的韵律、富有艺术张力的钢结构设计轰动业内，但也给钢结构测量带来了极大的挑战。本文作者依据在凤凰国际传媒中心工程测量监理工作经验，探讨数字化钢结构施工测量监理控制。

关键词　弯扭曲面结构；数字化钢结构安装；测量监理控制

1　工程概况

凤凰国际传媒中心工程位于北京市朝阳区朝阳公园西南角，占地面积1.8公顷，总建筑面积6.5万 m²，建筑高度55m。建筑设计采用莫比乌斯环造型的钢结构外壳包裹主体结构，新颖别致，使几个孤立的单体混凝土建筑浑然形成富有韵律的整体曲面环形钢结构建筑。钢结构外壳罩棚，见图1。

主体结构由北侧的大小演播厅、南侧的办公楼等组成。钢结构分主次肋内外两层，各自采用大小不等的梯形截面和圆管形弯扭箱型构件，相互交织成莫比乌斯环状造型。钢结构包含钢结构外壳罩棚及内部旋转坡道、通天楼梯、东、西钢拱桥、钢平台、马道等七大部分。内部钢结构意见图2。

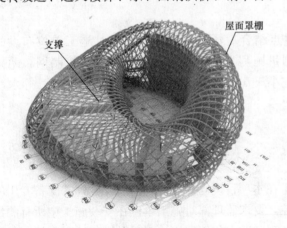

图1　钢结构外壳罩棚示意图

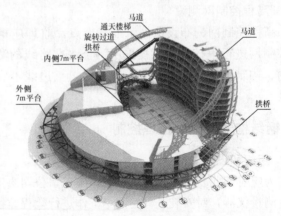

图2　内部钢结构示意图

2　钢结构安装测量重难点分析

本工程钢结构归纳起来最大的难点和特点是：所有5741件钢构件没有一件是相同的，而且绝大部分都是空间弯扭构件，因此从测量学来说无法用普通的长宽高的概念来进行衡量。每一个点都必须用三维坐标来描述，否则就根本无法进行定位。钢结构施工图也已无法用普通的三视图来表示，而主要是用各重要（或典型）截面的三维坐标值列表描绘，深化图纸也是在此基础上增加了各表面的展开图，以便钢材下料使用。所以说它是一个名副其实的数字化钢结构。具体的难点还有：

（1）曲面结构复杂，读图难度大，要求具有较高的空间想象力；坐标计算须借助数字化技术实现，工程定位完全采用三维空间概念，定位控制均需在高空进行，安装、校正须有测量人员进行跟踪控制，因此对测量人员提出了更高的要求，每个数据都需要进行现场同步校核，一旦出错将满盘皆输。面临的将是无法安装或形状根本不符合设计要求而成为乱码。

（2）本工程钢结构安装施工场地狭小，施工机械、临时支撑多，对测量放线的通视条件影响大，给控制网的布设和加密及保护带来了很大程度的困难。

（3）测量精度要求高，构件截面不规则，采用了非平口的形式给测量工作带来相当大的难度。同时，测量放线过程中还应考虑构件的焊接收缩变形。

（4）支撑的安装和卸载过程涉及结构安全和吊装的可行性，需合理安排安装、卸载顺序。因此安装和卸载过程中都需要进行严密的监测，尤其是卸载过程中的测量监测更是本工程的重中之重。但所有的监测都必须进行三维的数字化控制，以保证建筑外形满足设计的要求。

3 钢结构安装流程

钢结构安装共分为 10 个流程，如图 3 所示。

4 施工控制网的监理控制

4.1 平面控制网建立

平面控制网的布设根据总平面图及施工场地的地形条件，以建设单位所交控制点作为场区控制网基础，结合场区实际情况，布设覆盖整个测区的导线网。本工程采用闭合导线的测量施测方法，进行导线点的布设，作为整个施工测量的基础。监理首先要对控制网的布设进行审核，满足现场观测条件，并方便观测和避免死角盲点。此外，监理应对观测边角条件进行检测，精度符合相应规范要求。为达到数据上的相对独立，监理需在现场备一台自有全站仪进行测量检测。平面控制点位示意见图 4，导线网布设示意见图 5。

4.2 高程控制网测设

高程控制网的布设依据水准基准点，监理应重点结合现场场地条件布设，对施工单位布设的高程控制网进行审核。本工程采用闭合水准路线的测量施测方法建立本工程场区高程控制网，距离建筑物、构筑物不宜小于 25m，距离回填土边线不宜小于 15m，高程水准点精度不宜低于三等水准的精度。

5 钢结构安装测量监理控制

5.1 组织和设施保证

为应对如此复杂的数字化钢结构施工，公司决定在本项目设立专业测量监理工程师并配备专用的高精度测量仪器，对安装过程的测量工作进行全程监控，要求监理部对施工单位在安装施工中所有测量数据进行现场同步复测和校核，全面配合施工单位对新型的数字化钢结构施工质量进行监督和控制。以保证钢结构安装的顺利进行。

5.2 钢结构测量方案的审核

本工程数字化钢结构安装中，测量控制担负着举足轻重的作用。因此施工尚未进行，我们就要求施工单位在编制具体的施工方案的同时还要提供详细的测量专项方案，以保证安装施工中测量工作能够科学、合理、有效地进行。在施工单位提出了测量方案后，监理部立即组织钢结构专业和测量专业监理工程师并请公司的钢结构专家和测量专家对测量方案进行详细的会审，对其中测量控制网的建立和布控、基准的选用、仪器的架设位置和数据的传递等提出了重要的问题。由此使整个安装施工方案得以顺利通过专家论证并最终顺利实施起了重要的作用。

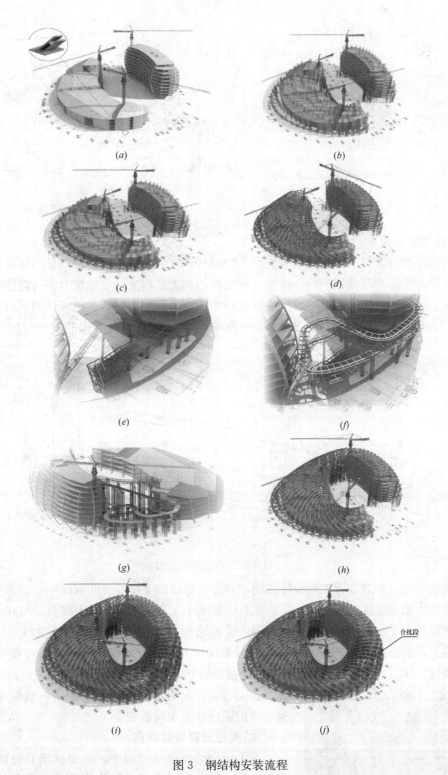

图 3　钢结构安装流程

(a) 支座的安装；(b) 主楼和裙楼外壳下部钢结构的安装 7 米平台的安装

(c) 群楼 7 米平台的安装；(d) 主楼（Ⅰ区）和裙楼（Ⅱ区）外壳钢结构的安装；

(e) 钢拱桥的安装；(f) 旋转坡道的安装；(g) 通天梯和马道的安装；

(h) 东侧主楼和裙楼连接区域（Ⅲ区）的安装；(i) 西侧主楼和裙楼连接区域（Ⅳ区）的安装；

(j) 合龙连接段（主肋 P007-008 间）的安装

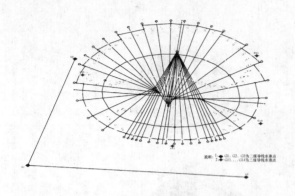

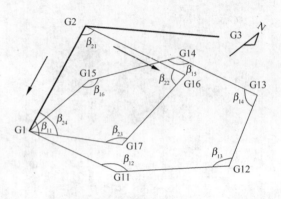

图 4   平面控制点位示意图   图 5   导线网布设示意图

5.3   铸钢铰支座安装测量

外壳钢结构的落脚点设计为铰支座，铰支座为钢结构罩棚与埋件的连接件，是铸钢件，含有关节轴承，铰支座以不同的形态角度与巨型埋件焊接，铰支座的布置是将支座处的应力在一定程度上进行传递和释放，解决了由于结构安装、卸载、及温度变化产生的应力问题，并且在地震作用下可以增大结构变形的适应能力，对保证结构安全有利。铰支座的准确定位，是整个钢结构的基础。定位示意如图 6 所示。

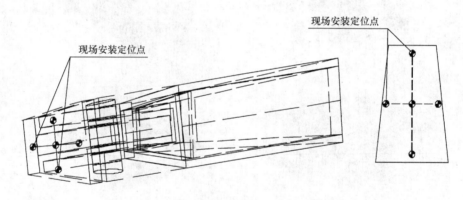

图 6   铰支座安装定位示意图

作为钢结构的基础，安装能否实现设计意图，首先要保证铰支座安装的准确性，如果控制不好，那么无论构件制作得再精确也无法顺利地安装，就将会使整个工程前期所有努力都前功尽弃。铰支座安装时，选择其在支座十字交线上的三个点位（一般距支座边为 50mm），选用全站仪三维坐标测量法，进行点位施测，待三点的施测三维坐标值与理论坐标值的误差，在允许范围内，即完成此支座的测量控制。对于这道关键工序，监理要对其安装定位的准确性进行复核，满足精度要求后方可进行下道工序安装，否则将会影响后续构件的安装精度，致使无法保证整个钢结构按照设计要求位置安装。

5.4   格构柱支撑安装测量

本工程钢结构吊装过程中，需要在所有分段口位置搭设临时支撑，通过临时支撑将结构构件的自重和施工荷载有效地传递至作为安装作业平台的有效支持部位。为保证结构最终成型时与原设计误差在可控制的范围之内，需要保证临时支撑位置正确，否则将影响到钢结构主次肋安装。监理要控制好安装中临时支撑构件的定位，并及时对高程进行复测、校核，以使构件准确就位及顺利安装。格构柱支撑，见图 7。

图 7   格构柱支撑

5.5 主次肋构件安装测量

主肋的安装为钢结构安装的重点也是其难点。因主肋安装完毕后次肋在安装过程中无法定位测量，安装前须在工厂通过预拼装进行次肋准确定位，并进行连接板的焊接，以便于次肋在现场安装时定位需要。同时，为消除幕墙杆件现场焊接带来的误差，影响幕墙的曲面，以及现场焊接对主肋受力的不利影响，在主肋加工制作时双曲幕墙杆件须一同施工，保证幕墙杆件与主肋一样线形光顺、圆滑。因此，主肋的施工不仅影响次肋的安装精度，同时还影响后期的幕墙安装施工。主肋分段及定位点示意，见图8。

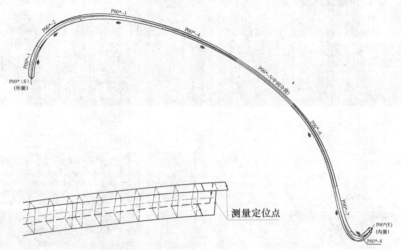

图 8　主肋分段及定位点示意图

主肋底部安装前安装单位和监理应同步对铰支座进行复测，掌握铰支座的偏差数据。安装时应进行相应的偏差调整。主肋的控制点选择在分段上端口外边线的中点。依据楼层或屋面的导线控制点，用全站仪三维测量法，对主肋标记的测量控制点进行测量定位，待三点的施测三维坐标值与理论坐标值的误差，在允许范围内，完成对主肋的测量控制。现场安装测量见图9，主肋安装见图10。

图 9　现场安装测量

图 10　主肋安装

上节构件吊装前需对下节柱坐标进行校核，根据复测数据掌握其偏差方向，在进行上节柱吊装安装时根据偏差数据进行偏差调整，并考虑结构焊接变形量。构件吊装时上节柱根部需与下节柱顶中线对齐，然后再进行顶部定位测量，顶部测量定位时根部也需同时进行调整校正。经过各方的努力本工程主肋安装三维坐标的实际测量值与设计理论值最大误差仅为17mm，最小误差仅为3mm，70%以上的点的误差均在5～6mm，完全符合本工程验收标准和设计的要求。

5.6 钢拱桥、旋转坡道安装测量

钢拱桥、旋转坡道作为钢结构内部结构，由于结构曲面极其复杂，在进行安装时，采取在每段两端

设立定位控制点，其分段安装就位后用全站仪进行定位点的测量，不断调整其位置达到设计值，再焊接固定。监理对安装过程测量进行同步控制，并根据相应比例再次抽查复测，确保按设计位置正确安装。钢拱桥安装见图11，旋转坡道安装见图12。

图11　钢拱桥安装

图12　旋转坡道安装

5.7　通天梯、马道安装测量

通天梯与马道的安装同理采用了分段安装，分段测量控制，通天梯结构自重较大，支撑卸载过程中重点要进行安全监测。根据监理的建议，通过在通天梯上布置贴片，根据卸载工况及时进行位移及沉降观测，保证其卸载过程的结构安全。通天梯安装见图13，马道安装见图14。

图13　通天梯安装

图14　马道安装

5.8　主次肋合拢测量

为保证结构使用及合拢的安全，必须选择合理的合拢温度，以减小结构使用中温度变形和温度应力。本工程设计要求的合拢温度为15～20℃，在合拢温度区间内，对构件合拢端口部位进行坐标精确测量，得出该温度下合拢构件的确切长度，依据此长度考虑焊接收缩量，预留端口的切割余量进行合拢安装。经过各方努力，测量控制非常理想，使整个工程最主要部分——主次肋的安装、合拢进行得非常顺利，误差完全控制在允许的范围内，甚至连备用的嵌补段都未使用。合拢测量示意见图 15。

5.9　支撑卸载监测

卸载监测也是本工程的重点，它关系到整个工程的安危和成败。本工程一共布置了 399 个卸载支撑，卸载点分布范围较大，因此经过设计的详细计算和专家对卸载方案的严格论证，最后决定采用"分区分步"的方式进行卸载（图 16）。为确保整个卸载过程中及卸载后，结构平稳地从支撑状态向自身承受荷载的状态过渡，必须对整个卸载过程进行严密的计算和分析，用 3D 仿真软件对整个卸载过程进行模拟和受力分析，确定如何分区及每个区各支撑点的卸载顺序，期间必须有测量监测来控制各支撑点的变形（即应力）保持在允许范围内，因此变形监测是卸载顺利进行必不可少的有效手段和重要保证，它起着指导卸载顺利实施的重要作用。

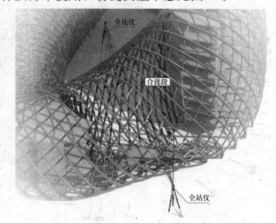

图 15　合拢测量示意图

本工程在卸载过程中根据卸载工况进行测量监测，测点布置在受力较大的 18 个变形监测控制点（图 17），根据变形情况来指导卸载方案，确保卸载在预设范围内。如在卸载实施中出现异常，立即暂停卸载，分析原因后，制定相应的对策，同时对重点位置的临时支撑进行变形观测，以确保安全。所有这些监测数据，都经过现场监理工程师同步校验和复测，确认在允许范围内后方能实施下一步操作。各沉降量与时间折线见图 18，总沉降量与时间折线见图 19。

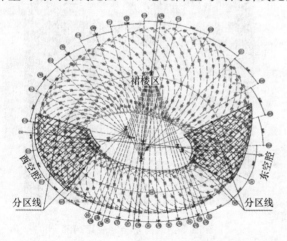

图 16　卸载分区示意图

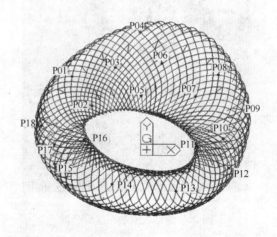

图 17　监测点布置示意图

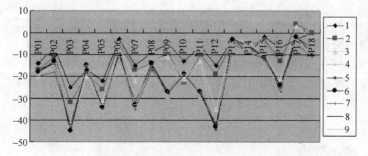

图 18　各沉降量与时间折线图

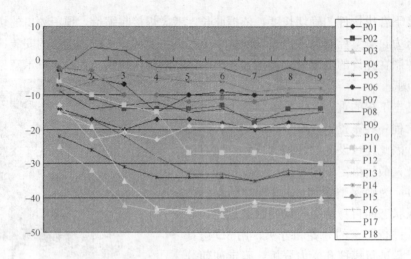

图19　总沉降量与时间折线图

6　结语

　　本工程成功完成安装、合拢及最终安全卸载，钢结构罩棚卸载最大沉降值仅为41mm，各项数据指标均满足规范及设计要求，能够取得这样完美的结果，与安装过程中施工测量的密切配合及测量监理工程师的严格把关密不可分。由于钢结构安装定位精确，为幕墙的安装提供了良好的施工环境条件，目前已顺利完成鱼鳞式幕墙安装，完美体现了莫比乌斯环设计理念，成为数字化钢结构围域里的一座奇葩。钢结构安装完成后全景和钢结构安装完成后局部见图20、图21。

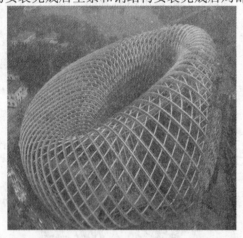

图20　钢结构安装完成后全景

图21　钢结构安装完成后局部

参考文献

[1]　胡伍生等著. 土木工程施工测量手册. 北京：人民交通出版社，2005.
[2]　中华人民共和国国家标准. 城市轨道交通工程测量规范(GB 50308—2008).
[3]　中华人民共和国国家标准. 工程测量规范(GB 50026—2007). 北京：中国标准出版社，2007.
[4]　中华人民共和国国家标准. 城市测量规范(CJJ/T 8—2011). 北京：中国建筑工业出版社，2011.

大同市图书馆异形钢结构施工技术

邓一页　曹志根　沈忠云　黄云刚

（中国建筑第五工程局有限公司北京分公司，北京　100070）

摘　要　随着时代的发展，人们对文化的需求和品味越来越高。许多建筑为了与当地的地方文化相协调，决定了建筑外观造型的多样化、特色化。大同图书馆是借鉴云冈石窟的神韵，在图书馆的外部和内部空间营造出层次叠加的立体感和雕塑感，是最吻合当地文化特色的新颖建筑。图书馆外立面幕墙成晶体形，外围护钢结构网架主要由三角形网格面组成，任何两个网格面都不在同一平面内且不与地面垂直，多杆件通过球形或鼓形节点连接在一起，交汇点最多杆件12根。以三角形网格面为最小单元，单元间以球形或鼓形节点连接，自地面起，依附主体钢结构外围分布。

关键词　钢结构施工技术；晶体形；网格面；球形或鼓形节点

1　工程概况

大同市图书馆项目位于大同市御东新区文化中心。东临文瀛湖湿地公园，南临待建大同公园，西临在建美术馆，北临在建大剧院。地下一层，地上五层，建筑面积2.2万 m^2，建筑高度26.6m。建筑的设计构思源于云冈石窟——蜚声中外的早期佛教造像石窟。建筑物造型新颖，建成后将成为大同市的地标建筑。大同市图书馆鸟瞰图如图1所示。

图1　大同市图书馆鸟瞰图

2　设计概况

2.1　结构选型

本工程主要功能为图书馆，局部地下1层，地上5层，结构造型复杂，平面不规则、竖向不规则，为复杂多层建筑。主体结构采用钢框架-混凝土筒体结构，楼盖为组合楼板，外围护钢结构和主体钢结构之间采用链杆式连接，主体结构与外围钢结构各自自成体系，钢柱采用埋入式柱脚。主体钢结构的构件截面见表1，外围护钢结构的构件截面见表2，主要构件钢材材质为Q345C，次要构件钢材材质为Q345B。

主体钢结构构件截面（mm²）　　　　　　　　　　　　　　　　表1

钢柱	B400×16		B400×25		B450×25
	B500×20		B550×20		B550×30
	B600×30		B650×40		B650×25
钢梁	H300×200×8×12			H400×200×8×14	
	H500×200×10×16			H500×250×8×16	
	H500×300×10×20			H600×200×10×16	
	H600×200×10×16			H600×300×12×25	
	H600×400×12×25			H700×400×16×25	
	H800×400×18×25			H800×400×18×28	
	B600×400×25			B700×400×25	

外围护钢结构构件截面（mm²）　　　　　　　　　　　　　　　　表2

管结构	P152×10	P152×16	P180×16	P180×24	P219×16
	P299×20	P299×30	P325×30	P351×30	P351×35
	B300×20	B300×30	B400×30		
	B400×250×20	B400×250×30	B400×350×30		

2.2　整体结构计算

该工程集主体钢结构、钢桁架屋面、错层、悬挂结构、悬挑结构及外围护空间网壳结构于一体，计算分析采用Sap2000（V14.3.2）和Midas（V7.3.0）有限元计算软件。计算模型中梁柱采用梁单元（BEAM）模拟，支撑采用BRACE单元模拟，单向滑动支座、双向弹簧支座采用弹簧支座模拟。

2.3　外围护钢结构设计

外围护钢结构采用空间焊接球三角形网格结构（图2），温度效应对其影响较大，其与主体钢结构（图3）采用链杆式连接方式，仅传递水平力，竖向力由外围护钢结构通过柱底支座直接传递，外围护钢结构与主体结构间在地震作用下共同工作，在温度作用下独立工作，相互影响较小。

温度效应在支座处产生非常大的水平推力，造成支座设计困难。为了解决该不利影响，部分支座采用了单向滑动支座，单向滑动刚度为2.0～5.0kN/mm；部分支座采用双向弹簧支座，支座水平弹簧刚度为30kN/mm，允许滑移量为±80mm。最不利支座位于整体结构转角处，采用双向弹簧支座。这样，外围护钢结构在一定程度上释放了温度应力，同时又保证了地震作用下结构的整体稳定性。

该工程多管相贯的节点很多且形式复杂，最多的达到12根圆管相贯，节点的相贯顺序直接影响节点的现场装配和焊接顺序，严重时甚至可能装配不上或出现焊接死角，需对复杂节点相贯顺序严格控制。多管相贯原则：主管贯通，支管与之贯通；两支管相贯，壁厚较小支管相贯在壁厚较大的支管上；后安装的杆件相贯在先安装的杆件上。现场需严格按照顺序拼装，确保相贯节点质量。设计上主管端部节点按刚接计算，支管端部节点按照铰接处理，主杆件的内力较大，汇交节点设双加劲肋焊接空心球，加劲肋沿主受力平面放置。

外围护空间网壳结构在设计施工中，要求将结构总重产生的竖向变形通过预起拱的方式消除，以便为外幕墙玻璃板块的下料提供相对准确的边界条件。外围护幕墙钢结构透视见图2，主体钢结构透视见图3。

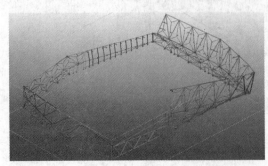

图2　外围护幕墙钢结构透视图

2.4 特殊节点设计

外围护钢结构汇交球节点：该工程球节点与多个杆件相连，杆件截面主要有圆管和方钢管，且截面大小各不相同，受力复杂。根据结构构造和强度要求，节点连接主要采用直径400mm、600mm、750mm、900mm的焊接空心球，为增大焊接空心球的承载力采用球内设加劲肋板的方式。焊接空心球的受压破坏机理属于壳体的稳定问题，应采用非线性分析方法进行极限承载力分析，计算工作量大，难以在设计中应用，幕墙的计算公式是在大量实验资料的基础上经过回归分析确定的。焊接空心球的受拉破坏属于强度破坏，实验表明其破坏呈冲切破坏的特征，破坏面多为球体沿杆件管壁拉出。网壳结构中的焊接空心球节点设计，将受压和受拉承载力计算公式进行了统一。

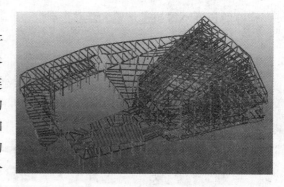

图3 主体钢结构透视图

3 施工概况

3.1 施工难点

3.1.1 难点分析

本工程外围护钢结构造型复杂，平面不规则，竖向不规则，成晶体型射向布置杆件，所有节点和杆件只能以大地坐标定位。给施工带来相当大的困难。外围护钢结构主要构件有：①抗震支座：弹簧支座、滑动支座、固定支座；②底部球支座；③连接节点：球与鼓形球；④杆件：圆管、箱型杆。

3.1.2 整体施工思路

通过对结构的分析：先以节点定位，从模型中导出杆件的长度，工厂加工节点和杆件，在现场将节点和杆件的大地坐标转换成空间三维坐标进行小单元预拼装。根据结构布置特点，底部球节点垂直于Z轴，可直接安装。三角形网格在地面预拼装成三角状小单元，然后整片吊装。其余各主结构球节点均采用钢柱支撑架支撑，采用吊装机械原位安装。

3.2 流水段划分

平面上以东南西北四面划分为四个大流水段，每个大流水段从立面上根据各段的高度划分若干小流水段（图4为南立面）。

它既具有总体设计的各项结构上的要求，又有其固有的单体特征。由于塔吊不能全范围覆盖，在塔吊覆盖范围外辅助履带吊。构件在工厂加工时，每一构件的重量不得超过现场吊装设备的相应起重量，

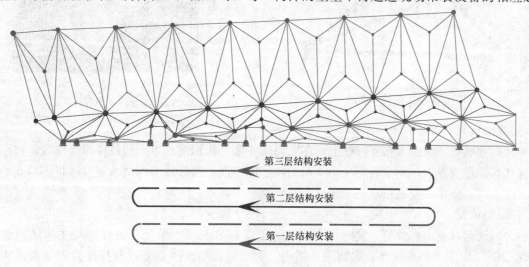

第三层结构安装

第二层结构安装

第一层结构安装

图4 南立面施工顺序

每一构件的长度不得超过运输和堆放条件。

3.3 安装方法:

3.3.1 底部球支座安装

底部球节点垂直于三维坐标的Z轴,在支座预埋件上弹出控制线,可直接安装。底部支座安装示意见图5,实物图见图6。

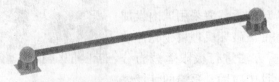

图5 底部支座安装示意图

图6 实物图

3.3.2 现场拼装小单元,搭设支撑柱

把球节点的大地坐标换算成现场的三维坐标,按换算值在现场搭设胎架拼装小单元。同时在小单元的结构实体安装位置搭设支撑柱。小单元拼装示意见图7,实物图见图8。

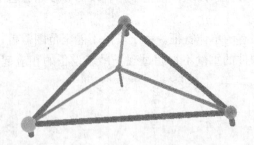

图7 小单元拼装示意图   图8 实物图

3.3.3 安装小单元

小单元的顶部球节点搁置在支撑柱上,在底部球支座上标识出小单元的杆件焊接位置,将小单元的杆件搁置在底部球支座上,调节并观测小单元的顶部球节点,顶部球节点调节就位后将小单元的杆件与底部球支座点焊。小单元安装示意见图9。

3.3.4 校正小单元

小单元与底部球支座点焊后,及时将小单元的顶部球节点或小单元中的杆件与主体结构点焊连接(见图10、图11中的水平连接件,实物图见图12、图13),再次观测节点与杆件位置是否准确,合格后将小单元均匀焊接固定。

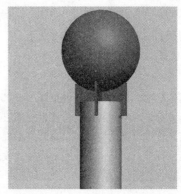

图9　小单元安装示意图

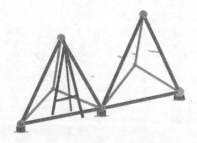

图10　第二单元安装示意图

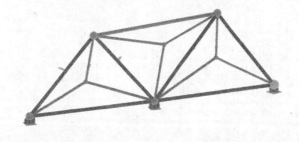

图11　第三单元安装示意图

图12　实物图（低区）

图13　实物图（高区）

3.3.5 安装下一小单元

待前一个小单元校正固定后，同样进行下一小单元安装。

3.3.6 几何尺寸检查、校正

在后一个小单元安装时，同步检查前面已安装单元的几何尺寸，若有变化，要及时校正、调整。

3.4　施工安全措施

3.4.1 在外围护钢结构的内侧搭设双排脚手架，设置水平通道和操作平台。

3.4.2 对于小单元安装拆除吊索等施工方面，采取安装前在地面采用捆扎固定方法将工具式爬梯临时固定在杆件侧面，使用完毕再行拆除。

3.4.3 节点焊接时，施工人员配备安全带固定于脚手架上，确保安全。

4　结束语

由于本工程的复杂异型结构要求，决定了钢结构安装的高难度。但通过钢结构的设计—施工一体化以及钢结构施工技术的运用，很大程度上降低了安装施工难度，节约了工期，降低了成本，为工程的顺利进展提供了良好的条件。

参考文献

[1] 中华人民共和国国家标准. 钢结构设计规范(GB 500017—2003). 北京：中国计划出版社，2003.

[2] 中华人民共和国行业标准. 空间网格结构技术规程(JGJ—2010). 北京：中国建筑工业出版社，2010.

[3] 中华人民共和国行业标准. 钢结构制作、安装施工规程(YB9254—95). 冶金工业出版社. 1995.

[4] 中华人民共和国行业标准. 钢结构工程施工质量验收规范(GB 50205—2001). 北京：中国计划出版社，2001.

钢结构抗拔柱脚的设计方法研究

王　磊　杨春霞　刘　静　丁大益

（五洲工程设计研究院，北京　100053）

摘　要　对常用柱脚节点形式进行了总结，并介绍了相应柱脚的抗拔机理；采用 ABAQUS 有限元软件对埋入式柱脚进行了分析，得到关于栓钉、锚栓、钢管壁粘结力以及底板对埋入式柱脚抗拔的影响。

关键词　埋入式柱脚；栓钉；锚栓；钢管壁粘结力；底板；柱脚抗拔

1　引言

随着钢结构建筑应用领域的拓宽，钢结构构件的受力也越来越复杂。大跨度结构的柱脚是结构与基础间相连接的重要节点，多年以来，国内外对柱脚的研究比较多，但主要集中在外露式柱脚方面，有关埋入式柱脚的研究相对较少[1]，通过对柱脚震害的统计发现，外露式柱脚的抗震性能较差，尤其是在受拉状态下更容易破坏，而埋入式柱脚在地震中破坏的很少，表现出较好的抗震性能。以大成功广场项目为例，结构形式为单层三跨钢结构框架，受力上有诸多特殊点，其一便是柱脚处巨大的拔力。目前的钢结构规范、节点设计手册等对此类柱脚设计涉及内容较少，针对具体情况而言无法借鉴的情况颇多，因此在项目设计的过程中我们对此类柱脚节点的设计方法进行了较多探讨。

本文对各类柱脚的抗拔机理进行了总结，并采用 ABAQUS 有限元程序对埋入式柱脚进行了有限元分析，对柱脚在单向加载下的受力情况进行模拟，以期确定栓钉、柱脚锚栓和柱脚底板及钢管壁粘结力在分担柱脚拔力方面各自所起的作用，以确定有效的抗拔柱脚设计理论，为今后的钢结构抗拔柱脚受力试验研究和工程设计提供参考和依据。

2　柱脚节点形式及抗拔机理

柱脚节点作为结构的重要部分，不仅在设计上，而且在工厂制作、现场安装等方面都必须保证质量。柱脚的作用是固定柱身并将柱中的内力传递给基础，下部的基础为钢筋混凝土结构，上部为型钢混凝土结构或钢结构，在柱脚部分型钢从有到无，造成结构上的不连续，如果在这一部分处理得不得当，很容易造成破坏，而柱脚的破坏将导致整个上部结构的破坏，因此柱脚在结构中是一个很重要的部分。按结构的内力分析，可大体将柱脚分为铰接连接柱脚和刚性固定连接柱脚两大类。根据对柱脚的受力分析，柱脚可以细分为：①仅传递垂直力和水平力的铰接柱脚；②传递垂直力、水平力和弯矩的外露式刚接柱脚、埋入式柱脚[2]。

铰接柱脚的抗拔机理：铰接柱脚的拔力应由柱脚锚栓承担，设计锚栓时，应使锚栓的屈服在底板和柱构件的屈服之后，故在设计上要对锚栓留有 15％～20％ 的富裕量；

外露式刚接柱脚是将钢柱固定在混凝土基础表面的柱脚，其抗拔机理：外露式柱脚应考虑弯矩 M、轴心拉力 N 共同作用下产生的拉力作用，由柱脚锚栓承担，设计锚栓时，应使锚栓的屈服在底板和柱构件的屈服之后，故在设计上要对锚栓留有 15％～20％ 的富裕量；

埋入式柱脚是将钢柱以一定深度埋置在混凝土基础梁中，埋入部分的钢柱表面焊有栓钉的柱脚，底板采用锚栓固定。现今设计中，常采用的抗拔机理：埋入式柱脚的拉力由焊于埋入式钢柱翼缘的抗剪圆柱头栓钉及钢柱侧壁与混凝土的粘结力传递，栓钉在拉力 N 下，应留有 $15\% \sim 20\%$ 的富裕量；

3　埋入式柱脚抗拔有限元分析

以大成功广场为例，结构由西向东由三跨高度变化巨型框架组成，纵向长为 210m，宽 159.6m，其中第一跨高度为 67m，其余两跨高度分别为 31.9m 和 21.6m。结构柱脚在风荷载作用下产生较大拔力，达到 10000kN。钢柱采用圆钢管柱，材质为 Q345B，截面形式为 P 500×36；栓钉直径为 22mm，长度为 90mm；锚栓材质为 Q345B，直径为 30mm；柱脚底板材质为 Q345B，钢筋采用 Φ32，混凝土强度等级为 C30。大成功广场整体模型见图 1。

本文分析模型计算程序为 ABAQUS 6.12 大型通用分析软件，考虑到整个柱脚模型尺寸较大，型钢柱上的栓钉总数有 156 个（13 排，每排 12 个），如果完全模拟，单元数量过大，计算量异常庞大，所以在不会影响结果精度的情况下，对模型进行简化，采用 1/4 模型，并且用方形栓钉等效替代圆形栓钉，方钢管柱等效替代圆钢管柱，整个模型采用弹性静力分析，不考虑型钢柱与混凝土的滑移。模型中型钢柱、栓钉采用

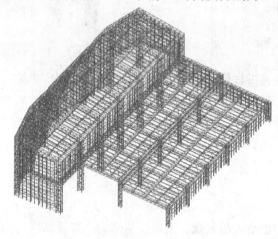

图 1　大成功广场整体模型

C3D20R（六面体二次缩减单元），适合模拟线性、弯曲及适当厚度的壳体结构，单元中每个节点具有三个自由度：沿 x、y 和 z 方向的平动自由度，平面内两个方向的形状变化都是线性的，该单元具有塑性、蠕变、应力刚化、大变形和大应变的特性；混凝土基础采用 C3D8R（六面体线形缩减积分单元），单元中每个节点具有三个自由度：沿 x、y 和 z 方向的平动自由度，平面内两个方向的形状变化都是线性的。栓钉有限元模型见图 2。

有限元分析中，对栓钉根部与型钢柱交接位置及栓钉上表面与混凝土接触处进行网格细化，以期精确模拟栓钉抗剪及与混凝土抗压作用；为模拟型钢柱受拉后栓

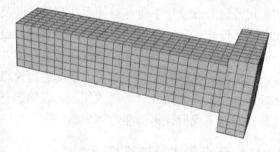

图 2　栓钉有限元模型

钉下表面与混凝土脱开，规避混凝土对栓钉过度约束造成的误差，将栓钉下表面单元与混凝土单元完全脱离，而锚栓、底板及钢管壁网格划分后的节点与混凝土节点耦合在一起。埋入式柱脚钢构件有限元模型见图 3，埋入式柱脚整体有限元模型见图 4。

图 3　埋入式柱脚钢构件有限元模型

图 4　埋入式柱脚整体有限元模型

通过有限元分析得到栓钉、锚栓、底板及钢管壁的粘结力对柱脚抵抗拉拔力的作用见表1、图5和表2、图6。

各排栓钉分担的拉拔力 表1

排数	个数	单个栓钉剪力 (kN)	该排栓钉分担的拉拔力 (kN)	该排栓钉分担的拉拔力占总拉拔力的比例
1	12	79.6	955.2	9.55%
2	12	22.1	265.4	2.65%
3	12	20.1	241.2	2.41%
4	12	18.2	218.4	2.18%
5	12	17.0	204.0	2.04%
6	12	15.6	187.2	1.87%
7	12	14.8	177.6	1.78%
8	12	14.0	168.0	1.68%
9	12	13.0	156.0	1.56%
10	12	12.4	148.8	1.49%
11	12	11.8	141.6	1.42%
12	12	11.4	136.8	1.37%
13	12	9.6	115.0	1.15%
总计	156	259.6	3115.2	31.15%

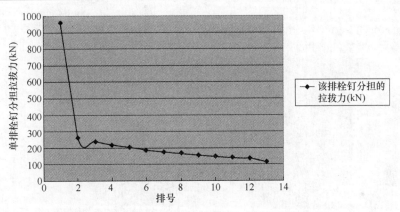

图5　栓钉分担的拉拔力

栓钉、锚栓、底板及钢管壁的粘结力分担的拉拔力 表2

构件	该构件分担的拉拔力（kN）	该构件分担的拉拔力占总拉拔力的比例
栓钉	3115.2	31.2%
锚栓	382.8	3.8%
底板	500	5.0%
钢管壁粘结力	6002	60.0%
总计	10000	100.0%

由上述表格及图标可以看出，柱脚的竖向荷载主要由栓钉和柱身与混凝土间的粘结力承担并传至混凝土中，其中，粘结力承受的拔力较大，而对于栓钉群，第一排栓钉承受了大部分栓钉群承受的荷载。

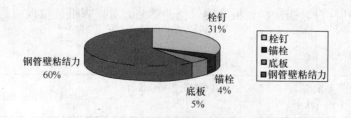

图6 栓钉、锚栓、底板及钢管壁的粘结力分担的拉拔力
占总拉拔力的比例

4 结论及展望

（1）柱脚的竖向荷载由栓钉和柱身与混凝土间的粘结力承担并传至混凝土中，其中，粘结力承受的拔力较大。而柱底螺栓和底板承受拔力的荷载有限。

（2）对于栓钉群，第一排栓钉承受了大部分栓钉群承受的荷载，当第一排栓钉屈服后，由于内力重分布，逐渐扩散到其他排栓钉。

（3）今后可以对栓钉、锚栓按照多种数目、多种间距进行分组分析，得到不同参数对埋入式柱脚抗拔的影响。

参考文献

［1］薛素铎等. 国家体育场柱脚抗拔性能试验研究与分析［J］. 空间结构，2007，13(1)：15-20.

［2］李星荣，魏才昂，丁峙崐等. 钢结构连接节点设计手册［M］. 北京：中国建筑工业出版社，2005.

凤凰卫视传媒中心梯形截面弯扭构件深化设计解析

李建华 陆 娟 范迎利 张 婷 厉 栋

（江苏沪宁钢机股份有限公司，宜兴 214231）

摘 要 凤凰卫视传媒中心大楼的外壳钢结构是自鸟巢之后国内建设的又一个大量使用空间弯扭箱型构件的结构。它的主肋为倒梯形的空间双扭弯曲构件。本文论述了如何将原设计的先进理念通过深化设计准确的转化成可用于工厂加工的加工图纸，从而实现将弯扭构件从理论设计到实际加工成型的转换。

关键词 弯扭构件；原设计到二次成型；轨迹曲线；基准截面

1 工程概况

凤凰国际传媒中心基地位于北京东三环北路和四环路之间，朝阳公园的西南角。地段与朝阳公园一衣带水，视野开阔，景色优美，占据了极佳的地理优势。作为媒体产业的明星，凤凰卫视也希望其北京的总部能够彰显其不断创新的企业精神，进而希望以一种新颖的形式对建筑的独特性做出表达。自从方案公布之日起，凤凰国际传媒中心就成了建筑业界瞩目的焦点。它的设计形态来源于莫比乌斯环概念，是由连续的环形钢骨架组成的大面积玻璃幕墙外壳将内部空间包裹，形成了极具视觉冲击力和艺术感染力的建筑形态。它是通过非线性设计这一世界最新的设计手段来实现建筑从外形到结构设计带来的前瞻性突破，它的建成标志着中国钢结构建筑制造、安装水平已经进入世界先进行列。凤凰卫视传媒中心大楼建筑效果图见图1。

图1 凤凰卫视传媒中心大楼建筑效果图

2 工程特点

凤凰卫视传媒中心大楼的外壳是通过全钢结构的双层斜向非线型的环形骨架实现这一前卫的设计理念，其中双层钢骨架是由外层的梯形截面双扭构件和内层的圆形截面扭曲构件组成（图2）。而外层的梯形截面双扭构件淋漓尽致地表达了整个建筑物的设计效果。

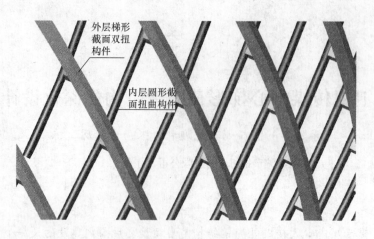

图2　建筑外壳双层斜向环形骨架局部放大效果图

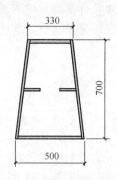

图3　外层双扭构件的梯形截面

在整个凤凰卫视传媒中心大楼钢结构体系中，外层的梯形双扭构件（图3）是表现整体建筑效果的关键部位，所以如何加工好此双扭箱型构件必然是本工程成功与否的重中之重。而对于加工的前期工作来说，用来指导加工的深化图纸设计是成功与否的关键第一步。

3　思路与方法

下面我们通过凤凰卫视传媒中心大楼从设计方案（图4）到原设计线型（图5）再到深化图纸设计（图6）的转化过程深入解析箱型弯扭构件的深化设计思路与方法。由于原设计的线型以非线性设计为理念，它是纯数字化设计，无法提供现成的数学模型，故原设计图纸只是提供外形线型，而没有具体的空间坐标位置。为了能使成型后的实体构件与设计师的设计构想完全吻合，需在原设计提供的线型图纸捕捉每一个细节，转换成符合指导深化设计且与原设计一致的数字模型。建造中的凤凰卫视传媒中心大楼钢结构见图7。

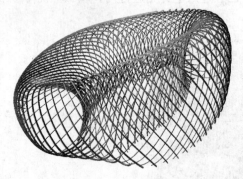

图4　原设计方案

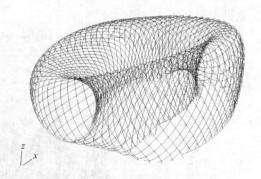

图5　原设计线型

（1）基本思路

空间扭曲杆件四个面均为不规则曲面，四个曲面合围组成杆件。此杆件是梯形截面通过曲线路径不断翻转形成的轨迹，且在曲线路径上的任意一点梯形截面（称为基准截面）均与路径曲线垂直。在曲线路径上指定若干点进行定格，将定格位置的基准截面作为加工基点反映出来，定格的位置越多，基点距离越密，反映的线型就越精确，加工出的实体就越接近原设计线型。

（2）曲线路径

根据原设计提供的基准曲面（图8）进行拟合，求出曲线路径（图9）。

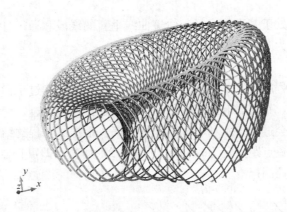

图 6　根据原设计方案得出的深化设计

图 7　建造中的凤凰卫视传媒中心大楼钢结构

图 8　原设计提供的基准曲面

通过轨迹曲线的做法（图 10），将所有基准曲面进行拟合，做出与原设计提供的线型一致的所有梯形截面的轨迹曲线。

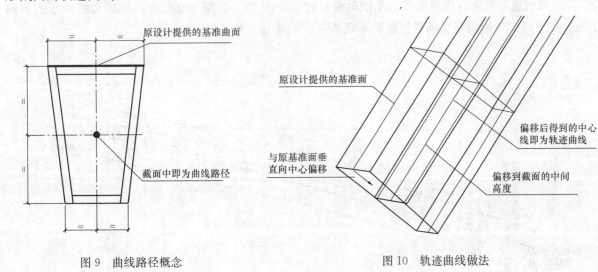

图 9　曲线路径概念

图 10　轨迹曲线做法

（3）基准截面

基准截面的一条边必须在基准曲面内且任何位置的基准截面与轨迹曲线须垂直。

215

　　根据上述条件，即要求处于基准面内且与轨迹曲线垂直的线段和通过且垂直于轨迹曲线的线段，位于这两个线段所在的平面即为基准截面（图11）。

（4）定格位置点

　　定格位置点的距离疏密程度决定了构件的加工精度。定格位置点过于稀疏，构件的精确度不够，与原设计线型的吻合程度不够，直接影响建筑效果和外形。定格位置点过于密集，采集的信息量过大，深化设计及工厂加工的工作量会过大，不利于提高工作效率。根据本工程的结构特点和精度要求，通过各种距离的试验分析，定格位置点距离定为500mm（图12），加工误差可控制在2mm以内，符合国家规范和本工程对于线型的误差控制标准。

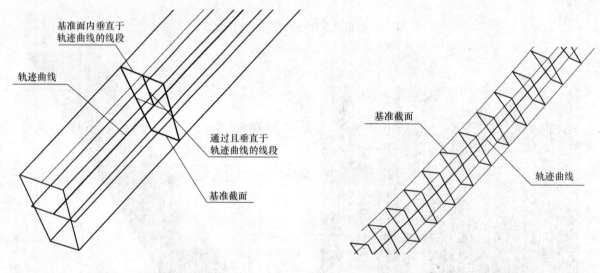

图11　基准截面的做法　　　　　　　　图12　定格位置点距离为500mm的基准截面排列

（5）根据基准截面排列进行深化图纸设计

　　根据上述步骤生成的基准截面排列与原设计的线型吻合，基准截面的空间位置信息即为深化图纸设计的基本依据。深化图纸需提供梯形截面扭曲杆件各个截面控制点的空间坐标、内部隔板的排列位置、现场安装的空间定位信息及其他构件的连接接口定位信息，还有扭曲杆件面板的平面展开也采用基准截面的空间位置信息来转化。扭曲构件的基准截面排列；见图13。根据基准截面得出的弯扭面板的控制互排列，见图14。弯扭面板根据控制点展开成平面，见图15。

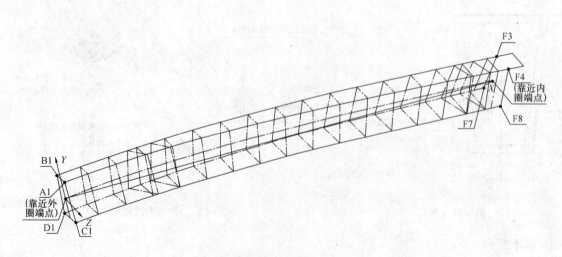

图13　扭曲构件的基准截面排列

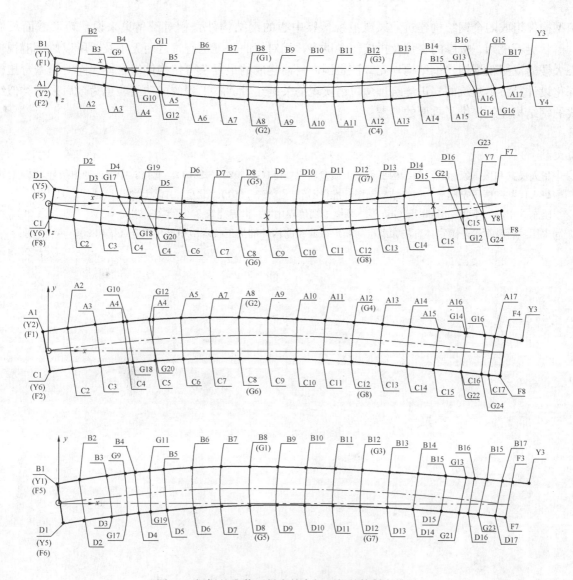

图 14　根据基准截面得出的弯扭面板的控制点排列

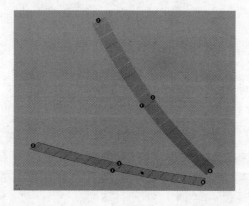

图 15　弯扭面板根据控制点展开成平面

4　总结

　　随着新型的建筑形态和先进的建筑理念在国内建筑上越来越广泛的应用，双扭箱型构件在国内建筑钢结构中的使用也越来越多。我公司承建的国家体育场—鸟巢是目前国内最早也是最大的主体结构由双扭箱型构件组成的全钢结构建筑。凤凰卫视传媒中心的钢结构外壳相对于鸟巢来说，箱形截面尺寸更小，形状更不规则，板厚的变化及拼接位置更多，相对扭曲程度也有过之而无不及。所以凤凰卫视传媒中心大楼的双扭箱型构件钢结构外壳应该是国内目前建成的最复杂弯扭构件组合体，而对箱型弯扭构件的深化设计是将本建筑的先进建筑理念付诸实现的关键纽带。本工程的成功经验也为今后采用类似结构形式的钢结构建筑提供了重要的参考。

参考文献

[1] 中华人民共和国国家标准. 钢结构工程施工质量验收规范(GB 50205—2001). 北京：中国计划出版社，2001.
[2] 中华人民共和国国家标准. 建筑结构制图标准(GB/T 50105—2001). 北京：中国计划出版社，2001.
[3] 李晓东，李峰，李强，Michelle Guo 等. 凤凰卫视传媒中心. 世界建筑 2007 年 08 期.
[4] 周永明，蒋良军等. 国家体育场大型空间箱形截面扭曲构件的加工技术. 中国建筑金属结构 2008 年 07 期.

深圳大运会中心体育场铸钢节点焊接质量控制研究

张富强 蒋荣荣 徐文秀 范荣如 史建忠 任 鹏 储 超

（江苏沪宁钢机股份有限公司，宜兴 214231）

摘 要 铸钢节点由于本身的复杂性，对于其节点的焊接质量控制，是每个钢结构工程的重要难点，如何有效的解决好，对于工程的意义性不言而喻。本文以深圳大运会中心体育场为背景，针对该工程铸钢节点焊接质量的复杂问题，从材料性能、可焊性分析、焊接难点、焊材、焊缝坡口选择、焊接方法、焊接工艺等方面进行详细论述，进而指导工程焊接，保障工程顺利进行。

关键词 中心体育场；铸钢节点；焊接；质量控制

1 工程概况

深圳大运会体育中心体育场是一个集多种体育活动、足球活动、文化活动和休闲活动于一体的多功能体育建筑，体育场钢结构屋盖高 44.1m，最大悬挑长度 68.5m，平面为椭圆形，尺寸为 285m×270m，属于超限大跨结构。体育场结构形式为单层折面空间网格钢结构屋盖，其众多的三角形网格，围绕一个平面或曲面（"虚构面"）折上折下或折左折右，呈空间折面相连的规律，组成一种创新的结构——"折面空间网格结构"，在主杆件围成的每一个三角形网格的斜面内，设置矩形截面三角形网格梁（4×4 格），作为次结构，具有良好的平面刚度，形成空间折面。屋面主杆件采用钢管截面，钢屋盖主构件为铸钢管和焊接圆管，直径范围为

图 1 工程鸟瞰效果图

ϕ700～1400mm，壁厚为 12～140mm，次构件为焊接箱形截面，钢屋盖主杆件的复杂交汇节点采用铸钢节点，部分较简单节点采用焊接节点，钢结构总用钢量约 17000t。工程鸟瞰效果，见图 1。

2 材料性能

深圳大运会使用的铸钢节点，虽然材质同为 GS-20Mn5 根据设计要求热处理交货状态不同又分为 GS-20Mn5V（调质钢）与 GS-20Mn5N（正火钢）二种。

（1）化学成分。GS-20Mn5V 与 GS-20Mn5N 铸钢的化学成分相同，见表 1。

GS-20Mn5V 与 GS-20Mn5N 铸钢的化学成分（％）   表 1

钢号	C	Si	Mn	P	S	Cr	MO	Ni	R_E	碳当量 C_{eq}
GS-20Mn5V	0.17～0.23	≤0.60	1.00～1.50	≤0.020	≤0.015	≤0.3	≤0.15	≤0.40	0.2～0.35	≤0.45

（2）机械性能见表 2。

GS-20Mn5V 与 GS-20Mn5N 铸钢的机械性能　　　　　　　表 2

钢号	厚度和直径 (mm)	抗拉、抗压和抗 f (N/mm²)	屈服强度 f_y (N/mm²)	极限抗拉强度 f_u (N/mm²)	延伸率 δ_5%	冲击功 A_k (J)
GS-20Mn5V (调质)	≤50	324	≥360	500～650	≥24	≥70
	>50～100	270	≥300	500～650	≥24	≥50
	>100～160	252	≥280	500～650	≥24	≥40
钢号	厚度和直径 (mm)	抗拉、抗压和抗 f (N/mm²)	屈服强度 f_y (N/mm²)	极限抗拉强度 f_u (N/mm²)	延伸率 δ_5%	冲击功 A_k (J)
GS-20Mn5V (正火)	≤50	270	≥300	500～650	≥22	≥55
	>50～100	252	≥280	500～650	≥22	≥40
	>100～160	234	≥260	480～630	≥20	≥35
	>160	216	≥240	450～600	≥20	

（3）碳当量 C_{eq}

根据碳当量计算公式进行 GS-20Mn5V（N）的碳当量计算。

$$C_{eq}=C+Mn/6+Si/24+Ni/40+Cr/5+Mo/4+V/14$$

取 C=0.17，Si=0.60，Mn=1.50，Ni=0.40，Cr=0.30，Mo=0.15，V=0

则 C_{eq}=0.17+1.50/6+0.60/24+0.40/40+0.30/6+0.15/4+0/14=0.543%

GS-20Mn5V 碳当量计算时，其化学成分均取上限，实际 GS-20Mn5V 碳当量可以保证 0.50% 左右。根据设计总说明要求 C_{eq}≤0.45%，但考虑铸钢铸造过程中其化学成分对铸钢机械性能的影响，因此本工程铸钢焊接施工方案编制仍以 C_{eq}=0.50% 考虑。

3　可焊性分析

（1）被焊金属 C_{eq} 越大，其淬硬倾向越大，热影响区越容易产生冷裂纹。

（2）当 C_{eq}<0.4% 时淬硬倾向不大，可焊性良好。

（3）当 C_{eq}=0.4%～0.6% 时被焊金属淬硬，可焊性差。

综上所述本工程铸钢节点的 C_{eq}≤0.45%，当属可焊性较差的一种，焊前需预热，预热温度随着板厚增大也应适当提高。

4　焊接难点

（1）GS-20Mn5V 钢焊接特点

GS-20Mn5V 钢为调质钢，调质钢焊接不宜采用大直径的焊条或焊丝，应尽量采用多层多道焊工艺，最好采用窄焊道而不用横向摆动的运条技术。这样不仅焊接热影响区和焊缝金属有较好的韧性，还可以减少焊接变形。双面施焊的焊缝，背面焊道应采用碳弧气刨清理焊根并打磨气刨表面后再进行施焊。调质钢焊接时为了防止冷裂纹产生，有时需要采用预热和焊后热处理。

（2）GS-20Mn5N 钢焊接特点

GS-20Mn5N 钢为正火钢，正火钢焊接宜选偏小的焊接热输入工艺进行焊接，防止由于焊接热量输入大，焊接区加热时间过长，冷却缓慢，造成焊接热影响区韧性下降，金属脆化倾向增大容易产生冷裂纹。因此 GS-20Mn5N 钢的焊接可采用与 GS-20Mn5V 钢相同焊接方法施焊。

（3）焊接衬板选择

1）本工程铸钢节点对接缝属超厚板焊缝，最大板厚达 350mm 以上，一般采用单 V 形带垫板的坡口形式（图 2），通常垫板材质为 Q345 或 Q390 低合金钢，由于铸钢与低合金钢的化学成分、力学性能和物理性能不同，焊接时会产生很多缺陷，如气孔、裂纹等，给焊接操作者带来很大困难。

2）由于铸钢与低合金钢的化学成分差异，焊接时有可能产生有害于焊缝质量的化合物。致使焊缝发生裂纹。

综上所述该类焊缝焊接垫板的选择应慎重，应注意衬板的化学成分。

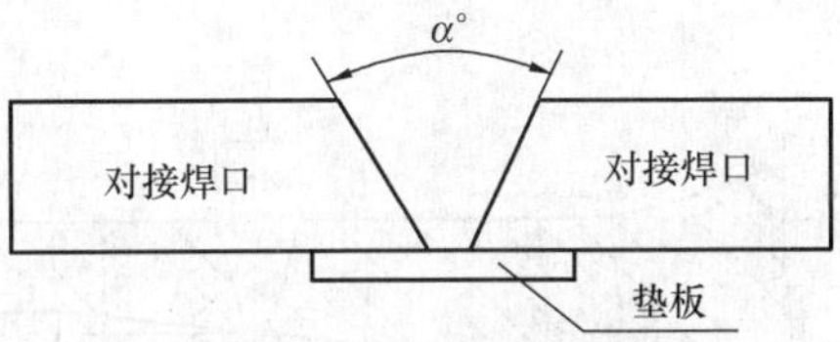

图 2　单 V 带垫板焊接坡口示意图

（4）根部打底焊接

两种不同化学成分钢种的焊接，其 V 形坡口的根部肯定是最易产生有害化学成分的地方，同时也是应力最集中的地方。在打底焊接结束后，每一层的焊肉全都对焊缝根部加载，致使根部质量极不稳定，所以选择合理的垫板焊材，合理的坡口与焊接工艺是保证厚板焊缝质量的重要措施。

5　焊材的选择

（1）焊材选择原则

本工程铸钢件焊材的选择不同于一般的低碳钢和低合金钢板焊材的选择，应符合下列要求。

1）保证焊接接头的使用性能，即保证焊缝金属和焊接热影响区具有良好的力学性能。

2）保证焊缝金属有一定的致密性，即没有气孔、夹渣或气孔/夹渣的数量、尺寸形状不超过允许标准。

3）能防止在焊接接头内产生冷裂纹和热裂纹，即对冷裂纹、热裂纹不敏感。

4）具有良好的工艺性，即具有良好的操作性能，能适应多层多道和全位置焊接等，并有一定的焊接效率。

5）焊缝组织具有稳定性，其物理性能要和两母材相适应。

（2）焊材选择

GS-20Mn5V（铸钢）属于合金钢的一种形式。一般组织硬度较高，而质地较疏松，但是它比较接近于焊缝，焊缝也是铸造组织。在材料选择方面仅仅从强度上着手显然是不够的，这是因为除了强度外，还需重点满足焊缝的抗裂性能要求，因此在焊材的选用上，首先满足 GS-20Mn5V 强度上的要求，希望焊缝能达到与 GS-20Mn5V 等强的要求，同时考虑有淬硬倾向、抗裂性能差的特点，重点应用到 GS-20Mn5V 微合金元素提高焊缝综合指标的机理，既保证了 50 级的强度，又要有良好的塑性和韧性储备，以提高焊缝的抗裂能力。根据本公司以往对该类钢种施工经验基础上初步建议：选择 CHE507RH、TWE-711 等焊接材料作为本工程 GS-20Mn5V 焊接的试验焊材。其中 CHE507RH 为手工电弧焊焊条，TWE-711 为 CO_2 气体保护焊药芯焊丝。焊材最终选定根据焊接工艺评定试验结果选定。

6　焊缝坡口选择

根据 GS-20Mn5V 铸钢焊接特征为降低焊材消耗，减少焊缝区热输入总量，避免焊缝区加热时间长、冷却缓慢、热影响区韧性下降等不良现象出现，经综合研究，拟采用单 U 带垫板的坡口，现以"肩谷点"节点为解决运输问题被截下的支管与其母体在现场的对接坡口为例。

（1）1# 单 U 带垫板坡口，如图 3（a）所示。

（2）2# 单 U 带垫板坡口，如图 3（b）所示。

图 3（b）所示 2# 坡口虽属单 U 带垫板坡口，但其垫板是从母材内延伸而出，与母材同为一体，与其对接的支管同一种材质。这样的坡口显然能最大限度降低用二种材质施焊时产生有害化合物的可能。因此推荐使用 2# 坡口优于 1# 坡口。

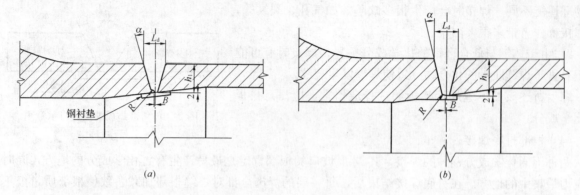

图 3　铸钢节点分段坡口大样

7　焊接方法

为使焊接过程中母材金属熔化量降到最小限度，即尽可能降低熔合比，防止焊缝过渡区出现脆性的淬火组织和裂纹等缺陷。经比较拟采用手工焊条电弧焊与 CO_2 气体保护焊。

（1）手工焊条电弧焊

手工焊条电弧焊方法；工艺灵活，熔合比较小，能降低焊缝根部因垫板材质不同而产生的有害化合物致使产生裂纹的可能性，从而提高焊接质量。手工焊条电弧焊适合全位置焊接，特别是仰焊。

（2）CO_2 气体保护焊

CO_2 气体保护焊，热输入量小，工效快，具有广泛的实用性。

（3）本工程焊接方法

仰焊采用手工焊条电弧焊；其他位置采用手工焊条电弧焊打底，CO_2 气体保护焊填充的焊接方法。发挥各项技术特长，焊接不仅成形良好，且一次合格率相当高，如有需要焊缝外表面采用磨光处理，效果更佳。

8　预热和后热

（1）焊前预热

焊前预热的作用是延长焊缝金属从峰值温度降到室温的冷却时间，使焊缝中的扩散氢有充分的时间溢出，避免冷裂纹的产生，延长焊接接头从 $800\sim500℃$ 的冷却时间，改善焊缝金属及热影响区的显微组织，使热影响区的最高硬度降低，提高焊接接头的抗裂性。

1）预热温度的确定

预热温度由母材的化学碳当量 $\left[C\right]_化$、厚度碳当量 $\left[C\right]_厚$ 及板厚等因素经综合计算而得。

$$\left[C\right]_化=C+Mn/9+Cr/9+Ni/18+Mo/13（化学成分影响的碳当量）$$

考虑厚度因素，用厚度碳当量计算

$$\left[C\right]_厚=0.005t\left[C\right]_化（板厚影响的碳当量）$$

总的碳当量公式

$$\left[C\right]_总=\left[C\right]_厚+\left[C\right]_化$$

焊接预热温度可根据经验公式计算

$$T_0=350\sqrt{C_总-0.25}$$

GS-20Mn5V 的最高预热温度 T_{max} 如表 3 所示。

CS-20Mn5V（N）最高预热温度 T_{max} 参照表　　　　　　　　表3

钢材	壁厚（mm）	〔C〕化	〔C〕厚	〔C〕总	(T_0)℃
CS-20Mn5V	100	0.464	0.232	0.696	234
	150		0.348	0.812	263
	200		0.464	0.928	288
	250		0.580	1.044	312
	300		0.696	1.160	334
	350		0.812	1.276	355

注：CS-20Mn5V 的化学成分取最高值。

2）实际预热温度（$T_{实}$）

实际预热温度（$T_{实}$）根据铸钢节点化学成分，按上式计算得出预算最低温度（$T_{低}$）

则　　　　　　　　$$T_{实}＝(T_{低}＋25℃)-(T_{低}＋75℃)$$

3）预热方法

预热方法采用远红外线电加热板加温（图4），数控温度集控箱控制（图5），远红外测温仪（图6）测量。

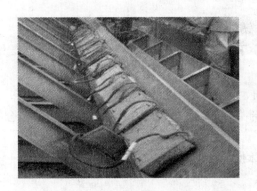

图4　远红外线电加热板

图5　数控温度集控箱

当被加热件内外均已达到上述温度方可开始焊接。焊接时层间温宜控制在 $200\sim250℃$ 左右。

（2）后热

由于 CS-20Mn5V 含杂质较多，焊接后氢含量较高，为保证氢能及时逸出，防止产生冷裂纹。焊接完毕后，立即升温至 $300\sim350℃$ 后热 2h。后热完成后，用岩棉被保温缓冷至环境温度。

9　焊接工艺

图6　远红外测温仪

（1）焊接参数选择

可参照表4工艺参数进行焊接工艺评定试验，经确认合格后选定焊接工艺参数。

工艺参数参考值　　　　　　　　表4

序号	评定项目	焊接位置	规格 δ(mm)	道次	焊接方法	焊条或焊丝 牌号	焊条或焊丝 直径 ϕ(mm)	焊剂或保护气	保护气流量	电流 I(A)	电压 U(V)	焊接速度 v(cm/min)
1	CS-20Mn5V	平焊	350＋350	打底	SMAW	GHE507RH	3.2	—	—	130～150	22～26	1～10
				中间	GMAW	GHE507RH	4.0	CO_2	25	130～180	22～24	6～25
				盖面	GMAW	GHE507RH	4.0	CO_2	25	130～180	22～24	6～25

序号	评定项目	焊接位置	规格δ(mm)	道次	焊接方法	焊条或焊丝 牌号	直径φ(mm)	焊剂或保护气	保护气流量	电流I(A)	电压U(V)	焊接速度v(cm/min)
2	CS-20Mn5V	仰焊	350+350	打底	SMAW	GHE507RH	3.2	—	—	110~130	20~25	4~10
				中间	SMAW	GHE507RH	4.0	—	—	140~170	22~28	4~35
				盖面	SMAW	GHE507RH	4.0	—	—	140~160	22~28	18~35
3	CS-20Mn5V	立焊	350+350	打底	SMAW	GHE507RH	3.2	—	—	110~130	20~25	8~20
				中间	GMAW	JM56	1.2	CO_2	25	130~180	16~20	8~18
				盖面	GMAW	JM56	1.2	CO_2	25	130~180	18~22	10~16

注：SMAW-手工焊条电弧焊；GMAW-CO_2气体保护焊。

（2）焊前准备

1）焊条在使用前必须按规定烘焙，GHE507RH焊条的烘焙温度为350℃，烘焙1h后冷却到150℃保温，随用随取，领取的焊条应放入保温筒内。

2）不得使用药皮脱落或焊芯生锈的变质焊条，锈蚀或折弯的焊丝。

3）CO_2气体的纯度必须大于99.7%，含水率小于等于0.005%，瓶装气体必须留1MPa气体压力，不得用尽。

4）焊前焊缝坡口及附近50mm范围内清除净油、锈等污物。

5）施焊前复查组装质量、定位焊质量和焊接部位的清理情况，如不符合要求，修正合格后方可施焊。

6）手工焊条电弧焊现场风速不大于8m/s，气体保护焊现场风速不大于2m/s，应设防风装置。

7）焊前检查各焊接设备是否处于正常运行状态。

8）检查坡口尺寸是否达到要求。

9）焊工必须持证上岗。

（3）现场焊接工艺

1）焊前清理。在焊接前对钢的热切割面用角向磨光机进行打磨处理，打磨厚度0.5mm，至露出原始金属光泽。同时对坡口加工造成的蹲便、凹槽进行打磨处理，要求不留钝边和避免坡口面留有加工凹槽。

2）坡口形状控制。要求在加工安装过程中严格执行工艺文件要求，焊前进行坡口形状检查，项目为间隙、错边、焊缝原始宽度三项。

3）预热、层间温度及后热温度控制。

4）焊接环境要求。焊接要求在正温焊接，确保焊接环境温度达到0℃以上，环境风速需小于2m/s方可施焊。

5）焊接技术要求。焊接过程严格执行多层多道、窄焊道薄焊层的焊接方法，在平、仰焊位禁止焊枪摆动，立焊位焊枪摆幅不得大于20mm，每层厚度不得大于5mm。层间清理采用风动打渣机清除焊渣及飞溅物，同时对焊缝进行同频率锤击，起到效应处理的作用。

6）其他要求。母材上禁止焊接卡码及连接板等临时设施，若必须焊接，在焊前按照正式焊接要求，对母材进行预热。在切割临时设施时，也必须进行预热150~200℃，尽量避免伤及母材，如发生该种情况，必须及时进行焊补，后打磨圆滑过渡。在焊接过程中，严禁在母材上出现随意打火或由于拖拉焊把或焊枪对母材造成的电弧擦伤。如发生该种情况，应立即报告技术人员，并采用措施进行焊补和打磨，预热和后热温度同正式焊接。

（4）焊接缺陷及修复

1）焊缝表面缺陷超过相应的质量验收标准时，对气孔、夹渣、焊瘤、余高过大等缺陷应用砂轮打磨、铲凿、钻、铣等方法去除，必要时应进行焊补；对焊缝尺寸不足、咬边、弧坑未填满等缺陷应进行焊补。

2）经无损检测确定焊缝内部存在超标缺陷时应进行返修，返修应符合下列规定：

① 返修前应编写返修方案。

② 应根据无损检测确定的缺陷位置、深度，用砂轮打磨或碳弧气刨清除缺陷。缺陷为裂纹时，碳弧气刨前应在裂纹两端钻止裂孔并清除裂纹及其两端各 50mm 长的焊缝或母材。

③ 清除缺陷时应将刨槽加工成四侧编斜面角大于 10°的坡口，并修正表面、磨除气刨渗碳层，必须要时应用渗透探伤或磁粉探伤方法确定裂纹是否彻底清除.

④ 焊补时应在坡口内引弧，熄弧时应填满弧坑；多层焊的焊层之间接头应错开，焊缝长度不小于100mm；当焊缝长度超过 500mm 时，采用分段退焊方法。

⑤ 返修部位连续焊成。如中断焊接时，应采取后热、保温措施，防止产生裂纹。再次焊接前宜用磁粉或焊透探伤方法检查，确认无裂纹后方可继续补焊。

⑥ 焊接修补的预热温度应比相同条件下正常焊接的预热温度高，并应根据工程节点的实际情况确定是否需采用超低氢型焊条焊接或进行焊后消氢处理。

⑦ 焊缝正、反各作为一个部位，同一部位返修不宜超过两次。

⑧ 对两次返修后仍不合格的部位应重新制定返修方案，经工程技术负责人审批，并报监理工程师认可后方可执行。

10 结语

深圳大运会中心体育场铸钢节点，严格按照上从材料性能、可焊性分析、焊接难点、焊材、焊缝坡口选择、焊接方法、焊接工艺等方面进行全方位的质量控制，完美成功的打造了这一经典钢结构建筑。

参考文献

[1] 北京土木工程建筑学会．钢结构工程施工技术措施．经济科学出版社，2005.
[2] 中华人民共和国行业标准．建筑钢结构焊接技术规程(JGJ 81—2002)[S]．北京：中国建筑工业出版社，2002.
[3] 陈祝年．焊接工程师手册[M]．北京：机械工业出版社，2002.
[4] 陈裕川．焊接工艺评定手册．北京：机械工业出版社，1999.
[5] 中国机械工程学会焊接学会．焊工手册．北京：机械工业出版社，1998.

沈阳文化艺术中心钢结构铸钢节点安装技术

孙 猛[1] 王佳斯[1] 鲁 博[1] 孙 浩[1] 张荣荣[2]

(1. 江苏沪宁钢机股份有限公司，宜兴 214231；
2. 沈阳建筑大学，沈阳 110000)

摘 要 沈阳文化艺术中心钢结构共有 64 个三角形面，每个面的夹角不同，每个面又分为 16 个小三角形，总用钢量为 11000t，属于大跨度非常规无序空间薄壳钢结构体系。结构体系中的铸钢节点单件重量最高达 103t，在国内尚属首次采用，是目前国内铸钢节点在建筑工程应用过程中单件重量最重的，而且体形相当复杂，总共有多达 8 个分枝，且每个分枝之间的夹角也是相当小，最大口径达 1430mm、最大外形尺寸为 11.72m×5.06m×3.14m，属超大型钢构节点。

关键词 铸钢节点；施工技术；高空定位

1 工程概况

1.1 建筑与结构概况

沈阳文化艺术中心是沈阳市地标性建筑，位于沈阳市金廊、银带的交汇处，浑河北岸浑河桥东侧五里河公园附近，该构筑物依水而建，结构整体高度超过 60m，建成后将成为沈阳市展示高雅艺术和举行群众性文化活动的重要场所（图1）。

本构筑物钢结构屋盖外形呈"钻石"外观，结构全部由钢管组成，共有 64 个面，每个平面均呈现不同的三角形状，屋盖主体结构主要由四部分组成，即主构件、主要连接节点、次构件和支座四部分。其中主构件主要采用 $\phi1430×40$、$\phi1370×65\sim75$ 大直径厚壁钢管，次构件主要采用 $\phi775×30$、$\phi760×25$ 两种钢管，主构件连接处设计采用了大型铸钢节点进行连接，主次构件间采用相贯连接形式，屋盖底部支座与混凝土大平台连接采用了半球连接节点，整个屋盖重量达到约 11000t 左右，结构设计新颖（图2）。

图1 沈阳文化艺术中心效果图

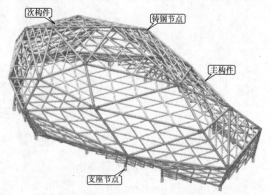

图2 钢结构屋盖立面图

1.2 采用铸钢节点的原因

（1）沈阳文化艺术中心复杂网壳钢结构为钻石造型。首先从外形上看，与传统钢结构网壳的曲面网格结构不同，整体玻璃外壳体为 64 块大小方向不同的三角形玻璃幕墙组件拼成。从结构受力方式上看，主杆件不仅存在着传统钢结构网壳应该承受的拉力、压力或剪力，还存在着复杂网壳钢结构体系中的弯曲应力，致使主杆件与主杆件之间的连接节点受力很大，普通钢管相贯节点很难满足受力要求，沈阳文化艺术中心采用能解决此问题的铸钢节点作为主杆件与主杆件之间的连接节点。

（2）沈阳文化艺术中心铸钢节点不仅解决了受力问题，还大大增加了网壳钢结构的美观性，消除了焊缝较长，局部残余应力较大等问题，使钻石变得更加光彩夺目。

1.3　工程特点与难点

（1）铸钢节点数量多、外形尺寸大、重量重、现场安装精度高

本工程钢结构共采用了 38 个铸钢节点，铸钢节点外形尺寸大，重量重、结构形式复杂，其中最多有 8 个端口，最大口径达 1430mm、最大外形尺寸为 11.72m×5.06m×3.14m、重达 94.57t、最大安装标高高达 60m，现场安装难度大、定位要求高、对起重设备与临时支撑架均提出了十分高的要求。

（2）临时支撑数量多，承载力大，与砼结构交叉部位多

为了满足本工程铸钢节点空间定位精度要求，本工程在安装过程中共需设置 36 组重型格构式临时钢结构支撑，其支撑大部分均需穿过砼结构楼层板，其中最多将穿过 8 个楼层，支架顶部受力最高达 330t（落地支撑）。

（3）现场焊接工作量大，要求高

由于本工程铸钢节点重量大，采用"铸钢节点高空安装定位、主杆件高空散装、次结构平面分块吊装加部分嵌补的安装方案"，因此，本工程结构中主要受力焊缝大部分均在现场高空完成，被焊杆件的厚度均在 40mm 以上，其中最大厚度达 120mm，其中与铸钢件端口的对接焊缝隙多达 186 个，现场焊接工作量十分巨大，焊缝质量要求高。

2　铸钢节点安装

2.1　临时支撑的设置

临时支撑体系在空间网壳钢结构吊装过程中有举足轻重的作用。首先在结构安装过程中，安装结构的重量荷载均由临时支撑体系承担。其次在结构卸载过程中，通过对临时支撑体系的卸载，完成将结构自身重量荷载转移到结构自身永久支撑体系上的过程。因此，临时支撑体系的设置要求非常严格，即应满足结构支撑要求，也要方便结构吊装。

（1）临时支撑平面布置

本工程在钢结构安装过程中共设置临时支撑 36 组，其中 26 组用于支撑铸钢件节点（图 3）。

（2）临时支撑截面规格

临时支撑采用 □1000×1000-□3000×6000 矩形格构柱结构（图 4）。

（3）临时支撑的稳固措施

因为部分临时支撑的高度较高，为保证临时支撑的稳定性，位于混凝土结构外围的临时支撑采用连接件与混凝土剪力墙相连（图 5）。

（4）临时支撑安装

根据本工程的结构特点，在安装的过程中需要设置 36 组临时支撑，其中部分临时支撑需穿过混凝土楼层板，部分临时支撑直接立在地面或柱顶，因此，针对这两种情况分别采用逐级安装法和一体安装法，具体如下：

1）逐级安装（图 6）

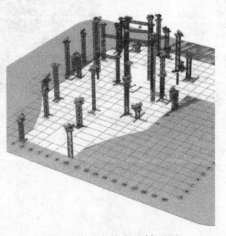

图 3　临时支撑布置轴测图

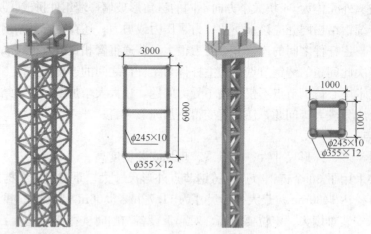

图 4 典型临时支撑大样图

图 5 临时支撑与混凝土剪力墙连接示意图

图 6 逐级安装法

由于临时支撑高度较高且又要穿过混凝土楼板，因此，该类临时支撑需要分段逐级进行安装，为操作方便将对接口位置留设在距楼层上表面 1m 处，支撑穿过楼板时在楼板上作留孔处理。具体安装方法如下：

第一节临时支撑安装、楼板浇筑、第二节临时支撑安装、支撑平台安装。

2）一体安装（图 7）

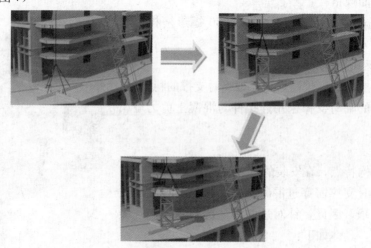

图 7 一体安装法

此安装方法适用于临时支撑位于结构外围，不穿过楼板。安装步骤如下：

临时支撑底座安装、临时支撑架体安装、临时支撑平台安装。

2.2 铸钢节点的吊装

铸钢节点安装时根据现场吊装的起吊能力及安装方法，采用400吨履带吊和250吨履带吊相结合的方式进行安装。

本工程相邻主管之间采用铸钢节点连接，由于多根主管共用一个铸钢节点，使得每个铸钢节点有4～8个管头，现场高空定位难度大，为减小铸钢节点高空定位难度及保证高空定位精度，采取如下措施：

（1）铸钢节点厂内验收

为了保证铸钢节点的高空定位精度，铸钢节点在厂内制作完成后须经过整体性验收，包括整体外形尺寸、管头直径、各管头之间的夹角等，确保铸钢节点尺寸完全满足图纸要求后才能出厂运至现场。具体验收内容及要求见铸钢件质量检验标准。

（2）现场地面预定位（图8）

由于本工程铸钢节点重量重，单体外形尺寸较大，若采取常规高空管口定位的方法其操作难度非常大，也不容易使铸钢节点定位准确，因此为了方便定位，在高空定位之前先在地面上进行预定位，具体方法是：

1）场地找平，铺上钢板（呈水平状态）并在其上划好铸钢节点定位轴心线；

2）安装铸钢节点定位、固定模板。

（3）现场高空定位（图9）

根据上述铸钢节点与下部钢板（钢框架）的组合体进行整体吊装。

高空定位时根据下部钢板上表面的水平标高与轴心线进行测量、调整、固定。

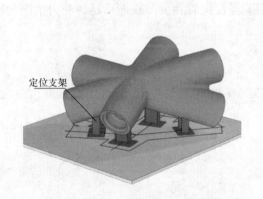

图8 现场地面预定位效果图

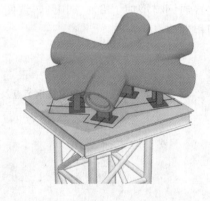

图9 现场高空定位效果图

2.3 铸钢节点的焊接

（1）工程焊接特点及难点

1）本钢结构工程钢材主要为Q345D、铸钢节点材质为GS-20Mn5QT，钢板、节点强度要求高，节点和构件的壁厚较厚，焊接要求高。

2）结构最大高度达60m多，高空环境条件下对焊工操作影响很大。

3）高空风速较大，并且贯穿于现场焊接全过程，尤其是对气体保护焊的影响较大。

4）部分结构构件都为倾斜构件，焊接接头基本呈全位置状态，对焊工操作水平要求高。

5）构件截面大。钢管尺寸从$\phi760 \times 25 \sim \phi1430 \times 40$，因此，现场焊接量比较大。焊接效率将直接影响到钢结构安装进度，可以说整个工程进度与焊接进度是息息相关。

6）本工程中钢板采用了大量的铸钢节点，最厚达120mm，焊接熔敷金属量比较多，易产生较大的焊接应力。

7）由于结构形式特殊，焊接收缩引起的结构变形不可忽视，必须有针对性的研究和对策措施。

（2）焊接方法

根据现场焊接特点，并结合工程实际，拟采用 CO_2 药心焊丝气体保护焊和焊条手工电弧焊相结合的焊接方法。

选用 CO_2 药心焊丝气体保护焊，一是熔敷速度高，其熔敷速度为手工焊条的 2~3 倍，熔敷效率可达 90% 以上；二是气渣联合保护，电弧稳定、飞溅少、脱渣易、焊道成型美观；第三，对电流、电压的适应范围广，焊接条件设定较为容易。对本工程这种结构外露型构件的焊接比较适宜。因此，构件的焊接将主要采用 CO_2 药心焊丝气体保护焊。同时由于焊条手工焊简便灵活，适应性强，将作为辅助焊接方法。

3 结语

铸钢节点的诸多优势已为国内外的大量工程实践所证实。该节点由于在厂内整体浇铸，不仅可根据建筑与结构的需求铸造出各种复杂的外形，而且可免去相贯线切割机重叠焊缝焊接引起的应力集中，因此节点在不同结构形式、不同跨度的空间结构中得到了前所未有的发展。本文通过对沈阳文化艺术中心铸钢节点安装的全过程跟踪分析，得出如下结论：①科学先进：铸钢节点作为新型节点形式，以其极大的刚度及均匀的受力状态，很好的弥补了钢管相贯节点带来的应力集中、焊缝尺寸过大等问题。逐渐在大型钢结构工程中取代钢管相贯节点。②值得推广：在大型钢结构网壳体系中，杆件承受的力往往很大，如果在杆件与杆件的连接节点处没有很好的约束，整个结构就会很危险，铸钢节点的出现很好的解决了这个问题。值得在大型钢结构网壳体系中推广。③费用偏高：由于铸钢的材质为低合金钢，虽然这些合金元素（锰 Mn、硅 Si，铬 Cr 等）提高了材料的强度、改善了材料的塑性、韧性及可焊性，但其费用也比普通钢材增加了 8%~10%，致使一些大型工程在钢管相贯节点能满足的受力情况的前提下，优先选用相贯节点。

参考文献

[1] 付小敏，乔聚甫，赵国强. 大吨位铸钢节点及抗震支座施工技术[J]. 建筑技术，2008，10(8)：767-769。

铸造动态模拟分析技术
在深圳大运会中心体育场铸钢节点中的应用

张富强 宋元亮 史建忠 厉 栋 储 超 徐 雷

(江苏沪宁钢机股份有限公司,宜兴 214231)

摘 要 深圳大运会中心体育场主要连接节点采用了大型铸钢节点,由于该类铸钢节点造型复杂,外形尺寸大,重量重,因此,对铸钢节点的制作精度提出了较高的要求。本文以此为切入点,详细论述铸造动态模拟分析技术,较好的控制了其内部质量,保障了工程的顺利进行。

关键词 铸造动态模拟分析技术;中心体育场;铸钢节点;应用

1 概述

深圳大运会中心体育场铸钢节点有 160 个(组)重达 4062t,占本工程总量的 22.2%。由于其所处位置的重要性与受力的复杂性,铸钢节点的质量控制成为本工程成败的一个重要的质量控制点。160 个铸钢节点可分成 40 组,每组 4 个且二二对称又二二相同,因此 160 个铸钢节点可分解成 80 种规格,每种 2 个。

2 铸造动态模拟分析技术与实例

(1) 模拟分析技术

铸造成型技术以其优良的复杂形状成形能力和经济性在所有的热加工成形技术中占有很大的优势。而计算机数值模拟技术、计算力学和传热传质学的迅速发展,可以将铸造成形过程由不可视转化为可视,由经验设计走向科学预测。

1983～1993 年美国、联邦德国、日本、法国、丹麦、加拿大、比利时等国的研究人员先后采用模拟技术,在砂铸、压铸、实型铸造中模拟了铸钢的充型过程,进行二维、三维速度场和温度场的计算,获得液态金属流动模式、充型次序、速度分布、各部位充型时间,预测冷隔、浇注不足、缩孔、气孔、氧化膜卷入等缺陷的发生因素。

近年年随着我国建筑钢结构的迅猛发展,特别是各种体育场馆的建设,对大型复杂铸钢节点的需求量越来越大。为了保证铸钢件质量,国内某铸造技术研究所引进了该项目技术并成功地在几项工程的铸钢节点铸造工艺上得到了应用,取得了不错的效果。

(2) 模拟分析技术实例说明

现以某工程铸钢件动态模拟分析为例进行说明。

其中图 1 为有 8 个支管的铸钢件实体用 STL 格式造型的结果。图 2 是进行网格剖后的结果,以 11mm 为三个坐标网格单元尺寸。剖分后总单元网格 430 万个。图 3～图 6 是充型 25%、45%、65% 和 100% 的模拟结果。图 7、图 8 是出现缺陷的现象。图 9、图 10 为凝固 100% 的模拟结果。

图 1　铸钢件实体造型结果

图 2　铸钢件网格剖分结果

图 3　铸钢件充满型腔 25％的模拟结果

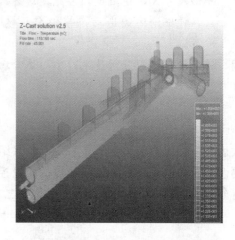

图 4　铸钢件充满型腔 45％的模拟结果

图 5　铸钢件充满型腔 65％的模拟结果

图 6　铸钢件充满型腔 100％的模拟结果

 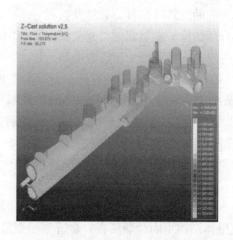

图 7　铸钢件仅充满型腔 65.275％，冒口　　　图 8　铸钢件充满型腔 65.275％，支管端部
　　　　没有充满，金属液停止流动　　　　　　　　　　出现浇不足、冷隔现象

图 9　铸钢件凝固 100％模拟结果的剖面图　　　图 10　铸钢件凝固 100％模拟结果

3　铸造动态模拟分析技术在大运会中心体育场铸钢节点中的应用

（1）铸造动态模拟分析

对深圳大运会中心体育场铸钢节点中 80 种规格的铸钢节点按类别择其 2～3 个进行铸造动态模拟分析，达到下列目的：

1）模拟分析钢水浇筑温度及钢水注入后在砂型空腔内各部位的流动速度与凝固时间。

2）重点分析在砂型拐角处钢水流动速度的变化，进而确定铸钢件合理的拐角铸造半径（R 铸），保证钢水有足够的流速和合理的冷却凝固时间。

3）通过动态模拟分析进一步确认砂型浇冒口的位置数量和直径，保证铸钢节点在铸造过程中钢水在砂型腹腔内有足够的流量，避免铸钢件内部出现"浇筑不足"和"冷隔"等缺陷的发生。

4）通过铸造动态模拟分析，可确定铸钢节点的最小合理铸造壁厚，在保证铸钢节点原设计强度前提下进行优化，减轻重量降低成本。

5）在铸造动态模拟分析中，分析铸钢节点各端口钢水凝固、冷却的速度与时间，反馈至工艺部门经计算确定铸钢节点各端口的冷却收缩余量。

6）综上所述经过对本工程典型复杂铸钢件节点的"铸造动态模拟分析"可以得出以下结论：

①　确定合理的钢水浇注温度；

② 确定合理的浇冒口位置、数量及直径；

③ 确定合理的位于相贯截面与复杂截面部位的铸造圆弧半径；

④ 可以得出各支管截面的正确收缩率。

上述这些数据的获取，对避免或减少铸钢节点内部质量出现"浇筑不足、冷隔、气孔、缩孔、氧化膜卷入及外形尺寸偏差过大"等严重缺陷的出现起到积极的作用。因此"铸造动态模拟分析"的应用是保证铸钢节点质量的重要措施之一，也是优化铸钢节点的重要依据。

（2）木模制作

1）木模制作选用优质美国红松为原材料，该木材含水率必须符合"建筑用铸钢节点技术规程"中的相关要求。

2）该类木材承载强度高，木质细腻，紧密，经打磨后表面光洁度高。

3）木模整体结构牢固、强度高，在造型与型砂捣实过程中变形小。

4）木模表面光滑、光洁、无凹坑，圆角过渡光顺、圆滑，符合铸造工艺要求。

5）木模外形尺寸（包括工艺收缩余量）准确。

6）由于每个木模浇筑两个铸钢件，当第二次使用前应对其检验、修整，使其承载强度、外形尺寸及外表质量均经检验合格后方可使用。

（3）型砂造型

1）型砂：选用高强度、高耐火型矿砂为基砂，截面相贯及相交处选用高耐火度的熔铁矿型砂，避免在上述部位出现粘砂、烧结现象。

2）造型：采用先进的树脂砂负压（真空）精密造型新工艺，砂型整体紧密无孔隙，表面光滑无凹坑，外形尺寸精确。避免铸钢件出现气孔、夹渣、缩松、凹凸不平等现象。

3）涂料：砂型表面涂料必须耐高温、涂膜致密、表面无皱褶，承载强度高。保证铸钢件外表质量。

4）控制砂型、涂料的化学成分，避免在钢水浇注、冷却过程中有害化合物渗入铸钢件表面。

5）烘烤：在砂型烘烤过程中必须严格掌控烘烤温度与升温速度，避免砂型表面开裂。一旦有开裂现象发生，该砂型必须报废重做。

（4）钢水冶炼

1）选用优质船体废钢作炼钢的原材料，为保证钢水质量创造先天条件。

2）采用稀土金属氧化还原法冶炼工艺，精练炉冶炼钢水保证钢水质量。

3）浇注前在钢水中加入适量的镇静去渣介质，有效提高钢水的纯度，保证钢水质量，提高铸钢件内部质量与外观质量。

（5）钢水检验

1）钢水检验：除需出示 C、Mn、Si、P、S 五大指标外尚需出示 3 项微量元素指标。

2）钢水冶炼完成出炉之前必须化验，化验合格后方可出炉。

3）钢水出炉后应立即浇注，如出炉后无法立即浇注且间隔 2h 及其以上，则应重新化验，化验合格后方可浇注。

4）每个钢水包（盛钢桶）浇注结束前需再次取样化验且保证其化验合格。

（6）钢水浇注、脱模、清砂、修补和调质

1）按"建筑用铸钢节点技术规程"进行钢水浇注、脱模、清砂、修补并符合铸钢件验收要求中相应条款的要求。

2）铸钢件焊接修补前必须预热。

3）铸钢件第一次整体验收合格后方可进行整体热处理（调整或正火）。

（7）铸钢节点验收标准

1）铸钢节点的化学成分：GS-20Mn5V 与 GS-20Mn5N 铸钢的化学成分相同，见表1。

GS-20Mn5V 铸钢件化学成分（％）　　　　　表1

钢号	C	Si	Mn	P	S	Cr	Mo	Ni	R_E	碳当量 C_{eq}
GS-20Mn5V	0.17～0.23	≤0.60	1.00～1.50	≤0.020	≤0.015	≤0.3	≤0.15	≤0.40	0.2～0.35	≤0.45

2）机械性能。GS-20Mn5V 与 GS-20Mn5N 铸钢的机械性能见表2。

GS-20Mn5V 与 GS-20Mn5N 铸钢的机械性能　　　　　表2

钢号	厚度和直径 （mm）	抗拉、抗压和抗弯 f（N/mm²）	屈服强度 f_y（N/mm²）	极限抗拉强度 f_u（N/mm²）	延伸率 $\delta 5\%$	冲击功 A_k（J）
GS-20Mn5V （调质）	≤50	324	≥360	500～650	≥24	≥70
	>50～100	270	≥300	500～650	≥24	≥50
	>100～160	252	≥280	500～650	≥24	≥40
GS-20Mn5N （正火）	≤50	370	≥300	500～650	≥22	≥55
	>50～100	252	≥280	500～650	≥22	≥40
	>100～160	234	≥260	480～630	≥20	≥35
	>160	216	≥240	450～600	≥20	

3）铸钢节点的检验

①铸钢节点应成批验收，铸钢节点形体类型相似、壁厚和重量相近、在同一炉次浇注、相同调质条件的为一批。验收时的取样件（含复验时的试件）应在浇铸构件的同时一并浇铸出，并与铸钢件同时进行热处理。

②铸钢节点应按熔炼炉次进行化学成分分析，取样按《钢的化学分析用试样取样法及成品化学成分允许偏差》GB 222 的规定执行，其化学成分应符合表1的要求。

③铸钢节点的拉力试验应按批次进行，试块及取样按《一般工程用铸造碳钢件》GB 11352 的规定执行，其实验结果应符合表2的要求；铸钢件的冲击试验按每一批次取三个夏比 V 形缺口冲击试样，三个试样的平均值应符合上表2的要求，其中一个试样的实验值可低于规定值，但不得低于规定值的70％。

④铸钢节点端口焊缝150mm 以内范围内按《铸钢件超声波探伤及质量评定方法》GB 7233 进行超声波检测，质量等级为Ⅱ级；其他部位按外表面面积20％（其中10％随机抽查，另10％按设计指定部位抽查）进行超声波探伤，质量等级为Ⅱ级。

检查数量：全数检查。

检查方法：检查检验报告及超声波检查报告。

⑤铸钢节点外表面质量按《建筑用铸钢节点技术规程》相应要求验收。

4　结束语

铸造动态模拟分析技术成功应用于深圳大运会中心体育场铸钢节点，较好的控制了其铸钢节点的加工制作质量，取得了预期的完美效果，进一步丰富和发展了建筑钢结构加工制造和施工安装技术，该技术对于类似工程起着良好指引和借鉴作用。

参考文献

[1] 中华人民共和国行业标准. 建筑钢结构焊接技术规程(JGJ 81—2002)[S]. 北京：中国建筑工业出版社，2002.
[2] 陈祝年. 焊接工程师手册[M]. 北京：机械工业出版社，2002.
[3] 陈裕川. 焊接工艺评定手册. 北京：机械工业出版社，1999.
[4] 中国机械工程学会焊接学会. 焊工手册. 北京：机械工业出版社，1998.

钢结构工程大型模块计算机模拟拼装方案

金　宇　卞强龙

（上海中远川崎重工钢结构有限公司，上海　200941）

摘　要　FMGAP4 项目是澳大利亚铁矿石巨头 FMG 集团的码头扩建工程。主要由 10 个模块构成，每个模块制作完成后对现场的接口部位需要进行预拼装，以保证现场的安装要求。为确保现场安装尺寸的精度，减少对场地，成本和工期的影响，我司采用计算机进行模拟拼装并取得卓越成效。

关键词　模块；计算机模拟拼装；现场接口；坐标值；相对误差

1　概述

近几年，海外工程管理公司在中国的钢结构采购量不断地增加，国内钢结构公司的质量和服务也越来越被认可。同时海外工程管理公司为减少在施工现场的劳力成本和施工周期，也越来越多的将构件进行模块化设计，构件的单体重量也增加至数百吨到上千吨不等。为确保现场安装的主要尺寸的精度，一般公司都采用模块整体预拼装的方法。我司为了有效解决现场安装尺寸的精度，减少场地，成本和工期的影响，决定采用计算机模拟拼装的工艺方案并取得卓越成效。

2　工程简介

FMG AP4 项目是澳大利亚铁矿石巨头 FMG 集团的铁矿石码头扩建的 4 期工程。此项扩建工程主要由 10 个模块构成，每个模块主体长约 20～54m 不等，宽 14.8～22m。主模块由 2100mm×800mm 的主梁、1285mm×400mm 的次梁和 $\phi406.4×9.5$ 的管支撑等组成。主梁中心装有轨道，轨距 14m。我司完成主次梁和支撑的构件制作后发往南通的拼装场地对 10 个模块进行拼装，并要求每 2 个相邻模块需要一起进行预拼装以保证现场接口的公差要求。

3　模块模拟拼装简介

由于受结构宽度和场地长度的限制，我司无法对 10 个模块采用整体拼装制作的工艺方案，而是采用将其分成 3 段进行拼装制作的工艺方案，模块 1（以下用 M1 表示）由于有坡度要求，单独进行拼装制作。模块 2（以下用 M2 表示）至模块 5（以下用 M5 表示）进行整体的拼装制作。模块 6（以下用 M6 表示）至模块 10（以下用 M10 表示）进行整体的拼装制作。M1 和 M2 的现场连接部位需要在模块完成后做坡度胎架进行现场接口的预拼装，M5 和 M6 现场连接部位需要在模块完成后对现场接口进行预拼装。为了减少模块在钢结构制作场地的反复拼装而造成的工期影响，所以经过认证后拟采用计算机模拟拼装来保证现场的安装数据。以下对 M1 和 M2 的计算机模拟拼装方案进行介绍。

将需要进行预拼装模块的现场安装控制点的坐标值和现场接口部位的坐标值的数据采用全站仪进行实测并将测量数据导入 3D 软件，再通过各组数据之间的转换，模拟现场接口处合拢，从而反映出模块模拟拼装后现场接口处各位置之间的尺寸误差值。

236

4 实地测量与模拟拼装基本概况

本工程所使用的全站仪型号为：LEICATS09 最短测距在 1m 以内，具备反射片测量功能，且反射片测量精度在 1mm 以内。水平及距离测量均采用全站仪测量。模拟拼装过程所使用的软件如下：ECOMES（数据采集）、ECOBLOCK（数据分析）、ECOOTS（模拟拼装）。

为保持多次测量数据的一致性且便于检查，每一个模块的中心线、基准线需在每个模块上标记出来，中心线及相关控制点采用样冲点标记、定位并用白色油性笔进行标识清楚。

测量时，先在模块上方架设仪器，确定测量框架点，中心线点，水平点等。选择一根主梁作为 X 轴（需要 2 个点），在另一根主梁中心位置选取一点，作为 XOY 面基准点（Z 值为 0），观察其他数据是否合理，不合理在进行微调。由于是采用的相对误差值法，模块在测量时可以倾斜，在实时测量过程中可显示相对的误差数据。

测量目标若通视则采用反射片直接测量，不通视可采用双点靶测量，模块上翼缘点测量结束后，利用旋转靶（2、3 个），将全站仪搬至模块下方测量底部轴承底板坐标值。

5 3D 模拟拼装具体步骤

在进行 M1 和 M2 的计算机模拟拼装时，考虑到 M2 是中间模块，已经和 M3 进行过拼接，所以将 M2 定为基准模块，来分析 M1 和 M2 现场接口处的相对偏差。

第一步：在进行测量前，通过 M2 模型图，计算出测量点处的理论坐标值，M2 测量点为 M2 上平面主次梁交点，其理论坐标值为 X、Y、Z，轴承底板位置的理论高度值为 Z，见图 1。图示中数值均为理论值。

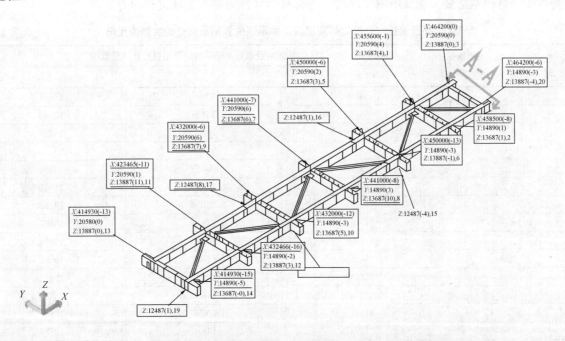

图 1 M2 上平面理论坐标值及轴承底板理论坐标值与实测偏差数值

同时通过 M2 模型图确定 M2 和 M1 现场接口位置的理论坐标值 X、Y、Z，见图 2。

现场接口位置需设立 6 个测量点——上下水平面取翼缘板两侧及中心各 1 点，以保证模拟拼装数据的有效性和准确性。测量之前需事先确定所测模块上各位置点编号，并将相应编号标记于模块上，以保证所测点位与理论点位一一对应。

第二步：对 M2 的主要控制点进行测量，采用 ECOMES 采集所测点数据并进行保存，为确保数据

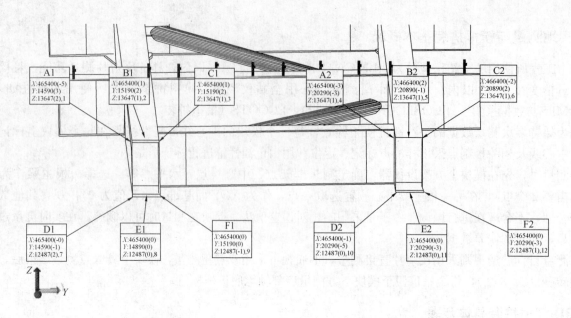

图 2　M2 现场接口处理论坐标值与实测偏差数值

的准确性，在每个位置进行两次测量，数据的误差值在 1mm 以内的数据予以记录。如测量数据值的误差大于 1mm，则采用多次测量并取中间值作为最终数值，详细测量数值见表 1、表 2。

　　测量结束后，根据所建立的三维轴，将 M2 调整至水平状态，并采用 ECOBLOCK 软件对 M2 的检测数据进行分析，标记出实测数据与理论数据的差值（图 1、图 2 中（ ）内数值均为实测偏差值），以便与 M1 进行模拟拼装。确认所测模块尺寸符合规范并作为基准模块进行保存。

M2 上平面测量点处的实际测量值及轴承板位置测量点处的实测高度值　　　　　　　表 1

分项数据 测量点	M2 上平面测量点处及轴承板位置测量点处测量数据		
	X	Y	Z
1	458499	20594	13691
2	458492	14891	13686
3	464200	20590	13687
4 *	—	—	—
5	449994	20592	13690
6	449987	14887	13686
7	440993	20596	13693
8	440992	14893	13697
9	431994	20596	13694
10	431988	14887	13692
11	423454	20591	13697
12	423449	14888	13690
13	414917	20590	13687
14	414915	14885	13687
15	—		12483
16	—		12488
17	—		12495
18	—		12491
19	—		12488
20	464194	14887	13683

注：测量点后加"*"点为转站点，类似测量点可不列入数据统计。

M2 现场接口测量点实测数值 表 2

分项数据 测量点	M2 现场接口位置的实测值		
	X	Y	Z
A1	465395	14593	13649
B1	465399	14892	13648
C1	465401	15192	13648
D1	465400	14589	12489
E1	465400	14890	12487
F1	465400	15190	12486
A2	465397	20287	13648
B2	465400	20589	13648
C2	465398	20892	13648
D2	465399	20285	12487
E2	465400	20587	12487
F2	465400	20887	12486

第三步：按第一步的方法，计算出 M1 上平面测量点的理论坐标值 X、Y、Z 和轴承板位置的高度值 Z，见图 3。

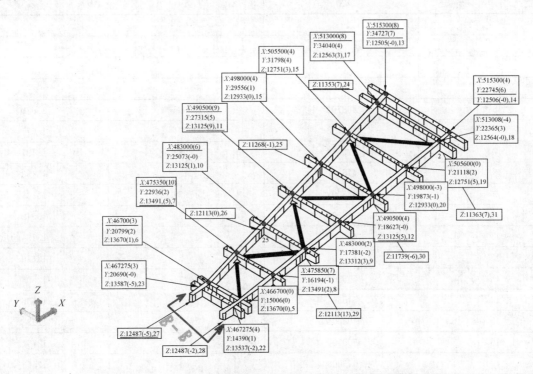

图 3　M1 上平面及轴承底板理论坐标值与实测偏差数值

同时通过 M1 模型图确定 M2 和 M1 现场接口位置的理论坐标值 X、Y、Z，见图 4。

第四步：按第二步的方法，对 M1 的控制点进行测量，特别注意的是现场接口的测量位置必须与 M2 端口位置保持一致，以便分析现场接口数据的偏差。由于两个模块拼装位置距离较短，因此采用转站测量（即：M2 数据测量完毕后，设立反射靶，将仪器转站到 M1 模块上），以减小测量误差同时保证两个模块所测数据的整体性，数据的测量方法及数据采集方法同 M2，详细测量数值见表 3、表 4。

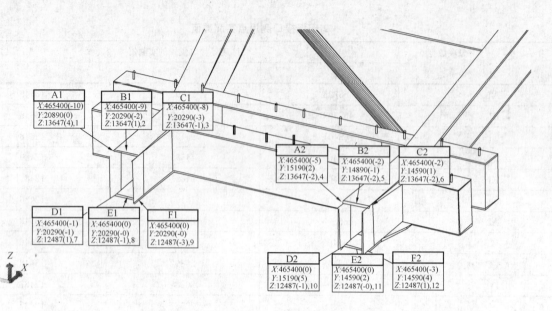

图 4   M1 现场接口处理论坐标值与实测偏差数值

M1 上平面测量点处的实际测量值及轴承板位置测量点处的实测高度值   表 3

分项数据 测量点	M1 上平面测量点处及轴承板位置测量点处测量数据		
	X	Y	Z
1 *	—	—	—
2 *	—	—	—
3 *	—	—	—
4 *	—	—	—
5	468700	15006	13670
6	468705	20801	13671
7	475860	22938	13497
8	475857	16193	13493
9	483002	17379	13315
10	483005	25073	13312
11	490509	27320	13134
12	490504	18627	13130
13	515308	34734	12506
14	515304	22752	12506
15	498004	29557	12938
16	505504	31802	12754
17	513008	34044	12566
18	513004	22368	12564
19	505500	21120	12756
20	497997	19872	12938
21 *	—	—	—
22	467279	14891	13685
23	467278	20590	13682
24 *	—	—	—

续表

分项数据 测量点	M1 上平面测量点处及轴承板位置测量点处测量数据		
	X	Y	Z
25 *	—	—	—
26	—	—	12113
27	—	—	12482
28	—	—	12485
29	—	—	12126
30	—	—	11734
31	—	—	11370

注：测量点后加"＊"点为转站点，类似点位可不列入数据统计。

将 M1 调整至水平状态，并将 M1 的测量数据与理论数据进行套合，采用与 M2 相同的数据分析方法对数据进行分析，标记出实测数据与理论数据的差值（图 3，图 4 中括号内数值均为实测偏差值），确认所测模块尺寸符合规范并作为拼装模块保存。

M1 合拢口测量点实测数值　　　　　　　　　　　表 4

分项数据 测量点	M1 现场接口位置的实测值		
	X	Y	Z
A1	465390	20890	13651
B1	465391	20588	13648
C1	465392	20287	13646
D1	465399	20889	12488
E1	465400	20590	12486
F1	465400	20290	12484
A2	465395	15192	13645
B2	465398	14889	13645
C2	465398	14591	13645
D2	465400	15195	12486
E2	465400	14892	12487
F2	465397	14594	12488

第五步：在 ECOOTS 模拟拼装软件中，对 M1&M2 准备进行模拟拼装：以 M2 模块为基准模块建轴，确认将 M2 调整后的水平高度、宽度和相对位置的尺寸与理论数据一致。同时导入拼装模块 M1，确认 M1 调整后的水平高度、宽度和相对位置的尺寸与理论数据一致。图 5 为基准模块 M2 与拼装模块 M1 的导入图。

第六步标记 M1、M2 现场品接口的相对位置点，以 M2 为基准模块将 M1 上相对应的数据一一对应，模拟现场接口合拢（图 6M2 与 M1 现场接口模拟拼装），生成现场拼接口的合拢后的数据，并在框内标识出现场拼接口的相对误差值并生成 2 和 M1 现场拼接口的相对误差表。图 7 是 M2 和 M1 现场拼接口的相对误差值。表 5 是 M2 和 M1 现场拼接口的相对误差值。

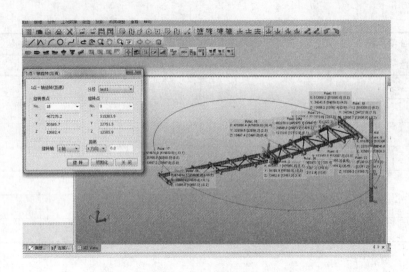

图 5　基准模块 M2 与拼装模块 M1 的导入

图 6　M2 与 M1 现场接口模拟拼装

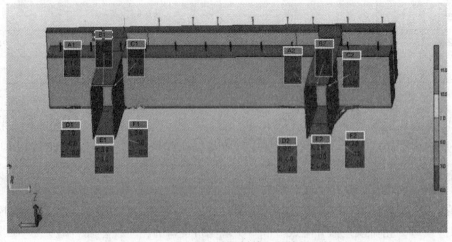

图 7　M2 和 M1 现场拼接口的编号图

M2 和 M1 现场拼接口的相对误差值　　　　表5

分项数据 测量点	X	Y	Z
A1	0.0	1.0	0.0
B1	1.0	0.0	0.0
C1	0.0	1.0	0.0
D1	2.0	0.0	0.0
E1	0.0	1.0	0.0
F1	3.0	0.0	0.0
A2	2.0	0.0	0.0
B2	0.0	2.0	0.0
C2	0.0	3.0	0.0
D2	0.0	0.0	−2.0
E2	2.0	0.0	0.0
F2	2.0	0.0	0.0

第七步根据计算机生成的误差表，检查构件现场接口的偏差值是否在标准要求的公差范围以内。并反馈模拟拼装的结果作为后续作业的调整信息和验收依据。

6　结束语

本工程通过采用计算机模拟拼装的技术，使模块拼装工作由现场施工状态转换为计算机技术状态，实现了大型复杂结构件的计算机模拟拼装工作，为以后工作提供了可靠的工程案例。大型结构的计算机模拟拼装不仅成功的保证了现场施工精度要求，同时减少了预拼装所需的人员安排，安全措施和工期要求，取得了良好的经济效益和社会效益。

参考文献

[1]　中华人民共和国国家标准. 钢结构工程施工质量验收规范(GB 50205—2001). 北京：中国计划出版社，2001.

[2]　何保喜. 全站仪测量技术[J]. 郑州：黄河水利出版社，2005.

复杂钢结构精确定位与安装技术

张　强[1]　肖应乐[2]

(1. 中国建筑第八工程局有限公司大连分公司，大连　116021；

2. 大连阿尔滨集团有限公司，大连　116100)

摘　要　近年，随着国内大型公共建筑的不断发展，超大跨度复杂钢结构正逐步进入人们的日常生活，譬如"鸟巢"、央视大楼等新一类钢结构建筑，它们造型独具匠心，形式气势磅礴，但复杂的钢结构组成无不对构件的施工定位与安装提出了严格的技术操作要求。这里，我们根据大连国际会议中心工程钢结构施工的成功案例，结合以往同类工程施工的操作经验，对复杂钢结构施工的精确定位与安装技术进行了深入的探讨和总结。

关键词　复杂钢结构；精确定位与安装

1　工程概况

1.1　建筑概况

大连国际会议中心工程由世界著名建筑事务所奥地利"蓝天组"（COOP HIMMELB（L）AU）及大连市建筑设计研究院设计。工程建筑总面积 14 万 m^2，地下一层，地上四层，建筑高度 58m。地下一层主要为车库及设备用房，在 10.2m、15.3m 标高设置巨大钢平台，在平台上设置 6 个可以容纳 500 人以上的各种功能会议厅、多功能厅，平台中心设计了一个与平台部分脱离的 1800 座位的歌剧院，在周边会议厅屋顶上设置了小会议室、咖啡屋和机房等附属空间，在钢平台夹层中设置了办公间和歌剧院演员化妆间，在 28.5m 标高设置悬挂于屋盖上的空中廊桥，联系各使用功能空间。整体效果见图 1，内部结构见图 2。

图 1　整体效果

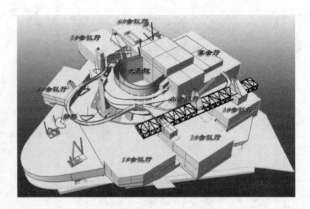

图 2　内部结构

1.2　结构概况

大连国际会议中心主体结构形式为多支撑筒体组合空间大跨悬挑复杂钢结构体系。地下室为钢筋混凝土结构，地上筒体为型钢混凝土结构，其余为钢结构。主要结构用钢量约 3.5 万吨，材质为 Q345B。

整个钢结构系统利用大小 17 个钢骨混凝土核心筒和 59 个型钢混凝土独立柱作为竖向承重构件，支撑整个结构。10.2m 及 15.3m 平台水平桁架采用 H 型钢平面桁架组成，钢平台面积约 2.5 万 m²。6 个会议厅沿 10.2m 及 15.3m 悬挑钢平台的周边设置，1800 座歌剧院设置于会议中心中央部位，歌剧院主看台区与钢平台脱离，舞台与钢平台连接在一起。空中廊桥采用钢拉杆悬挂于屋盖体系。屋盖整体呈曲面形，结构形式为单曲线管桁架结构，相贯节点及局部焊接球节点，正放四角锥体构造，采用下弦多点支撑、网格尺寸为 8.2m×8.2m。屋盖总重量 3500t。外围幕墙钢柱呈弯扭倾斜状，有箱型和格构式两种构造形式，总重量 4200t。在东、南、西侧幕墙柱及会议厅悬挑结构上设计有外包龙骨（也称外包泡泡），外包龙骨结构主要由箱型主龙骨及圆管次龙骨组成。主龙骨弯扭角度大，成不规则形状。整个工程结构的复杂和无规律，造成了在施工过程中结构构件定位与安装难度大，在这里我们将重点阐述屋面、弯扭幕墙钢柱、外包龙骨的定位与安装。结构建模见图 3。

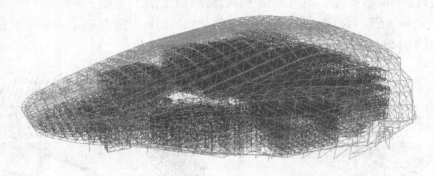

图 3　结构建模

2　钢结构定位难点

2.1　钢结构管桁架屋盖

屋盖整体呈曲面形，为单曲线管桁架，相贯节点及局部焊接球节点，正放四角锥体构造，采用下弦多点支撑，网格尺寸为 8.2m×8.2m，桁架最大矢高 4.700m。水平投影面积 2.5 万 m²。杆件主要是无缝管和直缝高频焊接管，规格主要有 φ351×12、φ299×12、φ500×20、φ600×20 及 φ800×25 等。屋盖整体模型如图 4、图 5 和图 6 所示。现场主要采用高空散拼的方法安装。由于杆件跨度较大，屋盖结构又不断变换曲率，形成不规则曲面，这给屋面结构杆件和节点的精确定位与安装，带来了极大的难度。

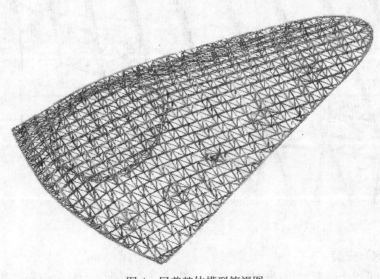

图 4　屋盖整体模型俯视图

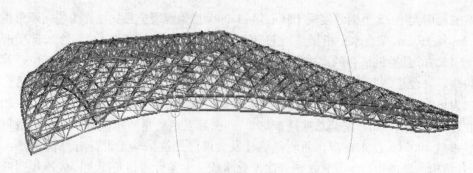

图 5　屋盖整体模型侧视图

2.2　超长空间弯扭幕墙钢柱

　　工程外围为超长空间幕墙钢柱，钢柱呈扭曲状，其最大断面尺寸为 2600mm×400mm×18mm，柱间每 5000mm 高设有一道横梁和斜支撑。钢柱为倾斜状，倾斜角度最大 70°，单根最大长度 70m，重量为 60.2t。幕墙柱整体效果见图 7。

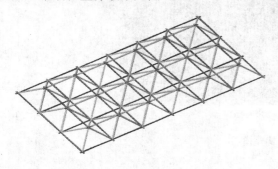

图 6　桁架正放四角锥体模型图　　　　　　　图 7　幕墙柱整体效果图

　　幕墙柱作为整体外围的承重结构，设计为箱型和格构式两种构造，其构件体型大、单体重量重和安装角度变化复杂，柱与柱、梁与梁对接为空中三维坐标值定位，对于箱型断面，要保证多个管口的对口精度，难度相当大，而且高空构件受风载影响，在未形成整体体系前，稳定性极差。因此构件起吊时，必须调整好角度、方位。就位后要合理地进行支撑，而对体型大、重量重的构件，角度调整及支护相对更加困难。幕墙柱效果如图 8 所示。

图 8　幕墙柱局部效果图

2.3　外包龙骨（泡泡）安装

　　工程外立面设计了三个隆起的钢结构外包结构，我们形象地称之为外包泡泡。外包泡泡骨架主要坐落在东、南、西侧幕墙柱及会议厅上，结构主要由箱型主龙骨及圆管次龙骨组成。箱型主龙骨断面尺寸主要为－25mm×700mm×400mm，圆管次龙骨尺寸主要为 φ250×16。泡泡结构形式复杂，整体形式起伏跌宕，杂乱无章，变化突然，设计摆布随意。图 9 为南侧外包泡泡轴侧图。箱型主龙骨对接为空中三维坐标值定位，要保证多个管口的对口精度，难度非常大。

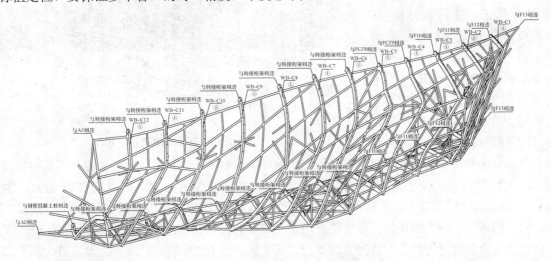

图 9　南侧外包泡泡轴测图

3　定位与安装的技术措施

我们针对该工程的建筑造型新颖、结构形式复杂以及工程体量大、专业配合性强、施工管理难度大等特点，重点对复杂钢结构精确定位与安装技术进行一系列的开发与应用，并取得了良好的效果。

3.1　钢结构管桁架屋盖

3.1.1　实时三维测量定位技术

管桁架屋盖杆件复杂多变，建筑物四周均为异型复杂节点杆件，数量繁多，安装定位困难。常规的施工定位技术主要是基于建筑平面完成的，通过极坐标法和直角坐标法完成测量，高程测量则采用三角高程测量完成。而本工程如采用常规的定位测量技术，将无法保证质量，也无法保证进度。为满足工程施工需要，我们引入了实时三维测量定位技术，借助电脑软件辅助测量，根据设计给定的定位坐标在电脑中建立模拟坐标系，将整个建筑模型导入模拟坐标系中，经过计算校核，计算出各杆件节点的坐标数值，并进行编号储存，用于实际安装时测量定位，定位时采用全站仪（TOPCON301D）测量。采用实时三维测量定位具有以下特点：

（1）施工方便，适合于各类复杂部位的测量，可在虚拟坐标系中模拟操作，将复杂的测量过程简单化；

（2）采用全站仪测量精度高，普通全站仪精度可达到 $2''\pm$（2+2ppm）；

（3）测量速度快，操作简单，人机对话简单明了；

（4）使用方便，适应性强，设备费用低，应用前景大；

（5）智能化程度高，全站仪能自动计算数据，可存贮测量成果，操作十分方便。

经过与设计院共同研究，建立一个三维整体模型测量定位坐标系，将设计和施工紧密联系，利用实时三维测量定位技术实施现场测量定位。首先根据设计给定的定位坐标在电脑中建立模拟坐标系，将整个建筑模型导入模拟坐标系中，然后计算出各杆件节点的坐标数值。具体步骤：

（1）控制网的建立

采用电脑软件辅助，利用三维模拟技术建立虚拟的测量空间，以现场 1 轴交 A1 轴的±0.000 为坐标原点（0，0，0），采用坐标定位法实施测量，三维模拟测量空间建模见图 10。

（2）测量实施

为了提高测量的速度，在安装杆件之前必须熟悉图纸，提前做好测量准备工作，在所需安装的杆件上做好测量标记，进行编号储存，然后通过三维模拟测量技术，在模拟空间中通过电脑软件计算，提取出该点的具体坐标值，如图11所示提取模拟空间坐标值，并贮存至全站仪，实际操作时只需调出欲测量的编号（图12）即可。对应定位相

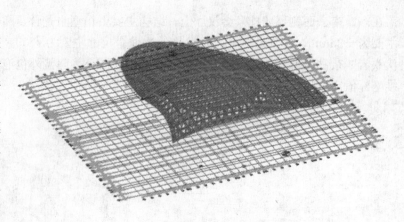

图10 三维模拟测量空间

应的十字节点（为解决管桁架相贯面节点现场安装难度大，精度不宜保证，且焊接操作受现场条件影响比较大，在工厂将桁架上下弦纵横向相交的节点部位相贯线焊接完成，然后将弦杆切割，加工成1000mm×1000mm十字形节点，既解决了安装精度问题，又保证了节点焊接质量）如图13所示节点定位测量编号。因本工程施工周期长，各控制点均作了安全可靠保护，全部控制点均采用TOPCON301D型全站仪，按附合导线进行测量，数据经过平差计算，最大点位中误差为2mm，边长最大相对误差为1/22000，符合规范要求，精度可靠。通过实时三维测量定位技术应用，实现了复杂曲面管桁架屋盖安装，加快了施工进展，并总结出《钢结构管桁架屋盖施工工法》。

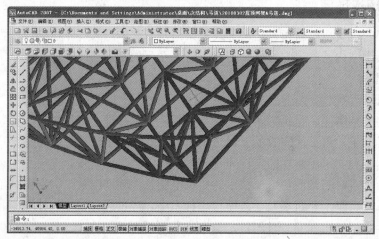

图11 提取模拟空间坐标值

图12 提取欲测量的编号

图13 节点定位测量编号

3.1.2 管桁架屋盖腹杆相贯面旋转就位技术

管桁架屋盖腹杆，吊装过程中采用单根杆件吊装，由于腹杆对位节点时，应对节点进行相贯面对

位，必须转动杆件调整管口。为保证吊装腹杆过程中，杆件不滑脱，工人现场吊装时，一般在近上弦节点腹杆杆端300mm处焊接栓钉做成防滑挡棍。这样进行的腹杆相贯面的安装，降低了吊装设备的工作效率，延长了相贯面对位时间，且施工完成后，需对防滑挡棍进行切除、打磨、涂刷，后道工序繁杂。给整个工程的工期、质量带来不利影响。

为方便施工，我们对本工程钢桁架屋盖腹杆安装工艺进行了创新：

根据屋盖吊装的实际情况，工人现场焊接的防滑挡棍是必要的，为钢结构管桁架单根钢管吊装增加了安全系数，防止吊装过程中钢管滑脱，造成意外。但防滑挡棍的出现，增加了后道繁琐的工序，如不切割，对后面的装饰装修势必造成影响，且屋盖安装完成后，极不美观。能不能做成可拆卸的防滑挡棍呢？开始我们考虑在工厂加工相贯面杆件时，在钢管杆端300mm处钻孔，现场安装时，在孔上插入防滑挡棍，吊装杆件；杆件定位完成，从孔内抽出挡棍。但问题就出现了，吊装过程中，防滑挡棍可能从孔内滑出，同样造成杆件滑脱，带来巨大的安全隐患。将挡棍与杆件之间改成丝接呢？完全可以满足现场需要，既能满足吊装时的安全要求，又能满足构件的结构要求，减少了后道工序繁杂，不会对装饰装修造成任何影响。可杆件的钻孔套丝成本太高，还要将挡棍套丝，得不偿失。经仔细分析，此种方法实际就是一套螺杆的复制变形，那么能不能就用一套螺杆来实现呢？答案是肯定的。于是我们将一套螺杆的螺母直接焊接在腹杆管口300mm处，吊装时，将螺杆拧入，定位完成后，将螺杆拧出。螺母就保留在杆件之上，不会对结构有任何影响，也不会影响后期的装饰装修。

腹杆在工厂加工时，在相贯面管口300mm处焊接M16螺母，将M16螺母平放在管壁外表面，将螺母与管紧密焊接（图14）。将螺母用透明胶带进行喷砂前保护。在地面上，将加长螺杆拧入相贯面腹杆焊接的螺母内（图15）。将吊索吊在加长螺杆（自制旋杆装置）下侧，起吊腹杆，为使腹杆两端分别对应上弦节点和下弦节点，吊装过程使腹杆直接带角度吊装。这时，自制旋杆装置还能起到了防止腹杆滑动的作用（图16）。

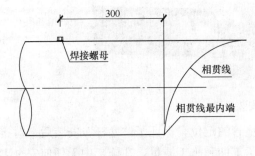

图14 螺母位置示意

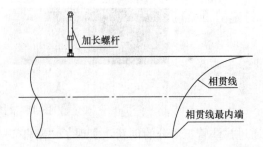

图15 拧入加长螺杆示意

每根腹杆两个杆端接近上、下弦节点时，能清晰地看到相贯面对位的角度、方向是否与实际对应，通过手拉葫芦调整吊索长度，使腹杆角度同时满足两端与上下两个节点相接，搬动加长螺杆，使腹杆绕轴心旋转，以达到杆端相贯面与上下两个节点相贯。安装时，将加长螺杆拧入，分别将三根吊索绑扎在三根腹杆的加长螺杆里侧，防止腹杆在吊装过程中滑脱。同时起吊同一节点的三根腹杆，当腹杆相贯线管口接近节点时，分别旋转加长螺杆，使相贯线精确对位，待三根腹杆分别定位准确并固定牢固后，将加长螺杆拧出，重复使用。

经实践，此技术安全可靠，吊装过程中实现了三杆同时吊装，加快了施工进度，提高了机械使用效率，减少了劳动力的投入，避免了后道工序繁杂。同时，施工期间未发生安全事故，保证了施工质量。该技术必将管桁架屋盖及其他类似的施工情况下中得

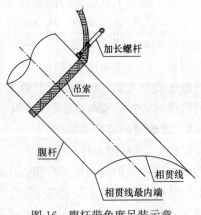

图16 腹杆带角度吊装示意

到广泛应用。此技术降低了相贯面对位难度，减少了防滑挡棍切除、打磨、涂刷等繁杂工序，实现了三杆同时吊装。螺母保留在杆件上不影响使用及美观，提高了机械使用效率，加快了施工进度，对于管桁架施工具有非常良好的推荐意义。"一种钢结构管桁架安装方法"已申请专利（专利号：201110047767.6）。

3.1.3 管桁架屋盖塞杆衬垫管安装技术

对于管桁架屋盖安装，存在弦杆两端节点已固定，弦杆后安装的情况发生，这种情况我们形象地称

塞杆安装

图 17 现场塞杆安装照片

之为"塞杆"安装，图 17 为现场塞杆安装照片。由于杆件两端节点已固定，如何保证杆件对接口衬垫管安装？是影响焊缝质量的关键性问题。

施工时，在杆件一端将衬垫管预留在十字节点上，弦杆吊装"塞杆"完成后，另一端将此部位的衬垫管三等分，在每等分段圆环一端点焊焊条或粗铁丝作为操作把，以未焊接端为起始点将等分圆环塞进接口间隙，任意方向90°旋转操作把手，使等分圆环外表面与对接口两侧管内壁贴紧，依次将三等分圆环紧贴并收尾相连点焊固定，实现弦杆"塞杆"安装，如图 18 所示，在微量调整杆件位置及焊口间隙后进行焊接。

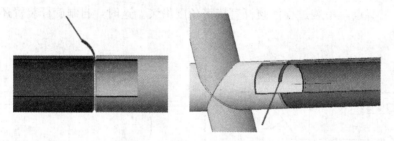

图 18 衬管圆环安装示意

通过衬垫管三等分的创新，实现了"塞杆"安装衬垫管的定位，保证了"塞杆"安装后，对接口的焊缝质量，降低了施工难度，加快了施工速度，且保证了工期和施工质量，在施工中无任何安全事故发生；同时通过技术创新，为类似结构积累了成功的实践经验，获得了监理单位、设计单位、业主单位及当地建筑业同行的高度好评，经济效益和社会效益显著。

对于两端节点已定位的弦杆安装（"塞杆"安装），施工时，为保证焊缝质量，将对接口处的衬垫管三等分，每等分段圆环一端点焊焊条或粗铁丝作为操作把，"塞杆"安装就位后，将等分圆环分别插进接口间隙，90°旋转操作把，使等分圆环外表面与对接口两侧管内壁贴紧，依次将三等分圆环安装并点焊固定，巧妙地解决了弦杆"塞杆"安装接口处衬垫管安装困难的问题。此技术极大地方便了"塞杆"时衬垫管的安装，提高了安装效率，保证了此部位的焊缝质量，加快了施工进度。"一种两端节点固定的管件衬垫管的安装方法"（专利号：201110047766.1）。

3.2 超长空间弯扭幕墙柱

3.2.1 复测柱底及柱顶坐标值

工程外围护结构采用弯扭钢柱体系，弯扭钢柱总计约 189 根，总重量 4200 吨。许多弯扭钢柱被凸出的结构所折断，不但长短不一，而且倾斜角度较大，有的与地面倾斜角度接近 30°。主要规格有：450mm×2500mm×25mm×25mm、900mm×900mm×25mm×25mm、420mm×900mm×22mm×

22mm，柱长基本在 30m～45m 米左右，最长达 70m。弯扭钢柱均为双方向弯扭构件（图 19），且每根钢柱弯扭程度不同，弯扭角在 20°～52°之间，弯扭量最大达 1863mm。如何保证该类构件的制作和安装定位精度，是本工程一大难点。

图 19　弯扭钢柱立体效果

使用全站仪对钢柱安装的底脚位置进行测量定位，并弹上十字线，作为钢柱安装时控制线。测量柱顶坐标值，计算出钢柱实际长度，如图 20 所示。

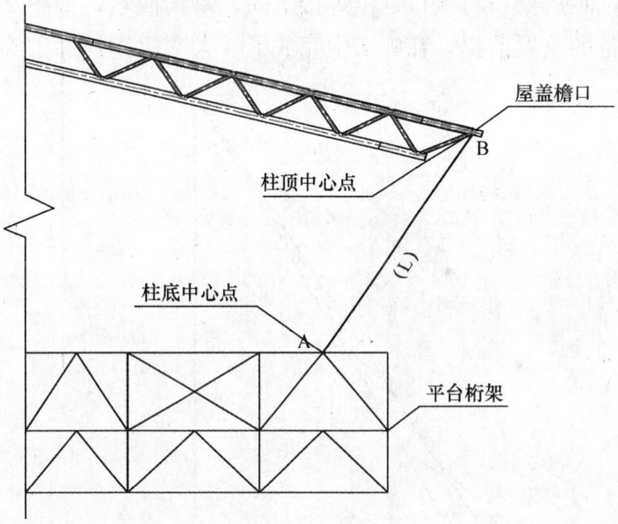

3.2.2　钢柱拼装

钢柱拼装采用卧拼方法，拼装前搭设可承受钢柱自重的胎架，将两段钢柱分别吊装到胎架上，并支撑稳固。使用全站仪测量钢柱上下两端接口四个角及横梁牛腿的坐标值，符合图纸要求后，定位焊接及全程焊接，定位焊和全程焊接应采用两人同时对称焊，减少焊接收缩变形，提高钢柱拼装精度。钢柱拼装胎架如图 21 所示。

3.2.3　支座安装

钢柱底脚和柱顶采用铰支座连接的，钢柱吊装前应将支座与钢柱组装到一起。支座的销轴一端应拧紧螺母、固定牢固，如图 22 所示。

图 20　测量点示意

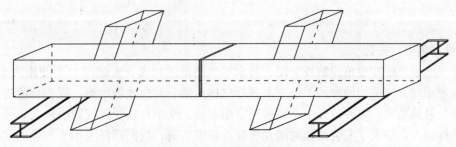

图 21　钢柱拼装胎架示意

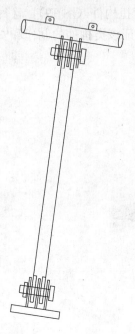

图22 支座与钢柱组装

3.2.4 吊装方法

钢柱吊装采用"旋转法"：吊机挂索后吊机缓慢提升，将钢柱吊起，吊机应边提升边转臂（或边变幅），将钢柱垂直吊起。当钢柱离地面100mm后停止提起，人员上前扶稳钢柱，并拉动倒链调整钢柱倾斜角度与安装角度基本相同后，吊机提升将钢柱吊装就位，如图22所示。钢柱就位后应立即安装连接夹板将螺栓初步拧紧然后进行校正，使用全站仪对钢柱柱顶坐标进行测量，通过倒链松紧调整坐标值，与施工图坐标相符合后，对钢柱进行支撑固定，并进行定位焊接，定位焊接及支护牢固后，落钩摘索。钢柱安装连接夹板见图24，图25是钢柱安装临时支承布置示意。

3.2.5 支撑、横梁吊装

钢柱吊装完成二节间后，开始吊装斜支撑和横梁，吊装从下至上进行，先吊装斜支撑，固定牢固后，吊装横梁。斜支撑吊装：采用两个吊耳两点吊装，使用两根直径17.5mm钢丝绳吊索、长度4000mm，支撑就位后随即调整校正，然后将上下定位板与牛腿焊接固定，两侧进行定位焊，固定牢固后落钩摘索，如图26所示。

横梁吊装：采用四个吊耳四点吊装，使用四根直径17.5mm钢丝绳吊索、长度为4000mm，钢梁就位后随即调整校正准确后将上防坠板与牛腿焊接固定，然后梁顶对接口定位焊接牢固，落钩摘索，如图27所示。弯扭构件的加工尺寸的精度是现场安装准备的重要前提，在施工中完成了《大弯扭钢柱加工施工工法》。

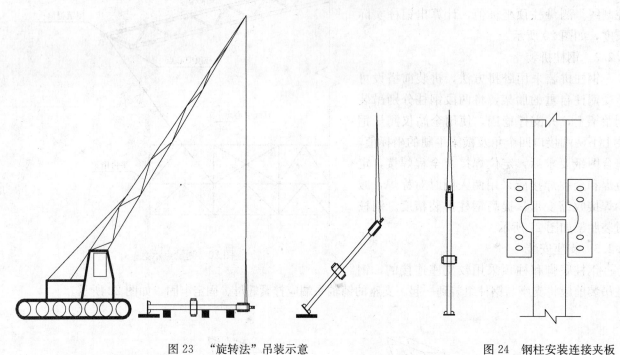

图23 "旋转法"吊装示意　　　　　　　　　　　　　图24 钢柱安装连接夹板

3.3 外包龙骨（泡泡）安装

外包龙骨（泡泡）处在建筑物的外立面，且水平挑出范围较大，安装时主要使用汽车吊进行安装，个别部位还需采用较大吨位的履带吊。由于主龙骨整体吊装、对位比较困难，需要分段进行安装，而外包龙骨泡泡又为悬挑结构，安装过程中必须进行空中对接。空中对接受天气影响较大，风力较大时，就位对接时构件摆动大，加大了安装就位时间和难度。在安装时，我们同样采用了前述的实时三维测量定位技术，借助电脑软件辅助测量，根据设计给定的定位坐标在电脑中建立模拟坐标系，将整个建筑模型导入模拟坐标系中，经过计算校核，计算出各杆件节点的坐标数值，并进行编号储存，用于实际安装时测量定位，定位时采用全站仪（TOPCON301D）测量。

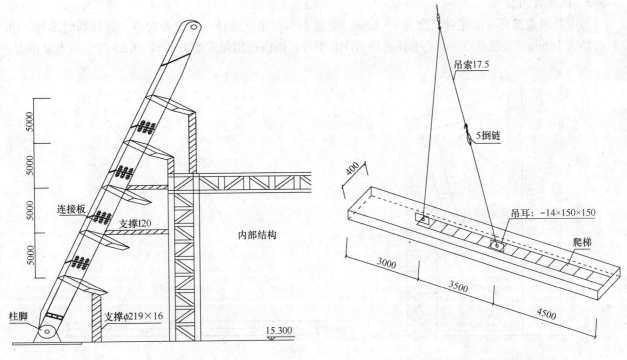

图 25　钢柱安装临时支护布置　　　　　　　　　图 26　支撑吊装示意图

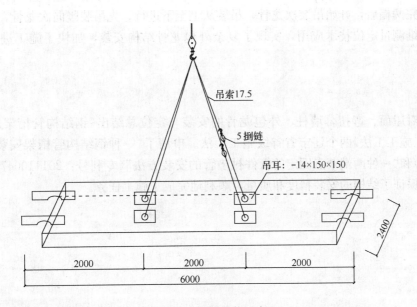

图 27　钢梁吊装示意

3.3.1　箱型主龙骨吊装

箱型主龙骨展开长度达 37m，最大重量达 18t，吊装分三段进行，采取 50t、25t 汽车吊整榀或分段吊装。由于主龙骨弯扭角度大，成不规矩形状，安装前必须使用全站仪对主龙骨安装位置进行测量放线。主龙骨向外悬挑，最大悬挑达 8m，在安装时，需要采用临时支撑架对其进行支撑加固，支撑架安放位置在主龙骨最大受力点处（图 28）。外包泡泡主龙骨吊装使用 50t 汽车吊，采用两点吊装，使用吊索直径为 24mm，吊机距主龙骨就位点回转半径 30m，可吊重量 20t。主龙骨分段吊装每吊装一段应立即与下一段进行焊接,接口焊缝全部焊接完毕后在吊装下一段直至吊装完毕。主龙骨下部支撑点必须与钢梁焊接牢固,使支撑架与钢梁形成稳固的整体,支撑架下部必须铺垫路基箱,确保基础稳定。

3.3.2 次龙骨吊装

吊点及吊索选择:次龙骨长度为 3~12m、重量 1.5t;吊点选择一点或者两点,选择两绳吊装,吊索直径为 16mm、长度 3000mm,卡环选择 GD45 型号,捯链选用起重能力 10t,图 29 所示吊点及吊索。

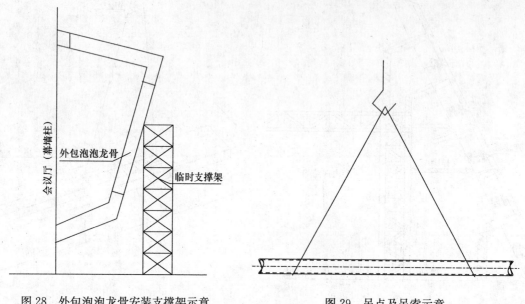

图 28 外包泡泡龙骨安装支撑架示意　　　　图 29 吊点及吊索示意

主龙骨吊装完两榀后,开始吊装次龙骨,吊装从上至下进行,先吊装竖向次龙骨,后吊装横向次龙骨。通过实时三维测量定位技术应用,实现了复杂外包龙骨结构安装,加快了施工进展,保证了工程质量。

4 结束语

通过本工程对屋面、弯扭幕墙柱、外包龙骨的安装与定位总结出《钢结构管桁架屋盖施工工法》、《大弯扭钢柱加工施工工法》两个辽宁省省级施工工法。申请了"一种钢结构管桁架安装方法"(专利号:201110047767.6)和"一种两端节点固定的管件衬垫管的安装方法"(专利号:201110047766.1)两项实用新型专利技术,保证了结构的安装精度和质量,顺利地完成了施工任务。

铝合金单层网壳结构在大跨度建筑中的应用

毕　辉[1]　欧阳元文[2]　尹　建[2]

(1. 上海通用金属结构工程有限公司，上海　200949；2. 上海通正铝业工程技术有限公司，上海　200949)

摘　要　铝合金单层网壳结构，是铝合金空间网格结构的典型代表形式，国外常称为铝合金穹顶结构或铝合金薄壳结构。其节点为板节点体系，承重结构的杆件断面形式主要为工字铝合金。该结构形式主要特征为：材料耐腐蚀性能好、结构自重轻、工厂高精度预制标准化、全装配式施工工艺简单快速、防渗漏性能优越、承重结构与维护结构二合一、单层结构空间占用少、多功能一体化、材料回收率高等。其主要技术难点在于设计下料、材料加工质量控制、安装方式的选择及安装措施的应用。铝合金单层网壳结构早期主要应用在民用公共建筑中（比如体育场馆、科技馆、温室展览馆等）。随着铝合金材料热挤压技术及数控加工工艺的不断提高，材料成本逐步下降，建筑性价比日渐提高，铝合金单层网壳结构也开始应用在工业领域。包括石油储罐拱顶、大型储煤场建筑屋盖。本文主要从铝合金单层网壳结构的特点、技术难点、应用实例等几方面进行分析，可为铝合金单层网壳结构的应用提供参考。

关键词　铝合金结构；单层网壳；大跨度；应用

1　概述

1.1　铝合金材料

铝合金材料在建筑业中的应用已有 100 多年的历史。通常作为建筑围护、辅助材料，如铝合金门窗外框、玻璃幕墙支撑体系、铝合金幕墙维护体系等。欧美国家在 20 世纪 50 年代开始研究在建筑承重结构中应用铝合金材料。不同合金的铝合金材料有 400 余种之多，应用在铝合金单层网壳结构中的承重杆件通常采用 Al-Mg-Si 系形变铝合金材料。成品材料主要通过热挤压成型。

1.2　铝合金结构的发展史

1956 年加拿大在 Segena 河上建造了总长为 152.5m 的铝合金拱形公路桥，双曲拱的跨度 88.5m，高度 14.4m，重量 181t，若采用钢结构大约需要 435t，整个桥梁三个半月建成。类似的铝合金桥梁还有 1956 年德国的吕嫩运河桥、1948 年英国建造的开启式桥梁、日本兵库县的金庆桥、英国桑德兰双叶吊桥以及近年的中国上海徐家汇商业区漕溪北路的人行天桥等。这是铝合金材料在桥梁结构上的早期应用及发展。

1951 年英国建成的伦敦机场的特大型机库，长 33.5m，宽度三跨共 3×45.7m；1953 年英国建造了另一个 66m×100m 的机库，均采用了铝合金材料作为承重结构。

网壳是铝合金结构最典型的屋盖形式，1959 年在莫斯科萨克尼利卡公园内为美国博览会建造了一座直径 60m，高 27m 的网壳，整个结构耗铝合金材料约 16kg/m^2。1958 年比利时建成的商业仓库 80m×250m 铝合金结构屋盖，均是铝合金结构的早期代表作。

1964 年由美国人富勒先生首创了短线程球面设计模型，这是铝合金结构建筑一个划时代的创举。

此时铝合金结构大跨度建筑在美国开始被广泛使用。从北极雪地到太平洋热带岛屿，至今在全世界共有7000多个项目在安全运行。

1996年建设的上海长宁体操中心采用了铝合金单层网壳结构形式，这是中国第一个铝合金金单层网壳结构在大跨度公共建筑中的应用，该建筑是一个跨度为68m的标准网壳，见图1。之后，铝合金结构在中国开始被逐步接受和应用。最近建成的一个比较有代表意义的铝合金结构大跨度公共建筑是位于成都的中国顾拜旦现代五项游泳击剑馆，这是一个游泳击剑两馆合一的建筑，最大跨度达100m，见图2。

图1 上海长宁体操中心　　　　　　　图2 中国顾拜旦现代五项游泳击剑馆

1.3 主要应用领域

铝合金单层网壳结构是理想的大跨度空间结构形式，铝合金自重轻的特性对大跨度空间结构非常有利，按目前的技术水平，理论上可以做到跨度超过300m的建筑。铝合金结构发展早期，因为铝型材热挤压机吨位限（一般在4000～8000吨位），挤压成本高，高额的数控精加工费用也是主要成本组成，与钢结构相比，铝合金结构总体造价较高。因此主要应用在一些要求较高的民用大跨度公共建筑中。近年，一方面铝型材热挤压机吨位不断提高（8000～12000吨位），挤压工艺不断成熟，挤压成本有所下降。数控精加工技术也获得提高和普遍，成本下降。与钢结构相比，铝合金结构的性价比优势越来越明显。因此，除了民用公共建筑领域，铝合金结构也发展应用到工业领域。应用比较广泛的工业建筑领域有大型煤炭堆场顶盖、石油储罐拱顶。

2 特点

（1）材料耐腐蚀性能好

本文所介绍的铝合金单层网壳结构其主要材料采用Al-Mg-Si系铝合金材料。其结构用材表面一般为轧制亮度即可，不需做特殊表面处理即可达到建筑防腐要求，可终生免维护。如果需要比较特殊的建筑质感或色彩，表面可进行阳极氧化、烤漆等工艺处理。此种铝合金材料非常适合高温高湿、海边污染环境下使用，甚至可用于酸性污染环境下而不被腐蚀。因此在游泳馆、温室展览建筑、石化行业、煤炭储备堆场、海边环境等领域的使用具有明显优势，包括应用在杆件外露的建筑中。

（2）结构自重轻

此种Al-Mg-Si系铝合金材料的密度在$2750kg/m^3$，但抗拉强度却达到了近300MPa。加上结构是完全自支撑体系，因此形成了一个大跨度自重轻的结构。在同等体型同样跨度的建筑中，对于结构自重进行实际计算值的对比分析，铝合金结构一般是钢结构的1/3左右。以中国成都顾拜旦游泳击剑馆工程为例。最大跨度100m左右，而且整个壳体置于一个高差近30m的混凝土圈梁上，壳体结构受力和稳定处于较为不利的状态。最后建成，铝合金结构用量在$25kg/m^3$。如果主结构采用钢结构管桁架，钢结构用量在$80～100kg/m^3$左右。通过对比可以看出，铝合金结构自重明显减轻。铝合金结构用铝型材强度指标详见表1。

结构常用铝合金管材、型材力学性能标准值　　　　表 1

合金牌号	产品类型	状　态	直　径 （mm）	壁　厚 （mm）	规定非比例 伸长应力 $f_{0.2}$ （MPa）	抗拉强度 f_u （MPa）	伸长率 （％） 50mm
6061	挤压棒	T6	≤150	—	≥240	≥260	≥9
		T4	≤150	—	≥110	≥180	≥14
		T4	—	0.63～5.0	≥100	≥205	≥14
		T6	—	0.63～5.0	≥240	≥290	≥8
	挤压管、挤压型材	T4	—	所有	≥110	≥180	≥16
	挤压管、挤压型材	T6	—	所有	≥240	≥265	≥8

（3）工厂高精度预制标准化

铝合金结构的结构型材、节点板、面板所有材料均为工厂预制产品，而且大部分工艺环节必须采用数控加工，以保障加工精度，达到安装的效果。工厂预制包括两个主要环节。一个是铝型材的热挤压、辊轧工艺。一般工业铝型材的热挤压、辊轧均参照《工业用铝及铝合金热挤压型材》GB/T 6892—2000。按此标准挤压轧制出的铝合金型材外观质量不能满足铝合金单层网壳结构的精度要求，必须进行精整工艺。二是成品素材进行的二次数控精加工。主要包括数控冲、钻、铣、切割、折弯等工艺。所有构配件，因为规格的多样性、复杂性，无法替用，所以必须全部编号区分。

成品材料的节点板预制弧度、孔心距等尺寸误差要求均应控制在±0.2mm以内。所有材料均是在工厂加工完成品，而且所有结构用构配件均是标准化产品，成套组合使用，不能任意改变其配套要求。标准化、高精度的加工工艺，保证了建筑结构的精确化、标准化。加工状态见图3。

全装配式施工工艺简单快速

承前所述，所有构配件均为工厂标准化制作。施工现场几乎没有任何冷加工，也基本无需焊接工艺。现场全部采用螺栓铆接工艺，标准化程度极高。主体结构、面板等全部采用装配式安装，制作时均作了模块式处理。

结构安装也基本是散装方式，不需要大型机械辅助，安装场地半径小，地面道路要求低。这都形成了比较简单的安装方式。而且，全装配式安装节约了大量工期，一般是钢结构安装工期的一半。一个10000m² 的单层网壳结构，结构全部安装完成大概在4周左右。安装现场状况见图4。

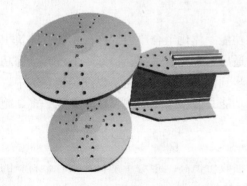

图 3　材料加工状态　　　　　　　图 4　安装现场状况

（4）防渗漏性能优越

构配件全部工厂标准化制作，全装配式的安装方式，保证了建筑的精密性，这为建筑防水提供了一道有力保证。同时铝合金单层网壳结构也采用了先进的防水体系。首先防水体系的所有措施配件全部是开模制作，标准化、精密度很高。其次防水采用的是公母扣压紧式方式，结构、面板、防水胶条一体化，面板参与结构受力，让防水胶条与面板精密结合，牢固可靠。防水构造参见图5。

（5）承重结构与维护结构二合一

铝合金单层网壳结构的另一个最大特点在于，主体承重结构与维护结构二合一。主体承重结构的杆件为热挤压成型，断面可塑性强。在设计热挤压模具时，就考虑了维护结构的构造措施。因此主体承重结构杆件也是维护结构支撑杆件。这种构造措施，在建筑构造上是非常优秀的，它比通常建筑与结构分层构造的方式有明显优越性在于：首先减少了中间转换次龙骨（檩条等），减少了次结构的用量；其次，减少了施工环节，避免交叉施工，缩短施工周期；再次，主体结构与维护结构一体化，一种材料，热胀冷缩引起的建筑变形非常小，减少建筑表面的破坏。最后，主体承重结构与维护结构二合一也降低了网壳的总体构造厚度，节约了空间。

（6）单层结构空间占用少

本文介绍的铝合金网壳均指单层结构，主结构杆件基本为工字形和矩形。工字形铝合金型材上下两块翼板通过上下两块节点板连接，所有连接均用定制铆钉铆接，形成单层稳定的结构形态。这种结构形态十分轻巧。以成都顾拜旦现代五项游泳击剑馆为例，单层结构的总体厚度（包括维护结构）在500mm左右。如果采用钢结构管桁架，结构高度可能达2000mm以上。减少70％左右的结构高度，一带来了视觉上的轻盈感，二节约了结构空间占用量，增加建筑空间使用量。因为结构降低减少建筑空间浪费，在室内空调、灯光的配置上，也降低了配置指标，减少了设备投入量，节约了日常营运费用的投入。因此，单层结构的采用既带来了建筑视觉上轻巧通透的美感，又降低了建筑成本的投入。从图6可明显感受到这种铝合金单层网壳结构的建筑美感。

图5　防水构造　　　　　图6　湖南省政府中庭

（7）多功能一体化

本文所介绍的铝合金单层网壳结构，其实是一个多功能一体化组合屋盖。在民用公共建筑中，整个网壳聚合了结构、建筑、防水、保温、吸声、内装饰、通风、采光、吊挂、检修、清洗等全部功能。而且整个网壳的功能集成都是一体化的，全部安装也是一步到位的。这就避免了以往传统建筑中，结构一个专业、外围护是一个专业、内装饰是一个专业、附属功能又分多个专业的弊病。专业一多，施工就复杂，程序麻烦。多功能组合屋盖对提高建筑效能大有帮助。

（8）材料回收率高

铝合金材料易回收，再处理成本低，再利用率高，回收价值高。相对于钢材，铝合金材料的回收率提高了近70％。这一点决定了铝合金材料是节能环保的材料。

3　技术难点

（1）设计

铝合金单层网壳结构的设计可分为两个层次，一个是结构设计。结构设计方面重点及难点是结构稳定性分析。这个问题在其它论文中已有详细介绍，在此不赘述。另一个设计便是模具及加工安装图设计。模具的设计要根据结构计算的结果所决定的杆件规格、断面形式进行，每个工程都不一样。同一个工程不同部位不同的杆件需要不同的模具。模具设计的误差十分重要，将直接影响到构配件的加工精度，而且模具的误差到构配件的误差将有扩大效应。模具误差超出标准，将会严重影响精加工、安装、使用的质量。加工安装图设计是直接指导工厂标准化制作和现场拼装的标准文件。从建成的铝合金结构建筑来看，一般为了追求建筑造型的美感和差异化，网壳曲面都富于变化，造型丰富。这样决定了铝合金单层网壳结构杆件、节点板的多样性及复杂性。以上海辰山植物园温室展览馆为例，基本没有相同的杆件、相同的节点板。所以加工安装图的设计十分繁琐复杂，而且是用于指导加工和安转，尺寸方位标注均需要清晰、可靠。

（2）材料加工质量控制

铝合金单层网壳结构因为是工厂预制，现场全拼装，对材料的加工质量要求严格。加工分为两大块：一是原材料的热挤压加工。一般工业铝型材的热挤压、辊轧均参照《工业用铝及铝合金热挤压成型》GB/T 6892—2000。按此标准挤压轧制出的铝合金型材外观尺寸误差不能满足铝合金单层网壳结构的精度要求，必须在此基础上提高要求。提高原材料的精度，一方面要改进工艺，同时要更换部分环节的设备。这些设备包括挤压机的吨位、断料设备、拉伸设备等。铝合金单层网壳对铝合金型材的强度、延展率都有不同于《工业用铝及铝合金热挤压成型》GB/T 6892—2000 的要求。因此在合金熔铸阶段，对合金成分也要做相应调整，以此满足铝合金单层网壳对材料的强度、延展率的要求。二是成品素材进行的二次数控精加工。主要包括数控冲、钻、铣、切割、折弯等工艺。基本误差均需控制在±0.2mm以内，方可保证安装质量和使用质量。

（3）安装方式及措施的选择

铝合金单层网壳因为其结构形式的特殊性，决定了安装方式的特殊性。整个结构杆件全部是工厂预制，现场拼装，不允许任何冷加工和修改。因此土建误差控制、测量、安装误差控制均是安装成功与否的关键因素。安装起点及安装方向的选择应与整个网壳的结构受力方向结合。土建误差与铝合金结构的误差要求有很大的差异，安装前必须先消除土建误差。安装累计误差的控制与消除也是关键因素。安装方式主要有高空散装、整体提升等方法。根据不同的建筑形态和现场状况选择不同的安装方法。一个典型的整体提升安装法如图 7 所示。

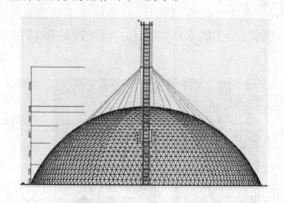

图 7　整体提升安装法　　　　　　　　图 8　云杉鹤机库

4　国内外工程应用实例

4.1　国外应用情况介绍

国外比较早期的应用是从 20 世纪 50～60 年代开始的。大概经历了 20 世纪 50～70 年代的起步阶段，70～90 年代快速发展阶段，以及 20 世纪 90 年代到 21 世纪初的稳定成熟期。刚开始多应用于民用建筑，后来逐步发展到工业领域的石化储罐拱顶、煤炭堆场顶盖、污水处理厂顶盖等建筑，包括一些大型机库、摄影棚等专业建筑。国外在铝合金结构应用比较广泛、技术比较成熟的是美国。现在在美国建成并仍在使用的铝合金单层网壳结构建筑有 7000 多个。比较著名的有位于洛杉矶的云彬鹤机库。建成于 20 世纪 70 年代，已经有 40 多年的历史了。但整个建筑任然稳定的运行，并且颜色鲜艳。如图 8 所示，2012 年 7 月拍摄的云彬鹤机库照片。除此之外还有丰田博物馆、哥伦比亚大学体育馆、美国海军北极军用观察站、爱华尔州植物园温室等。

4.2　国内应用情况介绍

在中国，上海是比较早将铝合金结构应用在大跨度公共建筑中的城市，除了长宁体操中心，还有上海浦东科技馆、上海马戏城、上海浦东游泳馆、上海国际网球中心等。还有 2010 年建成的上海辰山植物园温室展览馆是铝合金结构的典范之作。除了上海，在北京、广东阳江、湖南长沙、四川成都、湖北武汉都先后建设了铝合金结构的大跨度建筑。

随着中国经济水平的不断发展，对建筑的外观、结构形式、大跨度、建设速度等要求越来越高。尤其是对绿色环保节能的建筑，更是国家倡导发展的方向。铝合金单层网壳结构大跨度建筑属于典型的绿色材料、绿色施工、绿色建筑的范畴，因此发展前景广泛。

4.3　典型应用案例介绍

中国顾拜旦现代五项赛事中心位于成都市双流县，2009 年建成，是 2010 年在成都举办国际现代五项世界锦标赛新建的专用场馆。整个赛事中心由游泳击剑馆、体育场、新闻中心三个主体建筑组成，铝合金结构建筑总面积为 23400m²，其中游泳击剑馆铝合金屋面面积约 13000m²，建筑面积约 24400m²，结构高度 34.7m。下部主体结构采用钢筋混凝土框架，为满足建筑造型以及使用空间的要求，屋盖结构采用铝合金单壳网壳结构，屋盖平面形状近似于三角形，边长 125m；网壳网格为空间正三角形三向相交网格，网格边长约 2.8m。屋盖支撑于下部钢筋混凝土环型梁上 38 个钢结构支座及游泳击剑馆入口处钢结构网状支撑柱上，环型梁支座范围内最大跨度 100m，矢高约 8.5m，矢跨比约 1/10，环型梁支座范围外最大悬挑长度约 8m。该建筑整个屋盖总厚度约为 500cm，铝合金结构杆件断面主要为 H450×200，整个屋盖重量不超过 350t，现场安装施工周期约 2 个月。屋盖结构受力合理，力的传递明确，施工简便，是目前国内已建成单层壳跨度最大的建筑，如图 9 所示。

武汉体育学院综合体育馆为拥有 3996 个座位的多功能综合体育馆。体育馆采用铝合金单层扇形三向球面网壳结构，网壳跨度 71m，建筑高度 28m。网壳杆件主要采用 H350×200mm 工字形截面的铝合金挤压型材。网壳结构四边支撑于看台后排柱顶及柱间的混凝土联系环形梁上。该场馆是 2011 年全国智力运动会的开幕式举办地，如图 10 所示。

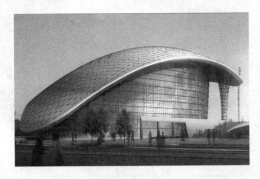 

图 9　中国顾拜旦现代五项赛事中心　　　　图 10　武汉体育学院综合体育馆

上海辰山植物园温室展览馆，俗称三条毛毛虫。建筑整体方案设计由德国瓦伦丁事务所完成，上海现代集团上海设计研究院完成整体施工图设计。整个温室建筑群分为 A 馆 9544m²，B 馆 6512m²，C 馆 4078m²。建筑结构全部采用铝合金结构，结构三角形格构的外边尺寸在 1.8m 左右，外围护采用透光率在 90% 以上的超白玻璃。整个建筑的最大特点是不规则双曲面，对铝合金结构的下料、加工制作、安装都是极大的挑战。其中最大的单体，长度达 200 多米，中间未设收缩缝，采用可滑移支座解决建筑变形问题。整个建筑效果如图 11。

位于成都青羊区的世界非物质文化遗产公园标志塔外装饰网格也采用了铝合金结构。在此项目中，铝合金结构解决了室外结构防腐及双扭曲面的结构问题。整个塔高近 60m，结构双曲螺旋上升。此项目进行了两项技术创新。一是网格由三角形变成了菱形，二是结构杆件由工字型变成了矩形。这为今后铝合金结构应用在建筑外装饰上提供了很好的借鉴。项目建成后如图 12 所示。

图 11　上海辰山植物园温室展览馆　　　　图 12　成都青羊世界非物质文化遗产公园标志塔

5　结语

铝合金单层网壳结构（铝合金结构）体系的发展已半个世纪，其明显的综合优势在已建的工程实例中得到充分体现。近年我国的铝型材挤压工业技术与装备有了很大的发展，跨越了以数量增长为特征的初级发展阶段，进入了依靠技术创新和综合实力参与市场竞争的新阶段，已成为名副其实的铝材生产大国，不仅铝材生产总量位于世界之首，其品质也在突飞猛进，随着我国工业化、城市化进程的不断推进，将成为真正的铝型材挤压强国，这将快速推动铝合金结构在我国的发展。作为大跨度空间结构的一种科学先进形式，铝合金结构将成为未来的一种必然选择，与钢结构等结构体系形成有益互补。

参考文献

[1]　中华人民共和国国家标准. 铝合金结构设计规范(GB 50429—2007)[S]. 北京：中国计划出版社，2008.
[2]　上海市工程建设规范. 铝合金格构结构技术规程(DGJ 08—95—2001)[S]. 上海：2001.
[3]　中华人民共和国行业标准. 空间网格结构技术规程(JGJ 7—2010)[S]. 北京：中国建筑工业出版社，2010.
[4]　钱基宏等. 大跨度铝穹顶网壳结构的研究[A]. 第九届空间结构学术会议论文集[C]；2000 年.
[5]　杨联萍，邱枕戈. 铝合金在上海地区的应用[J]. 建筑钢结构进展，2008，10(1)：53-57.
[6]　王立维，杨文，冯远，石军. 中国现代五项赛事中心游泳击剑馆屋盖铝合金单层网壳结构设计[J]. 建筑结构，2010，40(9)：73-76.

波浪腹板 H 型钢工程应用
与数控生产装备研制

孙宪华　张在勇　韩　涛　贾建辉

（山东华兴钢构有限公司，滨州　256500）

摘　要　本文对波浪腹板 H 型钢应用技术及其自动化生产装备从国外到国内的引进、消化、再创新等方面予以归纳，重点阐述波浪腹板实际工程应用及自动化生产装备在国内的研发成果。

关键词　波浪腹板 H 型钢；规程软件；工程应用；波浪腹板 H 型钢数控生产装备

波浪腹板 H 型钢被广泛应用于门式刚架结构中的梁和柱，也可应用于大型公用建筑结构中屋面、楼面的梁系结构，尤其在大跨度抗弯构件中优势更为明显。已在德国、奥地利、美国、瑞典、澳大利亚等国家广泛应用。

1　波浪腹板 H 型钢特点及应用

波浪腹板 H 型钢是一种新型高效型材，特点是节能、节材、绿色环保，可替代传统的普通焊接 H 型钢、热轧 H 型钢、工字钢。高而薄的波浪腹板构件可以大大提高梁的抗剪受力性能，抗剪屈曲荷载较同厚度的平腹板构件可以超出几倍到几十倍。作为受弯和压弯构件，由于波浪腹板的面外刚度增强，可以通过提高腹板的高度、减少腹板的厚度来提高梁的承载力，其跨度越大，承载力效率就越高。对于轴心受压构件，可以通过减少腹板厚度、增大翼缘宽度提高构件的惯性矩和整体稳定性。波浪腹板厚度 2～6mm，截面高度为 330～1500mm，对于同样规格的大跨度门式刚架结构，梁、柱采用波浪腹板构件，可以大幅度节省钢材，降低结构用钢量，同时减轻基础荷载，节省基础成本，波浪腹板吊车梁、平台梁与传统的平腹板同类构件相比，不需要设置加劲肋，可节省大量加劲肋板件、焊接工作量和焊材，有效降低材料和人工成本。根据不同的跨度和构件截面高度，节省钢材 30%～60%，对钢结构行业来讲具有极大的经济效益，提高了企业的市场竞争力。

2　节点构造

波浪腹板节点做法在充分考虑设计规程要求下，结合试验结果和工程实践，归纳出适合波浪腹板应用的一套完整节点体系。构件节点主要有：梁柱节点、梁梁节点、牛腿节点、柱脚节点等。牛腿节点（图 1、图 2）：钢柱波浪腹板贯通，两侧加贴平腹板，内部肋板与牛腿上下翼缘对齐。梁柱节点：波浪腹板平齐于梁下翼缘，用封头板封头，节点域用平腹板替换。梁梁节点：采用端板连接，双面角焊缝。柱脚节点：钢柱波浪腹板贯通，两侧加贴平腹板。

3　波浪腹板规程和软件

2011 年 9 月 1 日，山东华兴钢构有限公司参编的《波浪腹板钢结构应用技术规程》CECS 290：2011 颁布，为波浪腹板构件推广应用提供了规范性依据。同时积极组织与中国建筑科学研究院联合编制的波浪腹板设计软件 PKPM6.30 已在全国推广应用。该软件可以完成波浪腹板 H 型钢的建模、结构分析、构件校核、节点设计和施工图绘制等，同时还可以进行波浪腹板 H 型钢简支梁计算校核、吊车梁校核及其他设计功能。该软件已于 2012 年 6 月在国内 PKPM 用户中全面升级，极大地方便了波浪腹板钢结构的工程设计，有力推动了波浪腹板在钢结构领域的应用。

4　工程应用

针对波浪腹板工程，在具体工程项目设计、生产工艺、现场施工等诸多方面，经过不断探索，结合工程实际，实现最优方案，形成了一套完整的设计生产施工流程，为推广波浪腹板工程打下了坚实的基础。华兴科学发展苑 1# 车间总建筑面积 80000m²，厂房采用波浪腹板构件，也是国内第一个应用波浪腹板构件的工程，用钢量比传统平腹板构件节省 23%。充分体现了波浪腹板构件在工程应用中的优越性，该工程获得中国钢结构设计、安装制作两项金奖。华兴职工餐厅工程，国内首先实现了波浪腹板在大跨度空间钢结构中的应用，跨度达 70m，实现了波浪腹板钢结构应用的又一新的突破。该工程径向梁截面高度 1.5m，节省钢材 43.5%。山东省金属板材检测中心办公楼工程、锦秋社区服务用房工程，首次将波浪腹板应用于框架结构，进一步扩大了波浪腹板钢结构工程的应用范围。其他几十项工程均采用波浪腹板，产生了良好的经济效益及社会效益，得到了客户的一致好评。

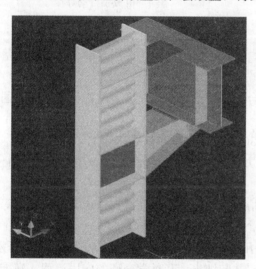 

图 1　牛腿节点模型　　　　　　　　　　　　图 2　牛腿节点构件

5　波浪腹板 H 型钢数控生产装备

华兴机械股份有限公司面对我国钢结构行业的良好发展势头，利用公司在装备制造业多年的优势，通过自主创新，研制出国内第一台波浪腹板 H 型钢数控生产装备。该产品填补了我国"波浪腹板 H 型钢数控生产装备"的空白，获得 14 项国家专利，被列为国家重点支持的高新技术项目、省重点建设项目。经鉴定委员会认定，波浪腹板钢结构设计方法及生产装备研发科技成果达到国际领先水平。本装备可生产波浪腹板 H 型钢等截面及楔形截面构件（图 3），并能完成异型孔的切割，具有广阔的市场空间与推广价值，是钢结构生产设备领域的一次重大革命。

5.1　主要技术参数

（1）钢卷最大宽度：1500mm；

（2）钢卷重量：最大 30t；

（3）板料厚度：1.5～6.0mm；

（4）腹板宽度：333～1500mm；

(5) 翼板长度：4000～16000mm；

(6) 焊接速度：0.85m/min；

(7) 切割速度：1m/min；

(8) 装机容量：约153.65kW；

(9) 占地面积：约68.2m×9.5m×3.2m。

图3　变截面自动切割　　　　　　　图4　机械手自动焊接

5.2　装备的技术优势及先进性

(1) 可自动实现上料、冷压成型、组立定位、扫描、焊接等功能，生产效率高，焊接质量可靠，满足规范要求（图4）。

(2) 可实现一拖三模式，一台压型同时供应三台焊接设备工作，提高了设备利用率。而国外设备只能实现一拖一功能。

(3) 结合国内市场原材料现状，上料吨位达到30t，而国外设备只能达到12t。

(4) 生产线控制系统采用人机界面方式，操作方便，自动化程度高，一条生产线只需配备4名员工，降低了人力成本，提高了生产效率。

(5) 自动焊接机器人采用六轴联动，速度快、精度高，能够出色完成扫描、切割、焊接等工作。确保焊接均匀，焊缝平整美观

笔者带领公司科技研发团队在波腹板H型钢应用技术领域中，从规程编制到计算软件研发及推广，从构件制作加工到整体工程项目施工等各阶段，积累并归纳出一套科学合理的应用流程，在推动中国钢结构行业从传统钢结构向节能、环保、绿色钢结构的转型发展的进程中，为中国钢结构行业的发展做出我们应有的贡献。

重庆建工工业有限公司

公司承建的国泰艺术中心

公司承建的大足体育馆

TBM盾构机车间

施工升降机

升立牌塔式起重机

重庆建工工业有限公司属重庆建工集团有限责任公司的全资子公司，占地面积600亩，主要从事大中型工业建筑、大型场馆、高层建筑钢结构、桥梁钢结构、空间钢结构、塔式起重机、施工升降机制造安装、TBM联合制造维护等业务。具有钢结构制造特级、建筑机械装备制造A级、建筑施工总承包一级等资质。公司通过了ISO9001质量管理体系认证等，是重庆建筑业协会钢结构分会会长单位。

公司建有省部级技术研发中心，获得过多项专利和工法。中心形成CAD-PDM-CAM-ERP集成柔性数字化产品生产线。公司拥有钢材预处理、数控切割、重钢加工、建筑机械等各种设备数百套，钢结构制作加工能力达到30万t/年。

公司参建的重庆建工产业大厦工程荣获"中国建筑工程鲁班奖"，承建的重庆国泰艺术中心钢结构工程荣获"中国钢结构金奖"，承建的大足体育中心荣获"2011年度重庆市山城杯优质安装工程奖"，"升立"牌塔式起重机获"重庆名牌产品"。

重庆建工工业公司致力于打造西部第一、全国一流的建筑机械装备制造、钢结构制造安装的管理现代化企业。

公司地址：重庆江津珞璜工业园B区园区大道一号
邮编：402283

中建鋼构

中建钢构有限公司是世界500强企业——中国建筑股份有限公司旗下的大型钢结构专业集团企业。公司是国家建筑钢结构工程制作、安装定点企业，具有钢结构工程专业承包壹级、钢结构制造特级、钢结构工程设计专项甲级资质，通过了ISO9001、ISO14001、OHSAS18001"三标一体"认证。

中建钢构实行研发、设计、制造、安装、检测业务五位一体发展，构建了全产业链商业模式。在江苏、广东、湖北、重庆、天津布点现代化钢结构制造基地，并着力打造国家级研发设计院和国家级钢结构检测中心。

中建钢构在超高层钢结构、大跨度钢结构、复杂空间钢结构、高耸塔桅钢结构等领域具有独特、领先的技术优势。公司拥有国家科技进步奖5项、华夏科学技术奖5项、詹天佑大奖7项、国家专利65项、国家级工法9项。38项施工技术经权威机构鉴定达到国际领先或国际先进水平。公司还主编、参编14项国家标准和行业标准。公司共获建筑工程鲁班奖（国家优质工程奖）16项、中国建筑钢结构金奖48项、全国优秀焊接工程奖51项。

超高层

 中央电视台

 上海环球金融中心

 广州国际金融中心

 深圳京基100

空港车站

 深圳机场T3航站楼

 武汉火车站

文卫设施

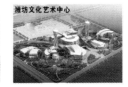 广州歌剧院　潍坊文化艺术中心

体育场馆

 深圳第26届世界大学生运动会主体育馆

 深圳湾体育中心

塔桅构筑

 澳门观光塔

 河南省广播电视发射塔

会展中心

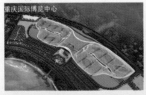 重庆国际博览中心

 天津梅江会展中心

桥梁工程

 重庆江津粉房湾长江大桥

核电工程

 岭澳核电站

铁骨仁心　钢构未来

中建钢构

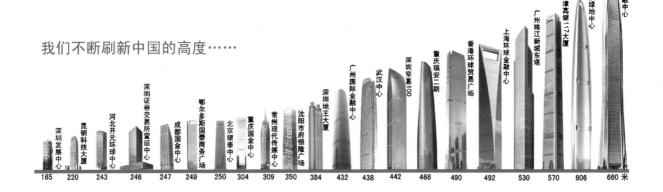

我们不断刷新中国的高度……

| 深圳发展中心 | 昆钢科技大厦 | 河北开元环球中心 | 深圳证券交易所富运中心 | 成都国金中心 | 鄂尔多斯国泰商务广场 | 北京银泰中心 | 重庆国金中心 | 常州现代传媒中心 | 沈阳市府恒隆广场 | 深圳地王大厦 | 广州国际金融中心 | 武汉中心 | 深圳京基100 | 重庆瑞安二期 | 香港环球贸易广场 | 上海环球金融中心 | 广州珠江新城东塔 | 天津高银117大厦 | 武汉绿地中心 | 深圳平安金融中心 |
| 165 | 220 | 243 | 246 | 247 | 249 | 250 | 304 | 309 | 350 | 384 | 432 | 438 | 442 | 468 | 490 | 492 | 530 | 570 | 606 | 660 米 |

中建钢构发展多元产品，在超高层、大跨度、复杂空间等领域齐头并进。承建的商业大厦、交通港站、体育场馆、会展中心、文化设施、塔桅构筑、路桥工程等系列产品，座座皆成地标。

中建钢构经营区域覆盖全国，并在港澳、南亚、中东、北非主流建筑市场与国际巨头同台竞技，以自信和实力充分展示了中国建筑施工企业的精彩风貌。

奉献的不仅仅是建筑集群，改变的不仅仅是城市轮廓线，中建钢构更托起着中国钢结构崛起的产业使命与责任，镌刻着"中国建造"的光荣与梦想。

改善人类环境，拓展幸福空间。中建钢构愿为推动绿色建筑发展，打造生态文明，建设美丽中国而不懈奋斗。

中建钢构设计院揭牌

中建钢构检测中心

华东制作基地

市场布局　　　　　　　　　　五大制作基地

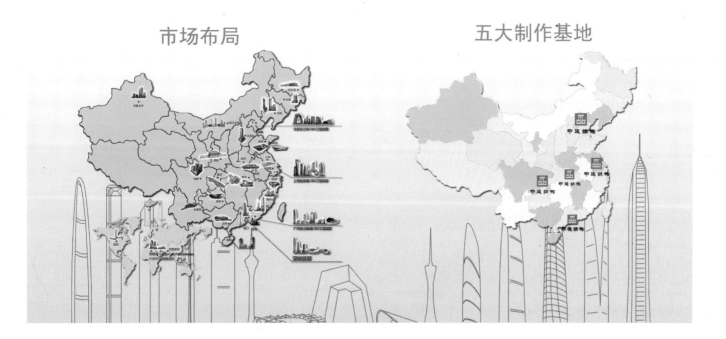

山东华兴钢构有限公司
SHANDONG HUAXING STEEL STRUCTURE CO.,LTD.

一、波浪腹板钢构件项目简介

波浪腹板钢构件是一种新型高效型材，特点是节材、节能、环保。它是将平腹板冷压成正弦曲线腹板的构件，具有较大的平面外刚度与较高的抗剪屈曲荷载等优良的力学性能，波浪腹板通常厚度 2--6MM，截面高度为 333--1500MM。计算表明，对于同样规格的大跨度门式刚架结构，梁、柱采用波浪腹板构件，用钢量可减少 30%--60%，使得在钢结构应用中可以大幅度节省钢材，减轻建筑物重量和对基础的荷载，对钢构行业来讲具有极大的经济效益，大大提高了市场竞争力。另外，与传统的吊车梁、平台梁相比不需要设置加劲肋，波腹板构件可节省大量加劲肋板件、焊接工作量和焊材。

二、生产设备简介

山东华兴钢构有限公司不断致力于钢结构的产业升级，始终不遗余力地进行设备技术改造。面对我国钢结构良好的发展势头及地方产业集群的特点，响应政府"转方式，调结构"的方针，不失时机的从国外引进"波浪腹板钢结构"项目，以实现企业由生存型向发展型转变，项目的引进填补国内两项空白：一是填补我国在波浪腹板钢结构在我国钢结构领域的空白；二是利用公司装备制造多年的经验和技术优势，通过与清华大学、中科院自动化研究所合作，对引进的波浪腹板自动焊接生产线进行消化、吸收、再创新，开发研制波浪腹板 H 型钢自动化生产成套设备，填补我国波浪腹板自动焊接生产线的空白，获得了 14 项国家专利。

公司新研制自动化生产线可以将自动上料、冷压成型、组立定位、机械手焊接、成品下线等制造流程于一体，生产效率高，焊接质量可靠，并确保公司在科技创新方面走在行业前列。

三、工程设计软件

2011 年 9 月 1 日，山东华兴钢构有限公司参编的《波浪腹板钢结构应用技术规程》经中国工程建设标准化协会批准并发布实施，目前中国建筑科学研究院与我公司联合开发的波浪腹板钢结构设计软件已经全面完成，2012 年 5 月由国内钢结构设计专家组成的专家验收委员会审查了验收资料并现场进行了实际操作及典型算例测试试验证。经过专家委员会审查验收资料，验收委员会主任、清华大学土木工程院副院长辛克贵、验收委员会副主任清华大学郭彦林教授分别在验收报告上签字验收。

波浪腹板 H 型钢设计软件，是根据我公司参编的《波浪腹板钢结构应用技术规程》完成的，是在 PKPM 软件 STS 中增加了波浪腹板 H 型钢的设计功能。软件升级后 PKPM 设计软件可以完成波浪腹板 H 型钢门式刚架的建模、荷载输入、结构分析、构件校核、节点设计与施工图绘制，同时可以进行波浪腹板 H 型钢简支梁计算校核、吊车梁计算校核以及其他设计功能。

该软件已于 2012 年 6 月下旬由中国建筑科学研究院在国内 PKPM-STS 用户中全面升级，在波浪腹板 H 型钢设计软件实际工程设计应用，以后可做到波浪腹板钢结构从设计到制作安装全过程一步到位。

四、工程实例

山东华兴科学发展苑 1# 车间、山东省板材检测中心办公楼、河北泰德钢筋加工有限公司车间等工程均采用波浪腹板构件顺利投产加工，经过本公司技术人员与专家的共同努力，结合相关规范规程要求，将钢柱、钢梁、吊车梁及制动、支撑系统、墙面、屋面檩条等主次构件，施工过程进行全程跟踪，汇总编订了安全、合理的波浪腹板钢结构施工工艺。这标志着国内全部采用波浪腹板钢结构构件的工程项目在我公司诞生。

五、获奖情况

2011 年 3 月，山东华兴科学发展苑 1# 车间，我公司采用波浪腹板构件设计、制作、安装，该车间建筑面积 8 万平方米，这标志着国内第一个全部采用波浪腹板钢结构构件的工程项目在山东华兴钢构有限公司诞生。该工程被中国建筑金属结构协会评选为 2011 年度钢结构设计及施工金奖。

六、总结

山东华兴钢构有限公司年产 30 万 t 波浪腹板钢结构件项目占地 800 亩，建筑面积 36 万 m^2，总投资 10 亿元。项目达产后，可实现年销售额 25 亿元，利税 4.3 亿元。该项目先后被纳入黄河三角洲高效生态经济区重大建设调度项目、国家"十二五"规划后备项目、2011 年山东省人民政府重点建设项目。波浪腹板钢结构的应用和推广，将给钢结构行业带来一次新的行业革命。

江苏沪宁钢机股份有限公司
Jiangsu Huning Steel Structure & Machinery Co. Ltd

HNGJ

昆明长水新国际机场航站楼

　　航站楼屋顶为双曲面外形，南北方向长约850m，东西方向宽约1120m，主楼地下一层，地上三层，航站楼建筑面积约36万m²。主体结构采用钢筋混凝土框架结构，屋顶主体采用曲面空间网架结构，为四角锥网架和正交桁架结合的网架形式，最有特色的是大厅屋盖支撑系统，它由7道轴线为双曲线的巨型钢结构彩带组成，彩带结构主要构件和节点为箱形截面，最大板厚60mm，大部分构件为空间弯扭构件。航站楼钢结构总用钢量约5万吨。

地址：江苏省宜兴市张渚镇百家村　　邮箱：hngjzhglb@163.com

凤凰卫视国际传媒中心

本工程为超大跨度空间结构，长约130m，宽约124m，钢结构屋盖采用双向汇交梁及竖向支撑结构系统，由箱型截面构件（轮廓尺寸700mm×500mm）形成的梯形网格构成，且构件具有不同程度的空间弯扭特征。

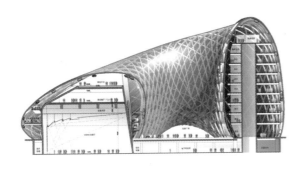

地址：江苏省宜兴市张渚镇百家村　邮箱：hngjzhglb@163.com